新编中等职业学校电子类专业基础课程通用系列教材

# 电子技术基础学习检测

## 同步练习·单元测试·综合测试

主　编　欧小东
副主编　邹智敏　张照发　肖慧君　谢巨蛟

电子工业出版社
**Publishing House of Electronics Industry**
北京·BEIJING

## 内 容 简 介

本书是中等职业学校电子类专业和机电类专业的学习和复习用书，是新编中等职业学校电子类专业基础课程通用系列教材的组成部分。

本书分为主册和附册两部分。主册以各章为单元，将电子技术基础知识分为单元同步练习、单元质量检测、综合质量检测三部分来达到学习指导和巩固练习的目的，是一套全面综合了全国多个省份对口升学考试大纲并紧扣考试大纲的要求而编写的较为全面的学习和复习指导用书。附册的内容为8套综合质量检测试卷，方便教师针对各章节知识的掌握情况依教学进度进行考核检查。

本书内容包括：半导体器件，基本放大电路，负反馈放大器，直接耦合放大器和集成运算放大器，低频功率放大器，直流稳压电源，脉冲基础知识，数制与码制，逻辑代数与逻辑门电路，组合逻辑电路，集成触发器，时序逻辑电路，脉冲的产生与变换，D/A、A/D 转换器与半导体存储器十四章共计19套单元质量检测试卷、16套综合质量检测试卷，以及所有各章单元同步练习题、单元质量检测试卷和综合质量检测试卷的参考答案。

本书主要为电子类专业学生对口升学考试量身打造，可作为大中专院校的电子类和机电类专业学生的学习、复习、巩固用书，也可以作为相关专业教师的教学参考用书。

未经许可，不得以任何方式复制或抄袭本书之部分或全部内容。
版权所有，侵权必究。

**图书在版编目（CIP）数据**

电子技术基础学习检测 / 欧小东主编. —北京：电子工业出版社，2020.8
ISBN 978-7-121-38695-4

Ⅰ. ①电… Ⅱ. ①欧… Ⅲ. ①电子技术—中等专业学校—教学参考资料 Ⅳ. ①TN

中国版本图书馆 CIP 数据核字（2020）第 039414 号

责任编辑：蒲　玥
印　　刷：三河市鑫金马印装有限公司
装　　订：三河市鑫金马印装有限公司
出版发行：电子工业出版社
　　　　　北京市海淀区万寿路 173 信箱　邮编　100036
开　　本：787×1 092　1/16　印张：16.25　字数：492.8 千字
版　　次：2020 年 8 月第 1 版
印　　次：2023 年 8 月第 9 次印刷
定　　价：58.00 元（含试卷）

凡所购买电子工业出版社图书有缺损问题，请向购买书店调换。若书店售缺，请与本社发行部联系，联系及邮购电话：(010) 88254888，88258888。
质量投诉请发邮件至 zlts@phei.com.cn，盗版侵权举报请发邮件至 dbqq@phei.com.cn。
本书咨询联系方式：(010) 88254485；puyue@phei.com.cn。

# 前　言

伴随着我国从制造业大国向制造业强国的转型，职业高考必将在全国各地不断升温。《国家职业教育改革实施方案》强调：全力提高中等职业教育发展水平，建立职业高考制度，大力推进高等职业教育高质量发展，推动具备条件的普通本科高校向应用型转变，开展本科层次职业教育试点，持续完善高层次应用型人才培养体系。职业教育将迎来一个发展的春天。

职业学校广大教师和考生在教学和学习的过程中，深感手头的教学资料非常有限，专业课程复习资料更是匮乏。现有的习题集存在知识点分解不细、解题示范太少等缺陷，不适合职业高中层次的学生自主学习，因此急需一套针对学生实际情况、以课程教学为表现形式、知识点全面且有层次、学法指导通俗易懂、例题选取全面、紧扣新考试大纲的复习指导书。

二十三年来，笔者一直从事对口升学"电工技术基础""电子技术基础"等高考科目的教学和考前辅导工作，拥有丰富的教学指导和辅考经验以及系统完备的专业资料储备。应新职业高考升学复习的需要，现将笔者的"电子技术基础"教学资料科学系统地整理成册，编成《电子技术基础学习检测》《电子技术基础习题集》，奉献给同行教师和莘莘学子。

本书的特点：

1. **广泛的适用性**：参考了湖南、湖北、广东、江苏、北京等十几个省市的考纲和部分考题，具有广泛的适用性。

2. **学习要求明确**：充分体现了能力本位的特色，是根据教育部颁发的教学大纲并综合参考了多地区考纲后提出明确的学习要求。

3. **同步练习题和综合练习题相结合**：本书选取了大量的适合中等职业教育的练习题，供学生练习、巩固和提高；习题难度符合普通学生的学习，还适当地选择了一些具有相当难度的习题，进一步提高学生的解题能力，因此也更适合对口升学学生的备考复习；书中附有各章节习题、测试卷的参考答案，以方便读者查对。

4. **内容完整全面**：本书含单元测试卷、综合测试卷共35套，从不同形式、不同层面帮助学生巩固知识、融合知识和运用知识，全面检查学生学习情况及复习备考。题目选取上围绕课程的重点、难点和考点，翔实、系统且全面。采用主、附册+分印形式的目的是为相关专业教师减少重复工作，只需全心授课，从此再无制卷之苦。

本书由欧小东任主编，邹智敏、张照发、肖慧君、谢巨蛟任副主编。在编写过程中，得到了湖南师范大学工学院孙红英、彭士忠、杨小鸽三位教授的悉心指导，得到了郴州综合职业中专学校领导以及同事们的大力支持。另外，颜克坪、周坚波、胡贵树老师提供了大量的素材。在此，一并向他们表示诚挚的感谢。

本书既为电子类专业学生职业高考升学考试量身定做而编写，也可作为大中专院校、技工学校的电子类、机电类专业学生的学习指导用书，同时也可以作为相关专业教师的教参用书。

由于水平有限，编撰时间仓促，书中难免有不妥之处，敬请专家和读者批评指正。

编 者

# 目 录

第一章  半导体器件 ·················································································· 1

第一章  半导体器件单元测试（B）卷 ······················································· 12

第一章  半导体器件单元测试（C）卷 ······················································· 17

第二章  基本放大电路 ·············································································· 23

第二章  基本放大电路单元测试（B）卷 ···················································· 36

第二章  基本放大电路单元测试（C）卷 ···················································· 41

第三章  负反馈放大器 ·············································································· 46

第三章  负反馈放大器单元测试（B）卷 ···················································· 50

第四章  直接耦合放大器和集成运算放大器 ················································ 55

第四章  直接耦合放大器与集成运算放大器单元测试（B）卷 ······················ 71

第四章  直接耦合放大器与集成运算放大器单元测试（C）卷 ······················ 77

第五章  正弦波振荡器 ·············································································· 83

第六章  低频功率放大器 ·········································································· 90

第六章  低频功率放大器单元测试（B）卷 ················································ 97

第七章  直流稳压电源 ············································································ 102

第七章  直流稳压电源与晶闸管应用电路单元测试（B）卷 ························ 112

第八章  脉冲基础知识、数制与码制 ························································ 117

第八章  脉冲基础知识、数制与码制单元测试（B）卷 ······························ 120

第九章  逻辑代数与逻辑门电路 ······························································· 124

第九章  逻辑代数与逻辑门电路单元测试（B）卷 ····································· 137

第九章  逻辑代数与逻辑门电路单元测试（C）卷 ····································· 142

第十章　组合逻辑电路 ················································································· 147

第十章　组合逻辑电路单元测试（B）卷 ······························································ 157

第十章　组合逻辑电路单元测试（C）卷 ······························································ 162

第十一章　集成触发器 ···················································································· 166

第十一章　集成触发器单元测试（B）卷 ······························································ 172

第十一章　集成触发器单元测试（C）卷 ······························································ 177

第十二章　时序逻辑电路 ················································································· 181

第十二章　时序逻辑电路单元测试（B）卷 ··························································· 189

第十二章　时序逻辑电路单元测试（C）卷 ··························································· 193

第十三章　脉冲的产生与变换 ··········································································· 197

第十三章　脉冲的产生与变换单元测试（B）卷 ····················································· 201

第十四章　D/A、A/D 转换器与半导体存储器 ······················································ 205

模拟电路综合测试卷【一】·············································································· 208

模拟电路综合测试卷【二】·············································································· 213

模拟电路综合测试卷【三】·············································································· 218

模拟电路综合测试卷【四】·············································································· 223

数字电路综合测试卷【一】·············································································· 228

数字电路综合测试卷【二】·············································································· 233

数字电路综合测试卷【三】·············································································· 238

数字电路综合测试卷【四】·············································································· 242

参考答案 ···································································································· 246

# 第一章　半导体器件

## 一、填空题

1. 在本征半导体中，自由电子浓度_____空穴浓度；在 P 型半导体中，自由电子浓度_____空穴浓度；在 N 型半导体中，自由电子浓度_____空穴浓度。

2. PN 结正向偏置时，外电场的方向与内电场的方向_____，有利于_____的_____运动而不利于_____的_____；PN 结反向偏置时，外电场的方向与内电场的方向_____，有利于_____的_____运动而不利于_____的_____，这种情况下的电流称为_____电流。

3. PN 结的反向击穿分为_____击穿和_____击穿，当发生_____击穿时，即使反向电压撤除后，PN 结也不能恢复单向导电性。

4. 二极管的伏安特性曲线可以分为两个区，即_____、_____。

5. 二极管的反向电流越小，说明二极管的_____性能越好。

6. 温度升高时，二极管的正向导通电压_____，反向饱和电流_____。

7. 限幅电路是限制了信号的_____。

8. 当二极管两端加正向电压时，它的动态电阻随正向电流增加而_____。

9. 小功率二极管 2CP12 的正向电流在 20mA 的基础上增加一倍，它两端的压降_____。

10. 二极管的正向电阻_____，反向电阻_____；当温度升高后，二极管的正向电压_____，反向电流_____。

11. 用万用表测量二极管的正向电阻时，黑表笔接二极管的_____极，红表笔接二极管的_____极。

12. 如图 1-1 所示电路，$VD_1$ 和 $VD_2$ 为理想二极管：① $VD_1$ 的状态为_____，$VD_2$ 的状态为_____；② 电压 $U_{ab}$ 为_____V。

13. 如图 1-2 所示电路，VD 为硅二极管：① 开关 S 与 A 接通时，VD 工作在_____状态，$U_{MN}$=_____V；② 开关 S 与 B 接通时，VD 工作在_____状态，$U_{MN}$=_____V。

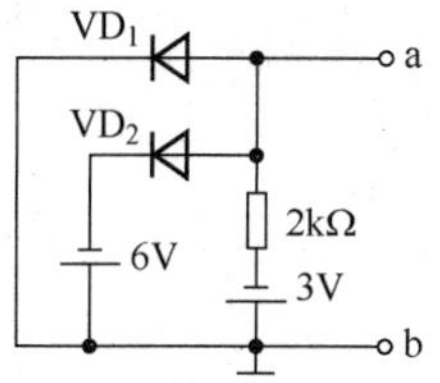

图 1-1　填空题 12 图 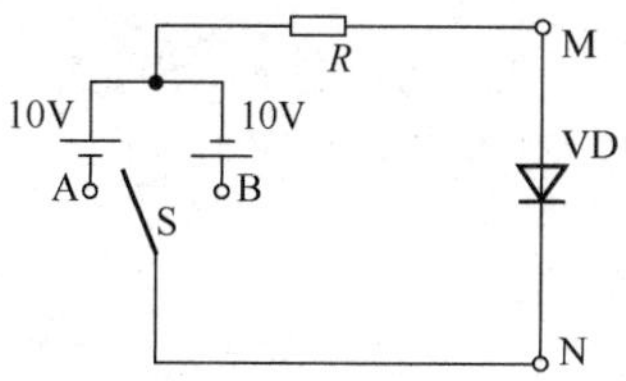　　　图 1-2　填空题 13 图

14. 发光二极管通以足够的_____就会发光，光电二极管的_____随光照强度的增加而上升。

15. 光电二极管能将_____信号转换为_____信号，它工作时需加_____偏置电压。

16. $\bar{\beta}$ 反映_____态时集电极电流与基极电流之比；$\beta$ 反映_____态时的电流放大特性。

17. 在某放大电路中，三极管三个电极的电流如图 1-3 所示，测得 $I_A$=-2mA，$I_B$=0.02mA，$I_C$=2.02mA，则电极_____为基极，_____为集电极，_____为发射极；该三极管为_____型管；$\bar{\beta}$=_____。

18. 硅三极管三个电极的电压如图 1-4 所示，则此三极管工作于_____状态。

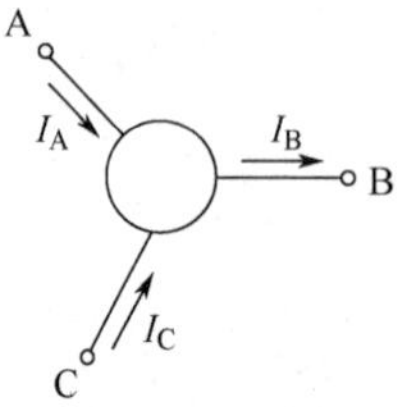

图 1-3 填空题 17 图 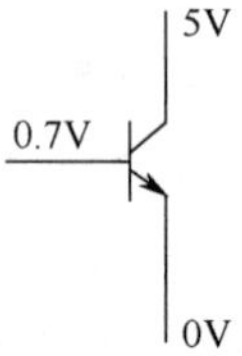                  图 1-4 填空题 18 图

19. 某三极管的极限参数为 $I_{CM}$=20mA、$P_{CM}$=150mW、$U_{(BR)CEO}$=20V；当工作电压 $u_{CE}$=15V 时，则工作电流 $i_C$ 不得超过_____mA；当工作电压 $u_{CE}$=1V 时，则 $i_C$ 不得超过_____mA；当工作电流 $i_C$=2mA 时，则 $u_{CE}$ 不得超过_____V。

20. 用万用表 $R×1k\Omega$ 挡测量一只能正常放大的三极管，若用红表笔接触一只引脚，黑表笔接触另两只引脚时测得的电阻均较小，则该三极管的类型是_____。

21. 当 NPN 型三极管处在放大状态时，在三个电极中，_____极电位最高，_____极电位最低，基极与发射极电位之差一般为_____V。

22. $I_{CEO}$ 称为三极管的_____，$I_{CBO}$ 称为三极管的_____，$I_{CBO}$ 反映三极管的_____性能，其值_____越好。

23. 某放大电路中的三极管，在工作状态中测得它的引脚电压 $U_A$=1.3V，$U_B$=0.6V，$U_C$=4.6V。则该三极管是_____（材料）_____型的三极管。

24. 国家规定：_____的三极管称为高频管。

25. 图 1-5 是某场效应管的转移特性曲线，该管属于_____场效应管，$I_{DSS}$ 称为_____，$U_{GS(off)}$ 称为_____。

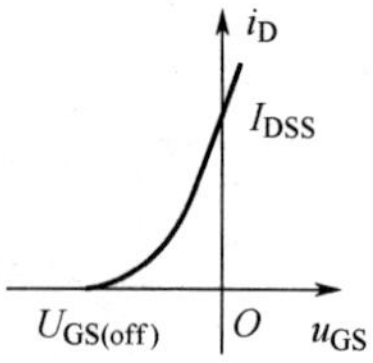

26. MOS 管在不使用时应避免_____极悬空，必须将各电极短接。

27. P 沟道增强型 MOS 管的开启电压为_____值，N 沟道增强型 MOS 管的开启电压为_____值。

图 1-5 填空题 25 图

## 二、判断题

1. 电子和空穴是两种能参与导电的载流子，在电路中，凡是存在电子的地方也存在空穴。（    ）
2. 因为 N 型半导体的多数载流子是自由电子，所以它带负电。（    ）
3. 由于 PN 结内部存在内电场，所以当把 PN 结两端短路时就有电流流过。（    ）
4. PN 结具有单向导电性，加足够的正向电压时，PN 结导通。（    ）
5. 二极管在工作频率大于特征频率 $f_T$ 时会损坏。（    ）

6. 锗二极管门坎电压是 0.1V，正向压降是 0.3V。（    ）
7. 二极管正向使用时不能稳压。（    ）
8. 处于放大状态的三极管，集电极电流是多数载流子漂移运动形成的。（    ）
9. 三极管的输出特性曲线随温度升高而上移，且间距随温度升高而减小。（    ）
10. 三极管工作在放大区时，若 $i_B$ 为常数，则 $u_{CE}$ 增大时，$i_C$ 几乎不变，故当三极管工作在放大区时可视为一电流源。（    ）
11. 无论在任何情况下，三极管都具有电流放大能力。（    ）
12. 已知某三极管的发射极电流 $I_E$=1.36mA，集电极电流 $I_C$=1.33mA，则基极电流 $I_B$=30μA。（    ）
13. 用万用表测试三极管时，最好选择欧姆挡 $R×10kΩ$ 挡位。（    ）
14. 场效应管是单极型器件，因为参与导电的只有一种载流子。（    ）
15. 若耗尽型 N 沟道 MOS 管的 $u_{GS}$ 大于零，则其输入电阻会明显变小。（    ）
16. $I_{DSS}$ 表示工作于饱和区的增强型场效应管在 $u_{GS}$=0 时的漏极电流。（    ）

## 三、单项选择题

1. 当温度升高时，半导体的电阻率将（    ）。
   A．变大　　　　　　　　　　　B．变小
   C．不变　　　　　　　　　　　D．可能变大也可能变小
2. 对 PN 结施加正向电压时，空间电荷区将（    ）。
   A．变窄　　　　　　　　　　　B．基本不变
   C．变宽　　　　　　　　　　　D．无法确定
3. 对 PN 结施加反向电压时，参与导电的是（    ）。
   A．多数载流子　　　　　　　　B．少数载流子
   C．既有多数载流子又有少数载流子　　D．无法确定
4. 某接收机的检波二极管开路，更换时，可选用的管子是（    ）。
   A．2AP9　　　　　　　　　　　B．2CK2
   C．2CZ1　　　　　　　　　　　D．2CP10
5. 将二极管直接与一个内阻为零，电动势为 1.5V 的电源正向连接，则该二极管会（    ）。
   A．击穿　　　　　　　　　　　B．电流为零
   C．电流过大而损坏　　　　　　D．正向电压偏低而截止
6. 某硅二极管反向击穿电压为 150V，则其最高反向工作电压为（    ）。
   A．约等于 150V　　　　　　　　B．可略大于 150V
   C．不得大于 40V　　　　　　　 D．等于 75V
7. 在图 1-6 所示电路中，当电源电压为 5V 时，测得 $I$=1mA，若把电源电压调整到 10V 时，则电流的大小将是（    ）。
   A．$I$ = 2mA　　　　　　　　　B．$I$ < 2mA
   C．$I$ > 2mA　　　　　　　　　D．不能确定
8. 如图 1-7 所示电路，设二极管为硅管，正向压降为 0.7V，则 $V_Y$=（    ）。

A. 0.7V  B. 3.7V
C. 10V  D. 1.5V

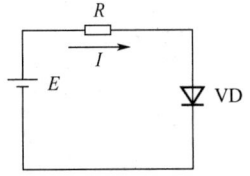
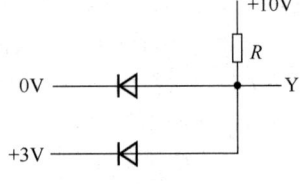

图 1-6 单选题 7 图　　　　　　　图 1-7 单选题 8 图

9. 如图 1-8 所示电路，所有二极管均为硅管，则 $VD_1$、$VD_2$、$VD_3$ 的工作状态为（　　）。
A. $VD_1$ 导通，$VD_2$、$VD_3$ 截止　　B. $VD_1$、$VD_2$ 截止，$VD_3$ 导通
C. $VD_1$、$VD_2$ 截止，$VD_3$ 导通　　D. $VD_1$、$VD_2$、$VD_3$ 均截止

10. 如图 1-9 所示电路，二极管为理想元件，$u_i=6\sin\omega t$V，$U=3$V，当 $\omega t=\dfrac{\pi}{2}$ 瞬间，输出电压 $u_O$ 等于（　　）。
A. 0V　　B. 6V　　C. 3V　　D. 9V

11. 如图 1-10 所示电路，设二极管 $VD_1$、$VD_2$、$VD_3$ 的正向压降忽略不计，则输出电压 $u_O=$（　　）。
A. −2V　　B. 0V　　C. 6V　　D. 12V

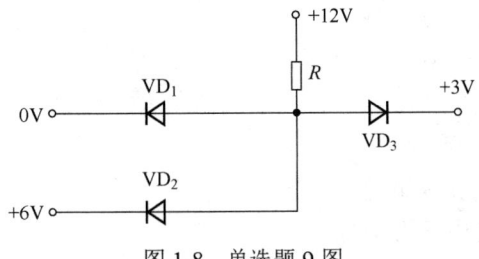
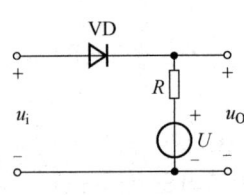
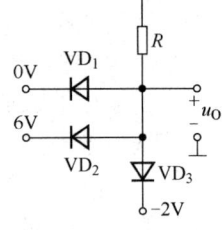

图 1-8 单选题 9 图　　图 1-9 单选题 10 图　　图 1-10 单选题 11 图

12. 当锗材料二极管加上 0.3V 正向电压时，该二极管相当于（　　）。
A. 小阻值电阻　　　　　　　　B. 阻值很大的电阻
C. 内部短路　　　　　　　　　D. 内部开路

13. 实验中如果测得二极管的正、反向电阻都很小，则该二极管（　　）。
A. 正常　　B. 内部断路　　C. 已被击穿　　D. 以上都不是

14. 稳压二极管的正常工作状态是（　　）。
A. 导通状态　　B. 截止状态　　C. 反向击穿状态　　D. 任意状态

15. 关于二极管的正确叙述是（　　）。
A. 普通二极管反向击穿后，很大的反向电流使 PN 结温度迅速升高而烧坏
B. 普通二极管发生热击穿，不发生电击穿
C. 硅稳压二极管只允许发生电击穿，不允许发生热击穿，所以要串接电阻降压
D. 以上说法都不对

16. 用万用表 $R\times1$kΩ 挡测某二极管，若红表笔接阳极，黑表笔接阴极，读数为 50kΩ，

两表笔对调后测得电阻为 1kΩ，说明该二极管（　　）。

  A．内部已断，不能使用　　　　B．内部已短路，不能使用

  C．没有坏，但性能不好　　　　D．性能良好

17．二极管正极的电位是-10V，负极电位是-5V，则该二极管处于（　　）。

  A．零偏　　　　B．反偏　　　　C．正偏

18．稳压管的动态电阻 $r_Z$ 是指（　　）。

  A．稳定电压 $U_Z$ 与相应电流 $I_Z$ 之比

  B．稳压管正向压降与相应正向电流的比值

  C．稳压管端电压变化量 $\Delta U_Z$ 与相应电流变化量 $\Delta I_Z$ 的比值

  D．无法确定

19．若使三极管具有电流放大能力，必须满足的外部条件是（　　）。

  A．发射结正偏、集电结正偏　　　　B．发射结反偏、集电结反偏

  C．发射结正偏、集电结反偏　　　　D．发射结反偏、集电结正偏

20．三极管电流分配规律为（　　）。

  A．$I_E=I_B+I_C$　　B．$I_C=I_B+I_E$　　C．$I_B=I_C+I_E$　　D．$I_E=\beta I_B$

21．NPN 型和 PNP 型三极管的区别是（　　）。

  A．由两种不同的材料硅和锗制成的　　B．掺入的杂质元素不同

  C．P 区和 N 区的位置不同　　　　　　D．引脚排列方式不同

22．设某三极管三个极的电位分别为 $V_E$=13V，$V_B$=12.3V，$V_C$=6.5V，则该三极管是（　　）。

  A．PNP 型锗管　　B．NPN 型锗管　　C．PNP 型硅管　　D．NPN 型硅管

23．当三极管的集电极电流 $I_C$ 超过其最大允许值 $I_{CM}$ 时，会导致三极管（　　）的结果。

  A．一定损坏　　　　　　　　B．不一定损坏，但 $\beta$ 要下降

  C．不一定损坏，但 $\beta$ 要升高

24．单管放大电路的静态基极电流 $I_B$ 适当增加时，三极管的输入电阻 $r_{be}$ 将（　　）。

  A．减小　　　　B．增加　　　　C．不变

25．某三极管的极限参数为 $P_{CM}$=800mW，$I_{CM}$=100mA，$U_{BR(CEO)}$=30V，在下列几种情况中能长时间正常工作的是（　　）。

  A．$u_{CE}$=15V，$i_C$=150mA　　　　B．$u_{CE}$=20V，$i_C$=80mA

  C．$u_{CE}$=35V，$i_C$=100mA　　　　D．$u_{CE}$=10V，$i_C$=50mA

26．3DG6C 三极管的极限参数为 $P_{CM}$=100mW，$I_{CM}$=16mA，$U_{(BR)CEO}$=20V，在下列几种情况中能正常工作的是（　　）。

  A．$u_{CE}$=8V，$i_C$=15mA　　　　B．$u_{CE}$=20V，$i_C$=15mA

  C．$u_{CE}$=10V，$i_C$=8mA　　　　D．$u_{CE}$=5V，$i_C$=25mA

27．在选择三极管时（　　）。

  A．$I_{CEO}$ 要小，$I_{CBO}$ 要大　　　　B．$I_{CEO}$ 要大，$I_{CBO}$ 要小

  C．$I_{CEO}$、$I_{CBO}$ 越小越好　　　　D．$I_{CEO}$、$I_{CBO}$ 越大越好

28．NPN 型三极管处于放大状态时，各极电位关系是（　　）。

A．$V_C>V_E>V_B$　　B．$V_C<V_B<V_E$　　C．$V_C>V_B>V_E$

29．在硅三极管放大电路中，静态时测得集-射极之间直流电压 $U_{CE}=0.3V$，则此时三极管工作于（　　）状态。

A．饱和　　　　B．截止　　　　C．放大　　　　D．无法确定

30．某三极管的 $\beta=100$，测得 $I_B=50\mu A$，$I_C=3mA$，可判定该三极管工作在（　　）。

A．放大区　　　B．截止区　　　C．饱和区　　　D．开关状态

31．3DX79 为（　　）三极管。

A．硅 PNP 型　　B．硅 NPN 型　　C．锗 NPN 型　　D．锗 PNP 型

32．测得 NPN 型三极管上各电极对地电位分别为 $V_E=3.1V$，$V_B=3.8V$，$V_C=8V$，说明此三极管处在（　　）。

A．放大区　　　B．饱和区　　　C．截止区　　　D．反向击穿区

33．已知某三极管三个电极的电位分别为 2.4V、2.7V、2V，则可判断该三极管的类型及工作状态为（　　）。

A．NPN 型，放大状态　　　　B．PNP 型，截止状态
C．NPN 型，饱和状态　　　　D．PNP 型，放大状态

34．在放大电路中，若测得某三极管三个电极的电位分别为-2.5V、-3.2V、-9V，则该三极管的类型是（　　）。

A．PNP 型锗管　　　　　　　B．PNP 型硅管
C．NPN 型锗管　　　　　　　D．NPN 型硅管

35．用直流电压表测得放大电路中某三极管电极 1、2、3 的电位分别为 $V_1=2V$，$V_2=6V$，$V_3=2.7V$，则（　　）。

A．1 为 e、2 为 b、3 为 c　　　B．1 为 e、3 为 b、2 为 c
C．2 为 e、1 为 b、3 为 c　　　D．3 为 e、1 为 b、2 为 c

36．在一块放大电路板上，测得某三极管对地电位如图 1-11 所示，则管子的导电类型，引脚自左至右的顺序分别为（　　）。

A．NPN 型，ebc　　　　　　B．PNP 型，ebc
C．NPN 型，bce　　　　　　D．PNP 型，bce

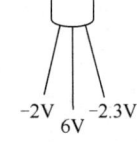

图 1-11　单选题 36 图

37．工作在放大状态的三极管，当 $i_B$ 从 $30\mu A$ 增大到 $40\mu A$ 时，$i_C$ 从 2.4mA 变成 3mA，则该管的 $\beta$ 为（　　）。

A．80　　　　　　　　　　　B．60
C．75　　　　　　　　　　　D．100

38．在图 1-12 所示各电路中，将造成三极管损坏的是（　　）。

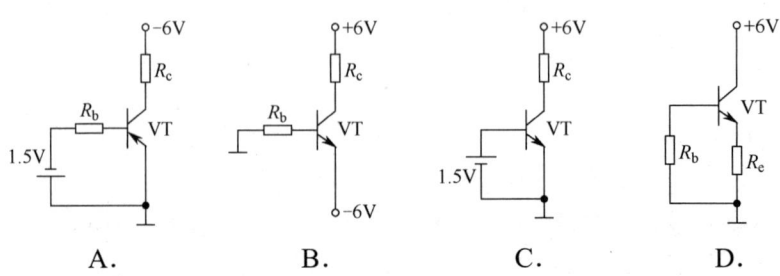

图 1-12　单选题 38 图

39. $u_{GS}=0V$ 时，能够工作在恒流区的场效应管有（    ）。

   A．结型管        B．增强型 MOS 管   C．耗尽型 MOS 管

40. 场效应管起放大作用时应工作在其漏极特性的（    ）。

   A．可变线性区    B．截止区        C．饱和区        D．击穿区

41. 在图 1-13 所示场效应管中，属于耗尽型 NMOS 管的是（    ）。

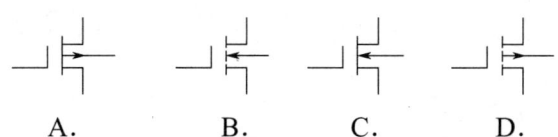

   A.            B.            C.            D.

图 1-13  单选题 41 图

42. 如图 1-14 所示为某场效应管的输出特性。

① 可判断为（    ）；

   A．P 沟道结型                B．N 沟道增强型 MOS 管
   C．P 沟道耗尽型 MOS 管        D．N 沟道耗尽型 MOS 管

② 其 $I_{DSS}$ 为（    ）；

   A．10mA      B．12mA      C．-10mA      D．-12mA

③ 夹断电压约为（    ）。

   A．-1V       B．-3V       C．+3V        D．+1V

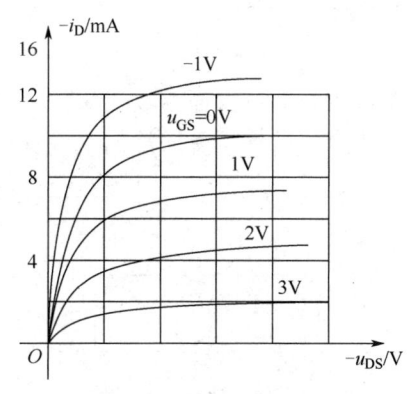

图 1-14  单选题 42 图

## 四、简答题

1．N 型半导体中的多数载流子是带负电的自由电子，P 型半导体中的多数载流子是带正电的空穴，因此说 N 型半导体带负电，P 型半导体带正电。上述说法对吗？为什么？

2．从二极管的伏安特性曲线看，硅二极管和锗二极管有什么区别？

3．二极管由一个 PN 结构成，三极管则由两个 PN 结构成，那么，能否将两个二极管背靠背地连接在一起构成一个三极管？如若不能，说明为什么？

4．从三极管的输出特性曲线上看，三极管有哪三个工作区？各区有什么特点？

5．试根据图 1-15 所示三极管的对地电位，判断该三极管是硅管还是锗管？处于哪种工作状态？

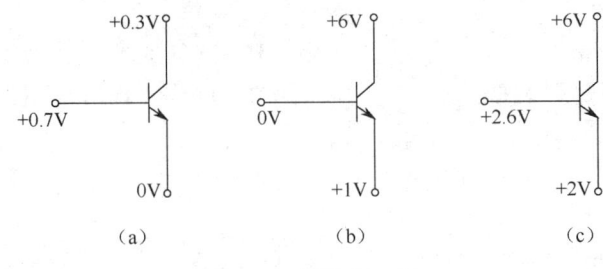

图 1-15　简答题 5 图

6．为防止电源极性接反或通过电流过大而损坏表头，常在表头处串联或并联一个二极管，如图 1-16 所示。试分别说明为什么这两种接法的二极管都能对表头起保护作用？

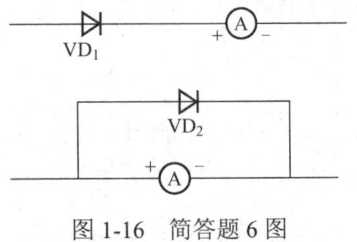

图 1-16　简答题 6 图

7．分别判断图 1-17 所示各电路中三极管是否有可能工作在放大状态。

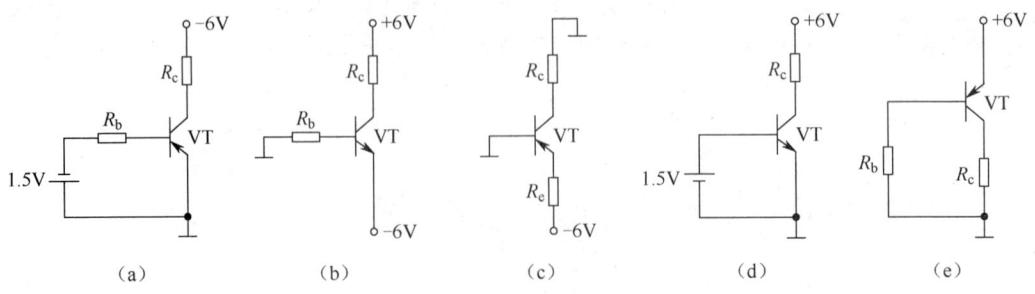

图 1-17　简答题 7 图

8. 分别判断图 1-18 所示各电路中的场效应管是否有可能工作在恒流区。

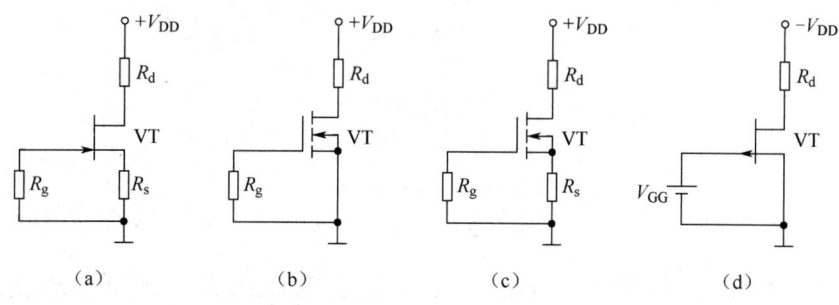

图 1-18  简单题 8 图

## 五、计算题

1. 在图 1-19 所示电路中，设二极管是理想二极管，判断各二极管是导通还是截止？并求输出电压 $U_{AO}$。

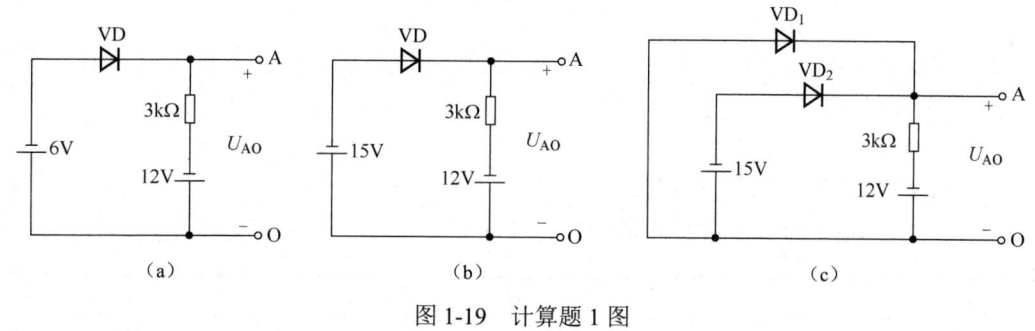

图 1-19  计算题 1 图

2. 如图 1-20 所示电路，试通过计算判断图中二极管是导通还是截止。

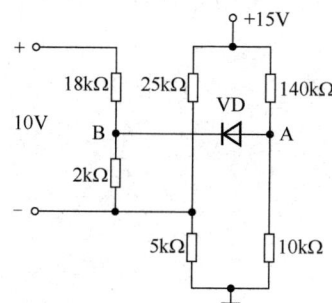

图 1-20  计算题 2 图

## 六、综合题

1. 在图 1-21 所示电路中，$E=6V$，$u_i=12\sin\omega t V$，二极管为理想元件，试画出 $u_O$ 的波形。

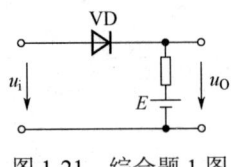

图 1-21　综合题 1 图

2. 如图 1-22 所示为二极管双向限幅电路，设 $u_i=12\sin\omega t V$，二极管为理想二极管，试画出 $u_i$ 和 $u_O$ 的波形。

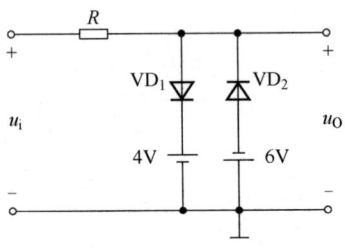

图 1-22　综合题 2 图

3. 对 NPN 共发射极放大电路进行测试，测得三极管各极电流如图 1-23 所示，试问：
（1）反向饱和电流 $I_{CBO}$ 是多少？
（2）穿透电流 $I_{CEO}$ 为多少？
（3）交流放大系数 $\beta$ 约为多大？
（4）当 $I_B=60\mu A$ 时直流放大系数 $\overline{\beta}$ 约为多大？

| $I_E$(mA) | 0 | 0.3 | 2.02 | 5.46 |
| --- | --- | --- | --- | --- |
| $I_C$(mA) | 0.00353 | 0.3 | 2.00 | 5.40 |
| $I_B$(μA) | -3.53 | 0 | 20 | 60 |

图 1-23　综合题 3 图

4. 测得放大电路中六只三极管的直流电位如图 1-24 所示：在圆圈中画出三极管，并分别说明它们是硅管还是锗管。

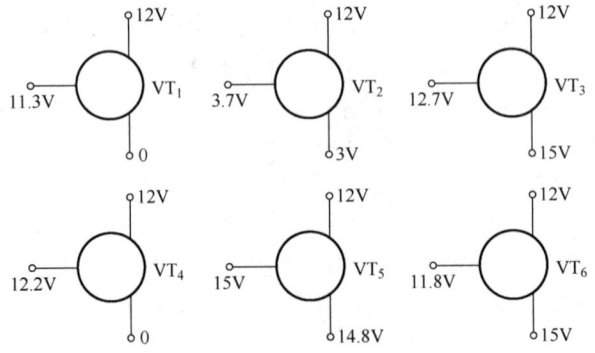

图 1-24　综合题 4 图

5．如图 1-25 所示电路，三极管的 $\beta=50$，$|U_{BE}|=0.2V$，饱和压降 $|U_{CES}|=0.1V$；稳压管的稳定电压 $U_Z=5V$，正向导通电压 $U_D=0.5V$。试问：当 $u_I=0V$ 时的 $u_O$ 和 $u_I=-5V$ 时的 $u_O$。

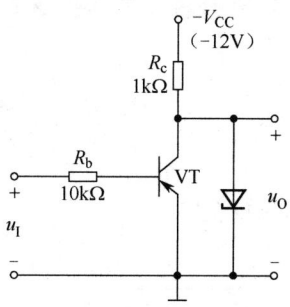

图 1-25　综合题 5 图

6．场效应管的转移特性曲线如图 1-26 所示，试指出各场效应管的类型并画出电路符号；对于耗尽型管求出 $U_{GS(off)}$、$I_{DSS}$；对于增强型管求出 $U_{GS(th)}$。

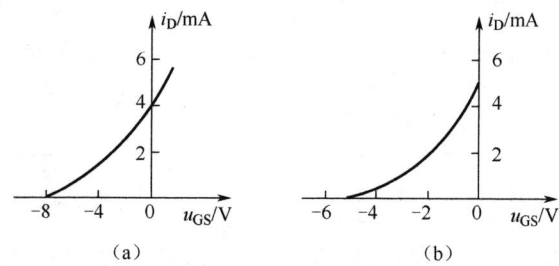

图 1-26　综合题 6 图

参考答案

# 第一章  半导体器件单元测试（B）卷

时量：90 分钟    总分：100 分    难度等级：【中】

## 一、填空题（每空 1 分，共计 30 分）

1. 半导体中的电流是_____与_____的代数和。掺杂半导体中的多数载流子是由_____产生的，少数载流子是由_____产生的。

2. 如图 1B-1 所示电路，$VD_1$、$VD_2$ 为硅材料二极管，则 $VD_1$ 状态为_____，$VD_2$ 状态为_____，$U_{AB}=$_____V。

3. 如图 1B-2 所示电路，VD 为理想二极管，则 VD 状态为_____，$U_{AB}=$_____V。

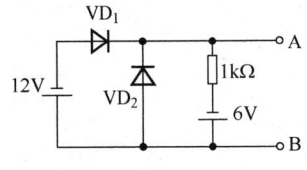
图 1B-1  填空题 2 图

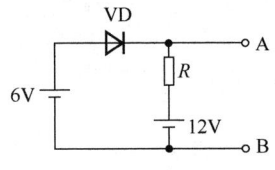
图 1B-2  填空题 3 图

4. 光电二极管能将_____信号转换为_____信号，它工作时需加_____偏置电压。

5. 发光二极管能将_____信号转换为_____信号，它工作时需加_____偏置电压。

6. 在 3AX22、2CZ11、2AP10、3DJ13 这几种半导体器件中，属于硅二极管的是_____，属于锗三极管的是_____。

7. 已知一三极管在 $u_{CE}=10V$ 时，测得当 $i_B$ 从 0.05mA 变为 0.08mA 时，$i_C$ 从 2mA 变为 4mA，则该三极管的 $\beta=$_____。

8. 三极管在放大电路中，应工作在_____区，而在数字电路中，应工作在_____区或_____区。

9. 某三极管的极限参数 $P_{CM}=150mW$，$I_{CM}=100mA$，$U_{(BR)CEO}=30V$。若它工作电压 $u_{CE}=10V$，则工作电流不得超过_____mA，若工作电压 $u_{CE}=1V$，则工作电流不得超过_____mA；若工作电流 $i_C=1mA$，则工作电压不得超过_____V。

10. 在三极管的输出特性中，当 $u_{CE}$ 大于 1V 左右以后，无论 $u_{CE}$ 怎样变化，$i_C$ 几乎不变，这说明三极管具有_____特性。

11. 场效应管是利用_____电压来控制_____电流大小的半导体器件。

12. 如图 1B-3 所示为某场效应管的转移特性曲线，该管属于_____，$I_{DSS}$ 称为_____，$u_{GS(off)}$ 称为_____。

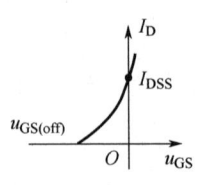
图 1B-3  填空题 12 图

## 二、判断题（每小题 1 分，共计 10 分）

1. 三极管具有能量放大功能。 （   ）
2. 硅三极管的 $I_{CBO}$ 值要比锗三极管的小。 （   ）
3. 当集电极电流 $I_C$ 值大于集电极最大允许 $I_{CM}$ 时，三极管一定损坏。 （   ）
4. 结型场效应管起放大作用时，应在其栅源间加反向电压。 （   ）
5. $\beta$ 是反映三极管共发射极电流放大能力的参数，而 $g_m$ 是反映场效应管栅源电压对漏极电流控制能力的参数。 （   ）
6. 三极管的三个电极的电流按比例分配的关系有 $I_E=I_B+I_C$ 及 $I_C=\beta I_B$，这些关系既适用于放大区又适用于截止区。 （   ）
7. 发射结正偏，集电结反偏时，三极管工作在放大状态。 （   ）
8. 三极管的电流放大系数是个常数。 （   ）
9. 场效应管内只有多子参与导电。 （   ）
10. 绝缘栅场效应管的输入端可以悬空。 （   ）

## 三、单项选择题（每小题 2 分，共计 30 分）

1. 当 PN 结承受反向电压时，其内部电流关系为（   ）。
   A．扩散电流大于漂移电流　　　B．扩散电流等于漂移电流
   C．扩散电流小于漂移电流　　　D．无法确定

2. 如图 1B-4 所示电路，$VD_1$、$VD_2$ 为理想二极管，设 $U_1=10V$，$u_i=40\sin\omega t V$，则输出电压 $u_O$ 的（   ）。
   A．最大值为 40V，最小值为 0V　　　B．最大值为 40V，最小值为 -10V
   C．最大值为 10V，最小值为 -40V　　　D．最大值为 10V，最小值为 0V

3. 如图 1B-5 所示电路，$VD_1$、$VD_2$、$VD_3$ 均为理想二极管，则输出电压 $u_O$（   ）。
   A．0V　　　B．-6V　　　C．-18V　　　D．无法确定

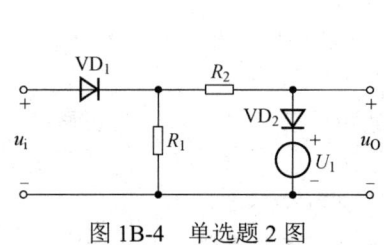

图 1B-4　单选题 2 图　　　　　图 1B-5　单选题 3 图

4. 如图 1B-6 所示电路，$VD_1$、$VD_2$ 均为理想二极管，当输入电压 $u_I>6V$ 时，则 $u_O=$（   ）。
   A．6V　　　B．3V　　　C．$u_I$　　　D．无法确定

5. 如图 1B-7 所示电路，稳压管 VZ 的稳定电压 $U_Z=6V$，正向压降为 0.6V，输入电压 $u_i=12\sin\omega t V$，当 $\omega t=\dfrac{3\pi}{2}$ 瞬间，输出电压 $u_o$ 等于（   ）。
   A．12V　　　B．-0.6V　　　C．0.6V　　　D．6V

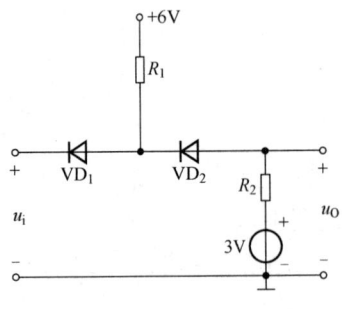

图 1B-6 单选题 4 图

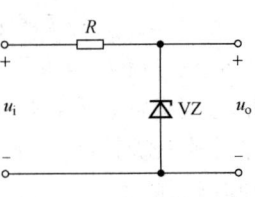

图 1B-7 单选题 5 图

6. 动态电阻 $r_z$ 是表示稳压管的一个重要参数，它的大小对稳压性能的影响是（　　）。
   A．$r_z$ 小则稳压性能差　　　　　　　　B．$r_z$ 小则稳压性能好
   C．$r_z$ 的大小不影响稳压性能　　　　　D．无法确定

7. 某工作在放大状态的晶体管，测出其三个极 X、Y、Z 的电位分别为 $V_X=8V$，$V_Y=2.8V$，$V_Z=3V$，则（　　）。
   A．X 为基极，Y 为集电极，Z 为发射极
   B．X 为发射极，Y 为基极，Z 为集电极
   C．X 为集电极，Z 为基极，Y 为发射极
   D．无法确定

8. 关于三极管反向击穿电压的关系，下列正确的是（　　）。
   A．$U_{(BR)CEO}>U_{(BR)CBO}>U_{(BR)EBO}$　　B．$U_{(BR)CBO}>U_{(BR)CEO}>U_{(BR)EBO}$
   C．$U_{(BR)CBO}>U_{(BR)EBO}>U_{(BR)CEO}$　　D．$U_{(BR)EBO}>U_{(BR)CEO}>U_{(BR)CBO}$

9. 测得三极管三个电极的静态电流分别为 0.06mA，3.66mA 和 3.6mA。则该管的 $\beta$ 为（　　）。
   A．70　　　　B．40　　　　C．50　　　　D．60

10. 三极管 3AX80 的正常用途是（　　）。
    A．低频小功率放大　　　　　　　　B．高频小功率放大
    C．高频大功率放大　　　　　　　　D．低频大功率放大

11. 如图 1B-8 所示电路，三极管 VT 的电流放大系数 $\beta=50$，$R_B=300\text{k}\Omega$，$R_E=3\text{k}\Omega$，三极管 VT 处于（　　）。
    A．放大状态　　B．截止状态　　C．饱和状态　　D．无法确定

12. 如图 1B-9 所示电路（　　）。
    A．等效为 PNP 管　　　　　　　　　B．等效为 NPN 管
    C．为复合管，其等效类型不能确定　　D．三极管连接错误，不能构成复合管

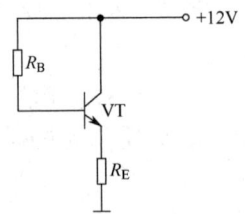

图 1B-8 单选题 11 图

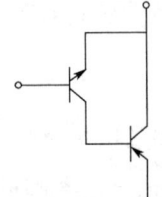

图 1B-9 单选题 12 图

13．如图 1B-10 所示，A、B、C 三点对应的电流放大倍数分别为 $\beta_A$、$\beta_B$、$\beta_C$，则它们的关系是（    ）。

　　A．$\beta_A > \beta_B > \beta_C$　　B．$\beta_A < \beta_B < \beta_C$　　C．$\beta_A = \beta_B = \beta_C$　　D．不能确定

14．某绝缘栅场效应管的符号如图 1B-11 所示，则该绝缘栅场效应管应为（    ）。

　　A．P 沟道增强型　　B．N 沟道增强型　　C．P 沟道耗尽型　　D．N 沟道耗尽型

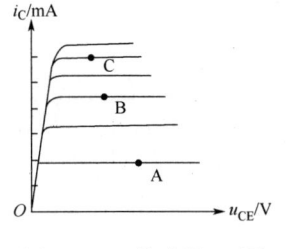
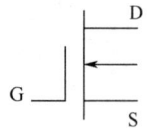

图 1B-10　单选题 13 图　　　　　　　　　图 1B-11　单选题 14 图

15．在图 1B-12 所示各特性曲线中，N 沟道增强型 MOS 管的转移特性曲线是（    ）。

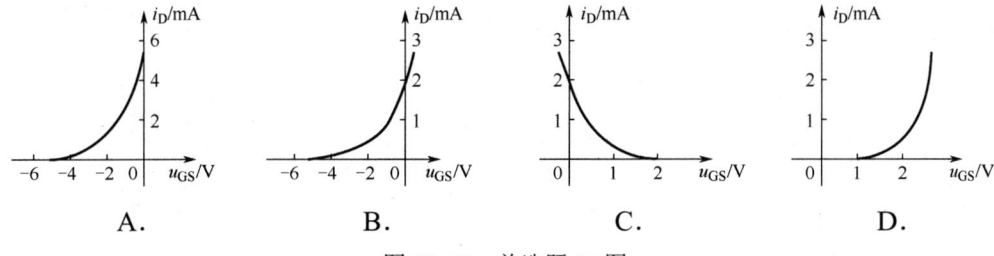

图 1B-12　单选题 15 图

## 四、计算题或综合题（共 30 分）

1．判断图 1B-13 所示电路中各二极管是否导通，并求 A、O 两端的电压值。（设二极管是硅管）（每小题 3 分，共 12 分）

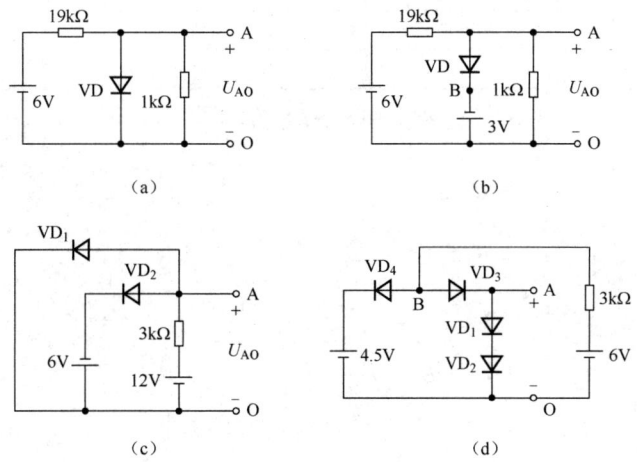

图 1B-13　综合题 1 图

2. 如图 1B-14（a）所示电路，其输入电压 $u_{I1}$ 和 $u_{I2}$ 的波形如图 1B-14（b）所示，设二极管导通电压可忽略。试画出输出电压 $u_O$ 的波形，并标出幅值。（6分）

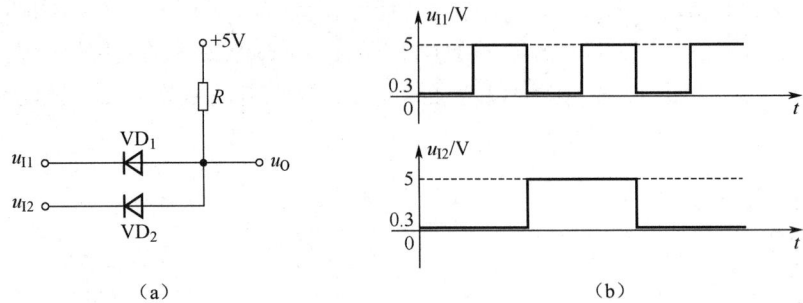

图 1B-14 综合题 2 图

3. 在放大电路中测得各三极管电位如图 1B-15 所示，试判断各三极管的引脚、类型及材料，并将结果在表中用"√"标出。（每个 4 分，共 12 分）

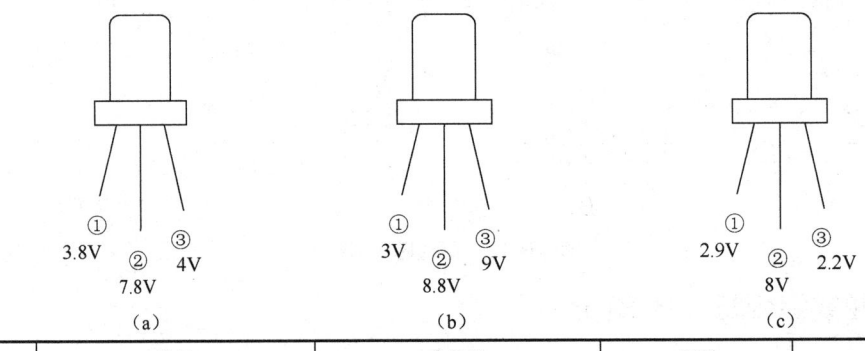

| 表 | 基极 | | | 发射极 | | | 类型 | | 材料 | |
|---|---|---|---|---|---|---|---|---|---|---|
| | ① | ② | ③ | ① | ② | ③ | NPN | PNP | 硅管 | 锗管 |
| （a） | | | | | | | | | | |
| （b） | | | | | | | | | | |
| （c） | | | | | | | | | | |

图 1B-15 综合题 3 图

**参考答案**

# 第一章 半导体器件单元测试（C）卷

时量：90 分钟　　总分：100 分　　难度等级：【中】

## 一、填空题（每空 1 分，共计 30 分）

1. 在 PN 结上加正向电压时，PN 结_____；加反向电压时，PN 结_____。这种现象称为 PN 结的_____。

2. 发光二极管工作在_____，光电二极管工作在_____，稳压二极管稳压时工作在_____。

3. 如图 1C-1 所示电路，$VD_1$、$VD_2$ 为理想二极管，则电流 $I_1$=_____。

4. 如图 1C-2 所示电路，设二极管 $VD_1$、$VD_2$ 为理想元件，则电路中电流 $I_1$=____mA；$I_2$=____mA。

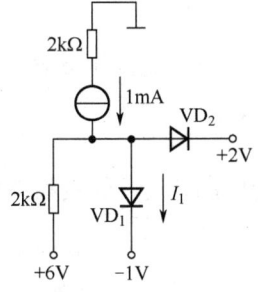

图 1C-1　填空题 3 图

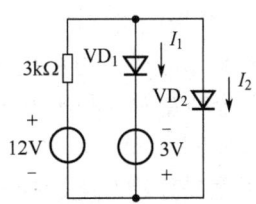

图 1C-2　填空题 4 图

5. 如图 1C-3 所示电路，$VD_1$、$VD_2$ 均为硅管，当 S 与 A 接通后，M 点的电位为____V，当 S 与 B 接通后，M 点的电位为____V。

6. 在图 1C-4 所示电路中二极管均为硅管，则 $VD_1$ 工作在_____状态，$VD_2$ 工作在_____状态，$U$ 为_____V。

7. 在某放大电路中，三极管三个电极的电流如图 1C-5 所示，已量出 $I_1$=-1.3mA，$I_2$=-0.03mA，$I_3$=1.33mA，由此可知：

a．电极①是_____极，电极②是_____极，电极③是_____极。

b．此三极管的电流放大系数 $\bar{\beta}$ 约为_____。

c．此三极管的类型是_____型（PNP 或 NPN）。

8. 当 $I_B$ 有一微小变化时，就能引起 $I_C$ 较大的变化，这种现象称为三极管的_____作用；一般情况下，同一三极管的 $\bar{\beta}$ 比 $\beta$ 略_____。

9. 在某放大电路中，测得三极管三个电极的电位分别为 $V_1$=7.5V，$V_2$=8.2V，$V_3$=15V，则该管是_____型，其中_____端为集电极。

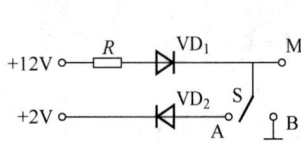
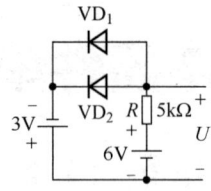
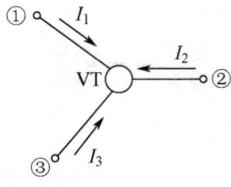

图 1C-3 填空题 5 图　　　图 1C-4 填空题 6 图　　　图 1C-5 填空题 7 图

10．检测二极管极性时，需用万用表欧姆挡的_____挡位，当检测时表针偏转度较大时，与红表笔相接触的电极是二极管的_____极；与黑表笔相接触的电极是二极管的_____极。检测二极管好坏时，两表笔位置调换前后万用表指针偏转都很大时，说明二极管已经被_____；两表笔位置调换前后万用表指针偏转都很小时，说明该二极管已经_____。

11．当 $u_{GS}=0$ 时，漏源之间存在导电沟道的称为_____型场效应管，漏源之间不存在导电沟道的称为_____型场效应管。

12．处于放大状态的 N 沟道增强型绝缘栅场效应管应工作在其输出特性的_____。

## 二、判断题（每小题 1 分，共计 10 分）

1．无论是哪类三极管，当处于放大工作状态时，b 极电位总是高于 e 极电位，c 极电位也总是高于 b 极电位。　　　　　　　　　　　　　　　　　　　　　（　　）

2．当测得 $U_{BE}$ 等于电源电压时，此三极管一定截止。　　　　　　　（　　）

3．三极管的发射区和集电区是由同一种杂质半导体构成的，故发射极和集电极可以互换使用。　　　　　　　　　　　　　　　　　　　　　　　　　　（　　）

4．单极型晶体管是电流控制型器件。　　　　　　　　　　　　　　　（　　）

5．锗三极管的 $I_{CBO}$ 值比硅三极管的小。　　　　　　　　　　　　　（　　）

6．三极管的 $\beta$ 值越大越好。　　　　　　　　　　　　　　　　　　（　　）

7．三极管的输入特性曲线与二极管的伏安特性曲线类似。　　　　　　（　　）

8．测得某电路的三极管 3DG6 参数为 $V_{BQ}=3V$，$V_{CQ}=10V$，$V_{EQ}=2.7V$，则该三极管处于正常的放大状态。　　　　　　　　　　　　　　　　　　　　　　　（　　）

9．测得硅三极管 $V_E=5V$，$V_B=4.3V$，$V_C=1V$，可知该三极管工作在截止状态。
　　　　　　　　　　　　　　　　　　　　　　　　　　　　　　　　（　　）

10．工作在放大状态的三极管各极电位如图 1C-6 所示，可知该三极管为锗三极管，且从左至右分别为 e 极、b 极、c 极。　　　　　　　　　　　　　　　　（　　）

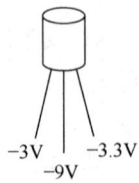

图 1C-6 判断题 10 图

## 三、单项选择题（每小题 2 分，共计 30 分）

1. 如图 1C-7 所示电路，VD 为理想二极管，则（　　）。
   A．VD 截止，$U_{AB}=12V$
   B．VD 导通，$U_{AB}=6V$
   C．VD 导通，$U_{AB}=18V$
   D．VD 截止，$U_{AB}=0V$

2. 如图 1C-8 所示电路，如果全部二极管均为理想元件，则输出电压 $u_O$ 为（　　）。
   A．8V
   B．0V
   C．-12V
   D．6V

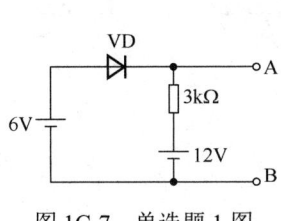

图 1C-7　单选题 1 图

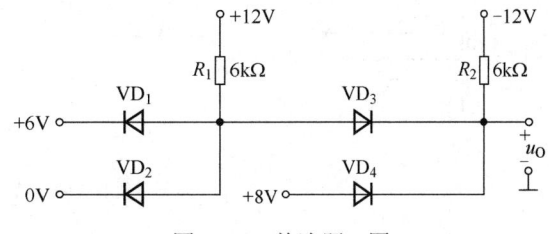

图 1C-8　单选题 2 图

3. 如图 1C-9 所示电路，设全部二极管均为理想元件，当输入电压 $u_i=15\sin\omega t$V 时，输出电压最大值为 15V 的是图（　　）所示电路。

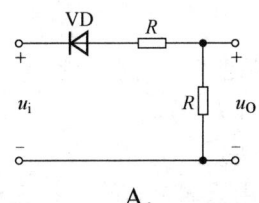
A．

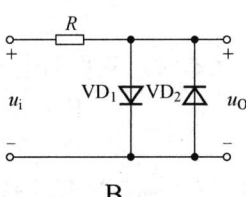
B．

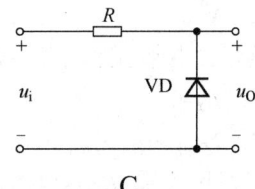
C．

图 1C-9　单选题 3 图

4. 如图 1C-10 所示电路，$VD_1$、$VD_2$ 均为理想二极管，当输入信号 $u_i=6\sin\omega t$V 时，输出电压 $u_O$ 的最大值为（　　）。
   A．+1V
   B．+4V
   C．+6V
   D．+5V

5. 如图 1C-11 所示电路，VD 为理想二极管，根据所给出的电路参数判断该二极管为（　　）。
   A．正偏
   B．反偏
   C．零偏
   D．无法确定

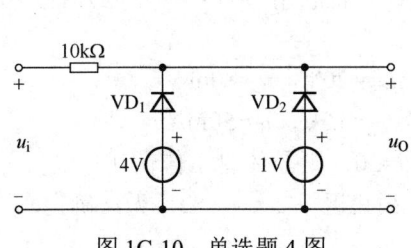

图 1C-10　单选题 4 图

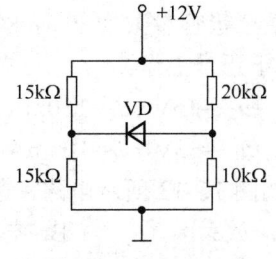

图 1C-11　单选题 5 图

6. 如图 1C-12 所示电路，二极管为理想二极管，在 $u_i=12\sin\omega t$V 的电压作用下，其输出电压 $u_O$ 的波形为（　　）。

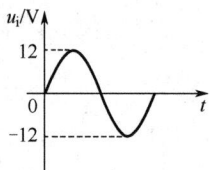
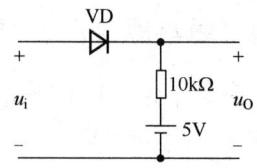

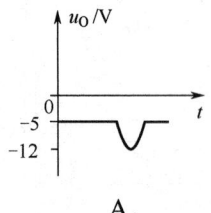
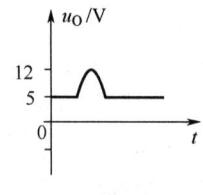
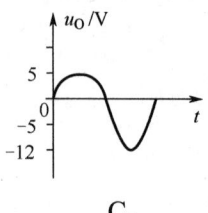
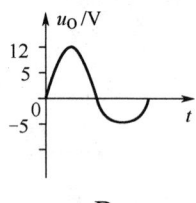

A.　　　　　　　　B.　　　　　　　　C.　　　　　　　　D.

图 1C-12　单选题 6 图

7. 下列符号中表示发光二极管的是（　　）。

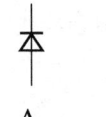

A.　　　　　　　　B.　　　　　　　　C.　　　　　　　　D.

8. 稳压二极管工作于正常稳压状态时，其反向电流应满足（　　）。

A．$I_D=0$　　　　　　　　　　　　B．$I_D<I_{Zmin}$ 且 $I_D>I_{Zmax}$

C．$I_{Zmin}>I_D>I_{Zmax}$　　　　　　D．$I_{Zmin}<I_D<I_{Zmax}$

9. 将万用表置 $R\times 1k\Omega$ 挡，将红表笔接三极管的基极，用黑表笔依次去接三极管的另两个电极，两次测得的电阻值都在几十 k$\Omega$ 至几百 k$\Omega$，又当三极管工作于放大状态时测得 $U_{BE}=0.7V$，则该三极管是（　　）。

A．NPN 型硅三极管　　　　　　　B．PNP 型硅三极管

C．NPN 型锗三极管　　　　　　　D．PNP 型锗三极管

10．用万用表测量放大电路中某三极管各脚对地电位分别为 $V_1=-4V$，$V_2=+2V$，$V_3=-3.4V$，则该三极管是（　　）。

A．PNP 型，2 脚是集电极　　　　　B．PNP 型，1 脚是集电极

C．NPN 型，2 脚是集电极　　　　　D．NPN 型，1 脚是集电极

11．某三极管参数为 $P_{CM}=800mW$，$I_{CM}=100mA$，$U_{BR(CEO)}=30V$，在下列几种情况中，（　　）属于正常工作。

A．$u_{CE}=15V$，$i_C=150mA$　　　　B．$u_{CE}=20V$，$i_C=80mA$

C．$u_{CE}=35V$，$i_C=100mA$　　　　D．$u_{CE}=10V$，$i_C=50mA$

12．如图 1C-13 所示电路，晶体管 $U_{BE}=0.7V$，$\beta=50$，则晶体管工作在（　　）。

A．放大区　　　　B．饱和区　　　　C．截止区　　　　D．无法确定

13．如图 1C-14 所示电路可（　　）。

A．等效为 PNP 管，电流放大系数约为（$\beta_1+\beta_2$）

B．等效为 PNP 管，电流放大系数约为 $\beta_1\beta_2$

C．等效为 NPN 管，电流放大系数约为（$\beta_1+\beta_2$）

D．等效为 NPN 管，电流放大系数约为 $\beta_1\beta_2$

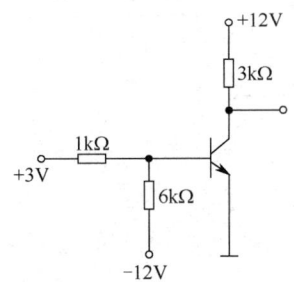

图 1C-13　单选题 12 图

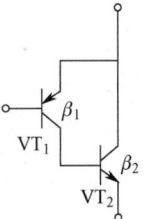

图 1C-14　单选题 13 图

14．测得工作在放大电路中的三极管的三个电极电流如图 1C-15 所示，则该三极管为（　　）。

A．NPN 型，引脚为 BCE　　　　　B．NPN 型，引脚为 BEC

C．PNP 型，引脚为 BCE　　　　　D．PNP 型，引脚为 BEC

15．某绝缘栅场效应管的符号如图 1C-16 所示，则该绝缘栅场效应管应为（　　）。

A．P 沟道增强型　　　　　　　　B．N 沟道增强型

C．P 沟道耗尽型　　　　　　　　D．N 沟道耗尽型

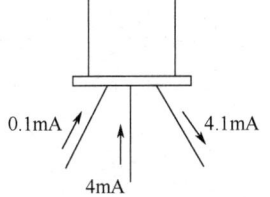

图 1C-15　单选题 14 图

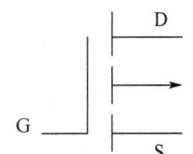

图 1C-16　单选题 15 图

## 四、计算题或综合题（共 30 分）

1．如图 1C-17 所示二极管电路，试判断各图中的二极管是导通还是截止，并求出 AB 两端电压 $U_{AB}$。（设二极管是硅管）（9 分）

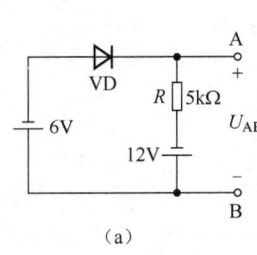
(a)

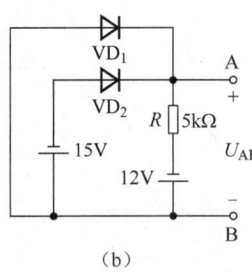
(b)

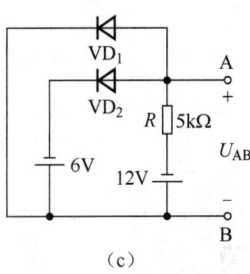
(c)

图 1C-17　综合题 1 图

2. 如图 1C-18 所示电路，二极管为硅管，求 A 点电位及流过二极管的电流的大小。（9分）

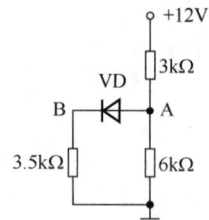

图 1C-18　综合题 2 图

3. 测得工作在放大电路中的两个三极管的两个电极电流如图 1C-19 所示。
(1) 求另一个电极电流，并在图中标出电流实际方向；（4分）
(2) 判断它们各是 NPN 型还是 PNP 型管，标出 e、b、c 极；（4分）
(3) 估算它们的 $\beta$ 值。（4分）

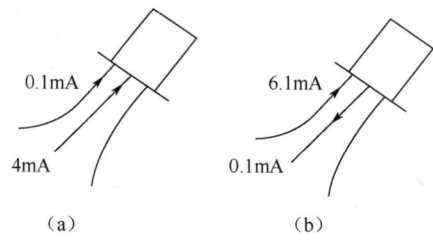

图 1C-19　综合题 3 图

**参考答案**

# 第二章　基本放大电路

## 一、填空题

1. 按三极管放大电路的连接方式，可分为_____、_____、和_____三种组态。
2. 放大电路有两种工作状态：$u_i=0$ 时的工作状态称为_____；当有交流信号 $u_i$ 输入时，放大电路的工作状态称为_____，此时，三极管各极电压、电流均由_____分量和_____分量两部分叠加而成。
3. 画放大器直流通路时，_____视为开路，_____视为短路；画交流通路时，耦合电容、旁路电容和直流电源视为_____，_____视为开路。
4. 交流负载线是反映_____时电压与电流的变化关系，由_____通路决定，它与三极管的输出特性一起用来确定_____和_____的变化情况。
5. 由图 2-1 给出的直流负载线可得出，电源电压为_____V，静态集电极电位为_____V，直流负载电阻为_____kΩ。
6. 放大器能否正常工作的前提条件是_____的设置要合适。
7. 放大电路接有负载电阻 $R_L$ 时，为了减小失真，其静态工作点应尽量选择在_____。
8. 放大器的静态工作点过高可能引起_____失真，过低则可能引起_____失真。分压式偏置电路具有自动稳定_____的优点。

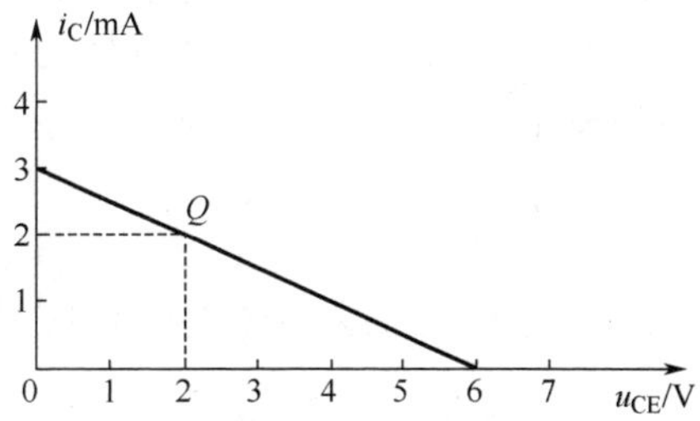

图 2-1　填空题 5 图

9. 共发射极放大电路的静态工作点设置较低造成截止失真时，会使其输出波形为_____削顶。若采用分压式偏置电路，通过_____调节_____，可达到改善输出波形的目的。
10. 在由 NPN 型三极管组成的基本共发射极放大电路中，当输入信号为 1kHz，5mV 的正弦电压时，输出电压波形出现了底部削平的失真，这种失真一定是_____失真。
11. 实践中，通常是调整_____电阻来达到调整静态工作点的目的。
12. 共发射极放大电路电压放大倍数是_____与_____的比值。
13. 共集电极放大电路的输入电阻_____，输出电阻_____，电压放大倍数约为_____，且输入输出_____相。
14. 射极输出器是共_____放大电路。
15. 某放大电路空载时，输出电压为 6V，接入 3kΩ 负载后，输出电压为 4V，则该放大器的输出电阻为_____kΩ。
16. 幅频特性曲线是指_____的关系曲线。
17. 频率下降时，$A_u$ 减小是由_____引起的，频率上升时，$A_u$ 减小是由_____引起的。
18. _____电阻反映了放大电路对信号源或前级电路的影响；_____电阻反映了放大电路带负载的能力。

19．在共射、共基、共集三种组态的基本放大电路中，输入电阻最低的是_____放大电路。

20．多级放大器的耦合方式有_____、_____、_____、_____，其中_____、_____放大器仅能放大交流信号，_____、_____放大器不仅能放大交流信号，还能放大直流信号。

21．多级放大器级间耦合方式中_____耦合方式能造成前后级静态工作点相互影响，_____耦合方式能使前后级做到阻抗匹配。

22．在阻容耦合多级放大电路中，影响低频信号增益的是_____电容，影响高频信号增益的是_____电容。

23．在由偶数级共射电路组成的多级放大电路中，输入和输出电压的相位_____，在由奇数级共射电路组成的多级放大电路中，输入和输出电压的相位_____。

24．已知某多级放大器的各级电压放大倍数分别为 20、-10、-50，则总增益应是_____dB。

25．两级放大电路的第一级电压放大倍数为 100，即电压增益为_____dB，第二级电压放大倍数为-20，则两级总电压增益为_____dB。

26．在场效应管放大电路中，共_____极电路具有电压放大能力，输出电压与输入电压反相；共_____极电路输出电阻较小，输出电压与输入电压同相。

## 二、判断题

1．正弦信号经共射放大器放大后出现双向削波失真，表明上偏置电阻 $R_b$ 值太小。（　　）
2．射极输出器是典型的电压串联负反馈放大电路。（　　）
3．射极输出器没有电压放大作用，只具有一定的电流放大和功率放大能力。（　　）
4．共基放大电路高频特性好。（　　）
5．三极管的电流放大倍数通常等于放大电路的电压放大倍数。（　　）
6．只有当两只三极管的类型相同（都为 NPN 型或都为 PNP 型）时才能组成复合管。（　　）
7．三极管放大电路中的耦合电容在直流分析时可视为短路，交流分析时可视为开路。（　　）
8．电路中各电量的交流成分是交流信号源提供的。（　　）
9．放大电路只要静态工作点合理，就可以放大电压信号。（　　）
10．双极型三极管的小信号模型中，受控电流源流向不能任意假定，它由基极电流 $i_b$ 的流向确定。（　　）
11．三极管的输入电阻 $r_{be}$ 可以用万用表的欧姆挡测出。（　　）
12．利用微变等效电路，可以分析估算小信号输入时的静态工作点。（　　）

## 三、单项选择题

1．对于基本共发射极放大电路，$R_b$ 减小时，输入电阻 $R_i$ 将（　　）。
　　A．增大　　　　B．减少　　　　C．不变　　　　D．不能确定
2．某一正常工作的共发射极接法的单管交流放大电路，若增大不适当的集电极电阻

$R_C$，其后果可能是（　　）。

　　A．三极管截止而无放大作用　　B．偏置电流 $I_B$ 过小而无法正常工作
　　C．三极管饱和而失去放大作用　　D．无法确定

3．图 2-2 所示为某一放大电路的直流通路，测出 A 点电位为 3.1V，分析硅三极管的工作状态为（　　）。

　　A．发射结击穿　　　　　　　　B．硅三极管处于截止状态
　　C．硅三极管处于放大状态　　　　D．硅三极管处于饱和状态

4．在基本共发射极放大电路中，若更换三极管使 $\beta$ 值由 50 变为 100，则电路的放大倍数（　　）。

　　A．约为原来的 1/2 倍
　　B．约为原来的 2 倍
　　C．基本不变
　　D．不能确定

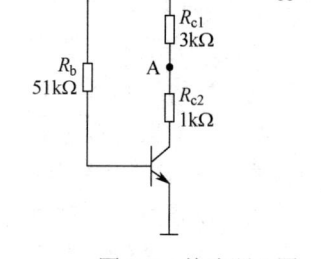

图 2-2　单选题 3 图

5．在固定式偏置共发射极放大电路中，不为三极管特性决定的静态参数是（　　）。

　　A．$I_{BQ}$　　　　　　　　　　B．$I_{CQ}$
　　C．$U_{BEQ}$　　　　　　　　　D．$U_{CEQ}$

6．共发射极单管交流放大电路中，在保持发射极电流 $I_E$ 不变的条件下，有人选用 $\beta$ 值较高的三极管，这样做的目的主要是（　　）。

　　A．提高放大电路的电压放大倍数　　B．增强放大电路带负载的能力
　　C．减轻信号源的负担　　　　　　　D．稳定放大电路的输出电流

7．由 NPN 型三极管构成的基本共发射极放大电路，其输出波形出现了底部失真，说明（　　）。

　　A．静态工作点太高，应减小 $R_b$　　B．静态工作点太低，应增大 $R_b$
　　C．静态工作点太高，应增大 $R_b$　　D．静态工作点太低，应减小 $R_b$

8．射极输出器的输出电阻小，说明该电路（　　）。

　　A．带负载能力强　　　　　　　　B．带负载能力差
　　C．减轻前级或信号源负荷

9．在共集电极放大电路中，下述说法正确的是（　　）。

　　A．有电压放大作用　　　　　　　B．电路为电流串联负反馈
　　C．有电流放大作用　　　　　　　D．无功率放大作用

10．在单级放大电路中，若输入为正弦波形，用示波器观察 $u_o$ 和 $u_i$ 的波形，当放大电路为共基极放大电路时，则 $u_o$ 和 $u_i$ 的相位（　　）。

　　A．同相　　　　B．反相　　　　C．相差 90°　　　　D．不定

11．两个单级放大器的通频带均为 10kHz，将它们连接成两级阻容耦合放大器后，总的通频带为（　　）。

　　A．10kHz　　　B．20kHz　　　C．大于 10kHz　　　D．小于 10kHz

12．放大电路中使用偏置电路的目的是（　　）。

　　A．提高放大电路的电压放大倍数　　B．减小信号在传输过程中的失真
　　C．提高放大电路的输入电阻　　　　D．减小放大电路的输出电阻

13．在三种基本放大电路中，电流增益最小的放大电路是（　　）。
   A．共发射极放大电路　　　　　　B．共基放大电路
   C．共集放大电路　　　　　　　　D．不能确定

14．已知某三极管的三个电极电位为 4V、-0.3V、-1V，则可判断该三极管的类型及工作状态为（　　）。
   A．NPN 型，放大状态　　　　　　B．PNP 型，截止状态
   C．NPN 型，饱和状态　　　　　　D．PNP 型，放大状态

15．某工作在放大状态的三极管，测出其三个极 X、Y、Z 的电位分别为：$V_X$=9V，$V_Y$=3.8V，$V_Z$=4.1V，则（　　）。
   A．X 为基极，Y 为集电极，Z 为发射极
   B．X 为发射极，Y 为基极，Z 为集电极
   C．X 为集电极，Y 为发射极，Z 为基极

16．关于三极管放大电路中的静态工作点（简称 $Q$ 点），下列说法中不正确的是（　　）。
   A．$Q$ 点过高会产生饱和失真
   B．$Q$ 点过低会产生截止失真
   C．导致 $Q$ 点不稳定的主要原因是温度变化
   D．$Q$ 点可采用微变等效电路法求得

17．电压放大电路首先需要考虑的技术指标是（　　）。
   A．放大电路的电压增益　　　　　B．不失真问题
   C．三极管的工作效率

18．已知 $A_i$=1000，则 $G_i$=（　　）。
   A．30dB　　　B．60dB　　　C．40dB　　　D．50B

19．放大电路的三种组态（　　）。
   A．都有电压放大作用　　　　　　B．都有电流放大作用
   C．都有功率放大作用　　　　　　D．只有共发射极电路有功率放大作用

20．当放大电路的电压增益为-20dB 时，说明它的电压放大倍数为（　　）。
   A．20　　　B．-20　　　C．-10　　　D．0.1

21．三极管放大器设置合适的静态工作点，以保证放大信号时，三极管（　　）。
   A．发射结为反向偏置　　　　　　B．集电结为正向偏置
   C．始终工作在放大区

22．在图 2-3 所示电路中，已知 $V_{CC}$=12V，$R_c$=3kΩ，静态管压降 $U_{CEQ}$=6V，并在输出端加负载电阻 $R_L$，其阻值为 3kΩ。选择一个合适的答案填入空内。

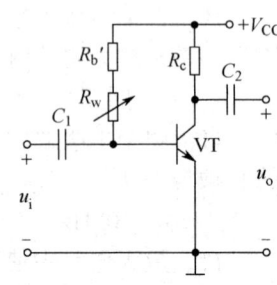

图 2-3　单选题 22 图

① 该电路的最大不失真输出电压的振幅值 $U_{om}$≈（　　）；
   A．2V　　　B．3V　　　C．6V

② 当 $u_i$=1mV 时，若在不失真的条件下，减小 $R_W$，则输出电压的幅值将（　　）；
   A．减小　　　B．不变　　　C．增大

③ 在 $u_i$=1mV 时，将 $R_W$ 调到输出电压最大且刚好不失真，

若此时增大输入电压，则输出电压波形将（　　）；

  A．顶部失真　　　　B．底部失真　　　　C．双向削波失真

④ 若发现电路出现饱和失真，则为消除失真，可将（　　）。

  A．$R_W$ 减小　　　　B．$R_c$ 减小　　　　C．$V_{CC}$ 减小

23．选择正确答案填入空内。

① 希望电路的带负载能力强，可选用（　　）；

② 希望向前级或信号源索取电流小，可选用（　　）；

③ 希望电路的高频特性好，且有较大的电压放大倍数，可选用（　　）。

  A．共发射极放大电路　　　　　　B．共集放大电路

  C．共基放大电路

## 四、简答题

1．分析三极管放大电路动态工作情况用什么分析方法？而分析功率放大电路却只有一种分析方法，为什么？该法是什么？

2．按要求填写图 2-4。

| 电路名称 | 连接方式（e、c、b） | | | 性能比较（大、中、小） | | | | |
|---|---|---|---|---|---|---|---|---|
| | 公共极 | 输入极 | 输出极 | $\lvert A_u \rvert$ | $\lvert A_i \rvert$ | $R_i$ | $R_o$ | 其他 |
| 共射电路 | | | | | | | | |
| 共集电路 | | | | | | | | |
| 共基电路 | | | | | | | | |

图 2-4　简答题 2 图

3．试判断图 2-5 所示各电路对输入的正弦交流信号有无放大作用？

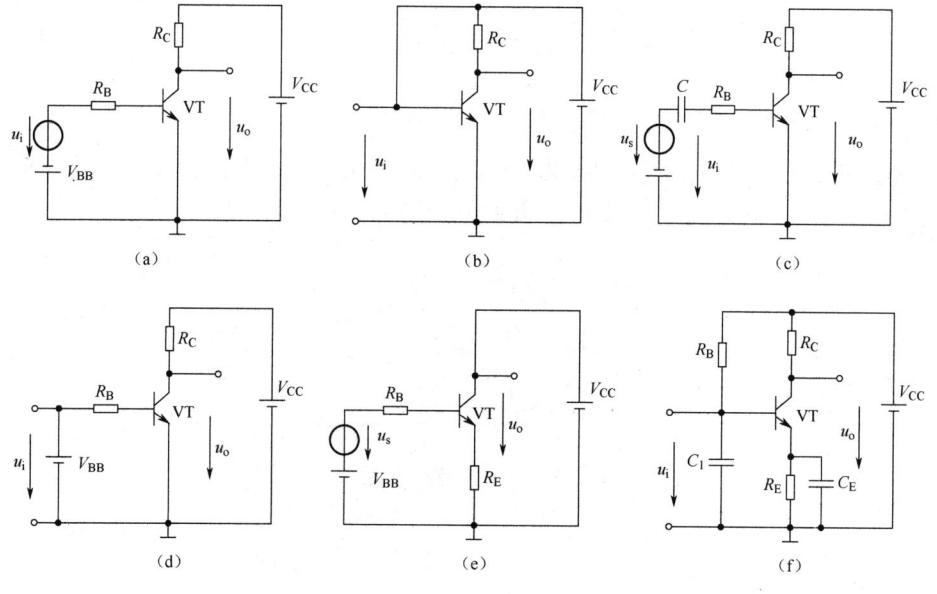

图 2-5　简答题 3 图

4. 在图 2-6（a）所示电路中，输入为正弦信号，输出端得到图 2-6（b）所示的信号波形，试判断放大电路产生何种失真？是何原因？采用什么措施消除这种失真。

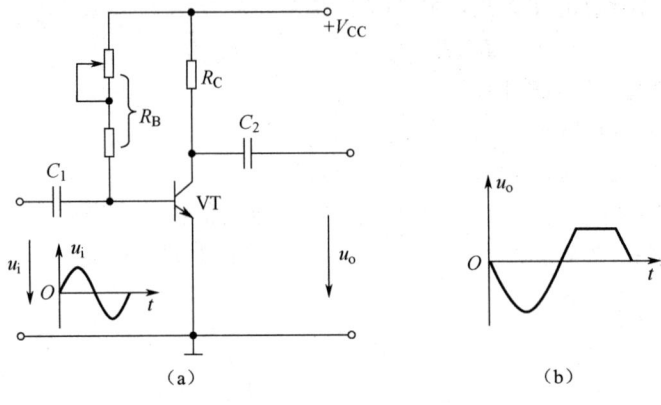

图 2-6　简答题 4 图

## 五、计算题

1. 在图 2-7 所示放大电路中，已知三极管的 $U_{BE}=0.7V$，$V_{CC}=12V$，$R_C=2k\Omega$，$R_B=280k\Omega$，$R_L=6k\Omega$，$r_{be}=1k\Omega$，$C_1$、$C_2$ 足够大，输入电压有效值 $U_i=0.1V$，输出电压有效值 $U_o=8V$，求三极管的电流放大系数 $\beta$。

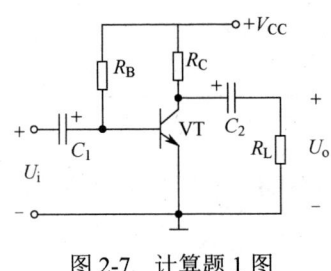

图 2-7　计算题 1 图

2. 如图 2-8 所示电路，已知 $\beta=100$，$U_{BEQ}=0.6V$，$U_{CES}=0.6V$。试求开关 S 分别置于 a、b、c 处时的 $I_{BQ}$、$I_{CQ}$、$U_{CEQ}$，并指出三极管所处的工作状态。

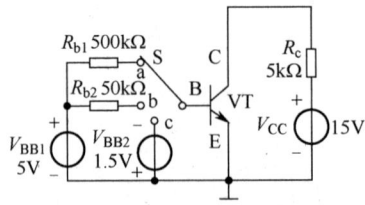

图 2-8　计算题 2 图

3．如图 2-9 所示电路，硅三极管的 $\beta=60$，$r_{bb'}=300\Omega$。试求：（1）求解 $Q$ 值、$A_u$、$A_{us}$、$R_i$ 和 $R_o$；（2）当 $U_s=10\text{mV}$（有效值）时的 $U_i$ 和 $U_o$ 数值（有效值）；（3）保持 $U_s=10\text{mV}$（有效值）不变，若 $C_3$ 开路，求 $U_i$ 和 $U_o$ 数值（有效值）。

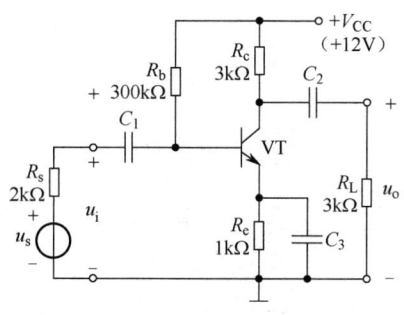

图 2-9　计算题 3 图

4．放大电路分析如图 2-10 所示电路，已知 $V_{CC}=12\text{V}$，$U_{BEQ}$ 忽略不计，$R_B=300\text{k}\Omega$，$R_C=R_L=R_s=3\text{k}\Omega$，$\beta=50$。试求：（1）求静态工作点 $Q$ 的参数；（2）$R_L$ 接入情况下电路的电压放大倍数；（3）输入电阻 $R_i$ 和输出电阻 $R_o$。

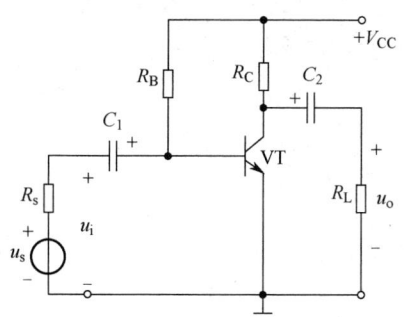

图 2-10　计算题 4 图

5．基本固定偏置共发射极放大电路如图 2-11 所示，已知三极管的 $\beta=40$，$U_{BEQ}$ 忽略不计，$R_b=400\text{k}\Omega$，$R_c=5\text{k}\Omega$，$V_{CC}=12\text{V}$。试求：（1）电路的静态工作点；（2）电路的电压放大倍数 $A_u$；（3）若信号源内阻 $R_s=1.5\text{k}\Omega$，求电路的电压放大倍数 $A_{us}$；（4）若输入正弦信号为 $u_i=10\sqrt{2}\sin\omega t\ \text{mV}$，问在负载上能获得多大电压输出。

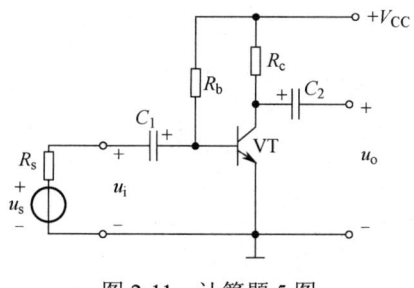

图 2-11　计算题 5 图

6. 在图 2-12 所示的硅三极管放大电路中，$R_{B1}=45\text{k}\Omega$，$R_{B2}=15\text{k}\Omega$，$R_C=3\text{k}\Omega$，$R_E=2\text{k}\Omega$，$R_L=6\text{k}\Omega$，$V_{CC}=16\text{V}$，$\beta=60$。试求：（1）静态工作点；（2）输入电阻和输出电阻；（3）空载和负载两种情况下的电压放大倍数；（4）若该三极管换成一只 $\beta=30$ 的同类型三极管，问该放大电路能否正常工作。

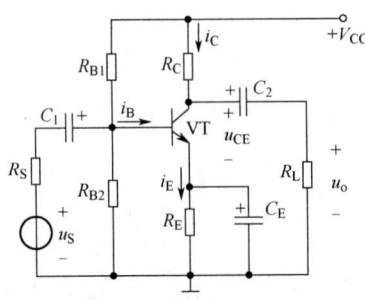

图 2-12　计算题 6 图

7. 如图 2-13 所示硅三极管放大电路，已知电容量足够大，$V_{CC}=12\text{V}$，$R_{B1}=15\text{k}\Omega$，$R_{B2}=5\text{k}\Omega$，$R_E=2.3\text{k}\Omega$，$R_C=5.1\text{k}\Omega$，$R_L=5.1\text{k}\Omega$，三极管的 $\beta=100$，$r_{bb}=200\Omega$，$U_{BEQ}=0.7\text{V}$。试求：（1）计算静态工作点（$I_{BQ}$，$I_{CQ}$，$U_{CEQ}$）；（2）画出放大电路的小信号等效电路；（3）计算电压放大倍数 $A_u$、输入电阻 $R_i$ 和输出电阻 $R_o$；（4）若断开 $C_E$，则对静态工作点、放大倍数、输入电阻的大小各有何影响？

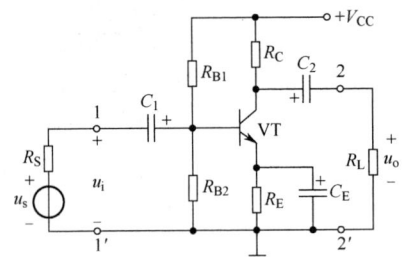

图 2-13　计算题 7 图

8. 如图 2-14 所示放大电路，已知电容量足够大，$V_{CC}=20\text{V}$，$R_{B1}=75\text{k}\Omega$，$R_{B2}=20\text{k}\Omega$，$R_{E2}=1.9\text{k}\Omega$，$R_{E1}=100\Omega$，$R_C=5.1\text{k}\Omega$，$R_L=5.1\text{k}\Omega$，$R_S=600\Omega$，三极管的 $\beta=100$，$r_{bb}=300\Omega$，$U_{BEQ}=0.7\text{V}$。试求：（1）计算静态工作点（$I_{BQ}$，$I_{CQ}$，$U_{CEQ}$）；（2）画出放大电路的小信号等效电路；（3）计算电压放大倍数 $A_u$、输入电阻 $R_i$ 和输出电阻 $R_o$；（4）若 $u_s=10\sqrt{2}\sin\omega t(\text{mV})$，求 $u_o$ 的表达式。

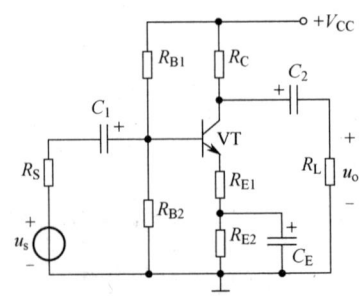

图 2-14　计算题 8 图

9. 如图 2-15 所示电路，已知硅三极管的 $\beta=50$，$R_{b1}=40\text{k}\Omega$，$R_{b2}=8\text{k}\Omega$，$R_c=4\text{k}\Omega$，$R_e=1\text{k}\Omega$，$V_{CC}=12\text{V}$，$R_L=4\text{k}\Omega$，求：（1）静态工作点；（2）$R_i$、$R_o$、$A_{uL}$。

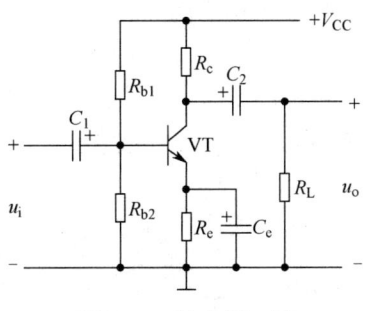

图 2-15  计算题 9 图

10. 如图 2-16 所示单级放大电路，设在输入信号的中频段 $C_1$、$C_2$、$C$ 足够大且对交流短路。试求：（1）该放大电路的 $I_{BQ}$、$I_{CQ}$、$U_{CEQ}$ 的表达式；（2）画出该放大电路的交流小信号等效电路，写出 $A_u$、$R_i$、$R_o$ 的表达式；（3）该电路为何能稳定工作点？若要提高电压增益，可采取哪些措施？

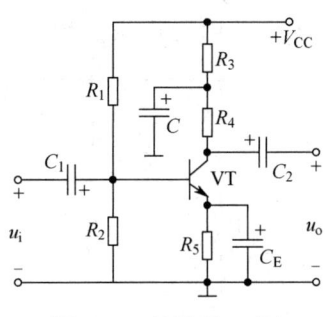

图 2-16  计算题 10 图

11. 如图 2-17 所示电路，硅三极管的 $\beta=100$，$r_{be}=1.2\text{k}\Omega$。试求：（1）求出 $I_{BQ}$、$I_{CQ}$、$U_{CEQ}$；（2）分别求出 $R_L=\infty$ 和 $R_L=3\text{k}\Omega$ 时电路的 $A_u$；（3）求 $R_i$ 和 $R_o$。

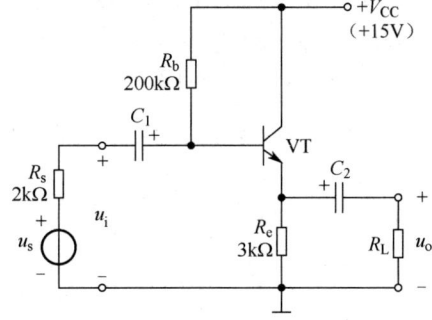

图 2-17  计算题 11 图

12. 设图 2-18 所示电路中三极管的 $\beta=100$，$r_{be}=3.6\text{k}\Omega$。（1）试分别求 $u_{o1}/u_i$ 和 $u_{o2}/u_i$；（2）设 $u_i$ 为中频正弦信号，其有效值为 0.5V，试画出 $u_i$、$u_{o1}$ 和 $u_{o2}$ 的波形，并表示出它们的相位及幅值关系；（3）试分别求输出电阻 $R_{o1}$ 和 $R_{o2}$。

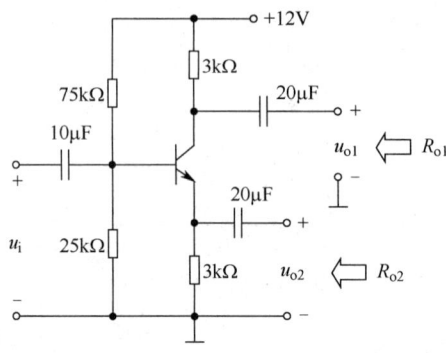

图 2-18　计算题 12 图

13. 如图 2-19 所示两级阻容耦合放大电路，已知 $V_{CC}=15\text{V}$，$R_{B1}=500\text{k}\Omega$，$R_{B2}=200\text{k}\Omega$，$R_{C1}=6\text{k}\Omega$，$R_{C2}=3\text{k}\Omega$，$R_L=2\text{k}\Omega$，两管的 $\beta$ 均为 50，$U_{BE}$ 均可忽略不计。试求：（1）各级的静态工作点；（2）画出微变等效电路，计算电路的电压放大倍数、输入电阻、输出电阻。

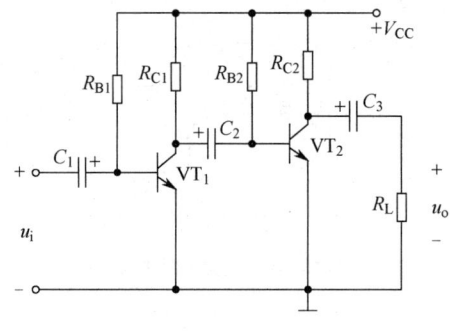

图 2-19　计算题 13 图

14. 如图 2-20 所示电路，已知 $V_{CC}=12\text{V}$，$R_{b1}=300\text{k}\Omega$，$R_{b2}=200\text{k}\Omega$，$R_e=2\text{k}\Omega$，$R_{c1}=2\text{k}\Omega$，$R_L=2\text{k}\Omega$，$I_{EQ2}=2.2\text{mA}$，$\beta_1=\beta_2=60$。试求：（1）第一级放大器的静态工作点；（2）放大器的输入电阻 $R_i$ 和输出电阻 $R_o$；（3）电压放大倍数 $A_V$。

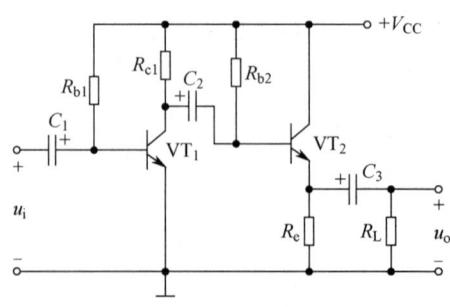

图 2-20　计算题 14 图

15．设三级放大电路，各级电压放大倍数分别是 $A_{u1}=-20$，$A_{u2}=-100$，$A_{u3}=-10$，问总的电压放大倍数 $A_u$ 是多少？并用分贝表示各级的增益 $G_{u1}$、$G_{u2}$、$G_{u3}$ 及总增益 $G_u$。

16．如图 2-21 所示电路，已知 $R_{g1}=300\text{k}\Omega$，$R_{g2}=100\text{k}\Omega$，$R_{g3}=2\text{M}\Omega$，$R_d=10\text{k}\Omega$，$R_1=2\text{k}\Omega$，$R_2=10\text{k}\Omega$，$V_{DD}=20\text{V}$，$g_m=1\text{ms}$，$r_d \gg R_d$。求：$R_i$、$R_o$ 和 $A_u$。

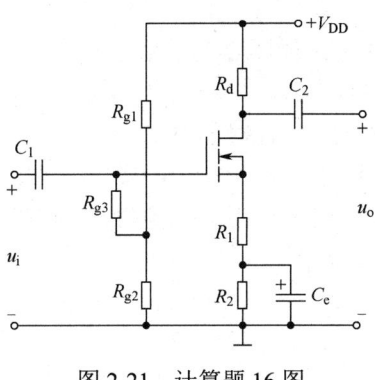

图 2-21　计算题 16 图

## 六、综合题

1．在图 2-22 所示电路中，已知三极管的 $\beta=80$，$r_{be}=1\text{k}\Omega$，$U_i=20\text{mV}$，静态时 $U_{BEQ}=0.7\text{V}$，$U_{CEQ}=4\text{V}$，$I_{BQ}=20\mu\text{A}$。判断下列结论是否正确，凡对的在括号内打"√"，否则打"×"。

（1）$A_u = -\dfrac{4}{20\times 10^{-3}} = -200$　（　　）

（2）$A_u = -\dfrac{4}{0.7} \approx -5.71$　（　　）

（3）$A_u = -\dfrac{80\times 5}{1} = -400$　（　　）

（4）$A_u = -\dfrac{80\times 2.5}{1} = -200$　（　　）

（5）$R_i = (\dfrac{20}{20})\text{k}\Omega = 1\text{k}\Omega$　（　　）

（6）$R_i = (\dfrac{0.7}{0.02})\text{k}\Omega = 35\text{k}\Omega$　（　　）

（7）$R_i \approx 3\text{k}\Omega$　（　　）

（8）$R_i \approx 1\text{k}\Omega$　（　　）

（9）$R_o \approx 5\text{k}\Omega$　（　　）

（10）$R_o \approx 2.5\text{k}\Omega$　（　　）

（11）$u_s \approx 20\text{mV}$（　　）

（12）$u_s \approx 60\text{mV}$（　　）

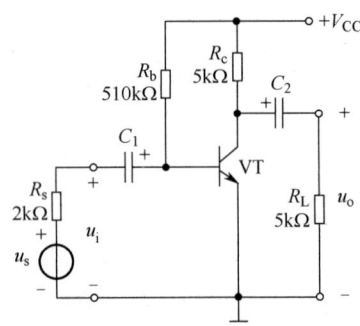

图 2-22　综合题 1 图

2．某电子设备中一级放大电路如图 2-23 所示：

（1）设 $\beta=80$，$R_C=2\text{k}\Omega$，$R_L=2\text{k}\Omega$，$V_{CC}=12\text{V}$，$U_{BEQ}=0$，$I_{CEQ}=0$，如果要将静态工作电流 $I_{CQ}$ 调到 2mA，问 $R_B$ 要取多大？求此时的 $A_u$；

（2）电路参数同上，如果要将静态工作点电压 $U_{CEQ}$ 调到 0.3V，问 $R_B$ 要取多大？

（3）在调整静态工作点时，如稍不小心把 $R_B$ 调到 0，这时三极管是否会损坏？为什么？为避免损坏，电路上可采取什么措施？

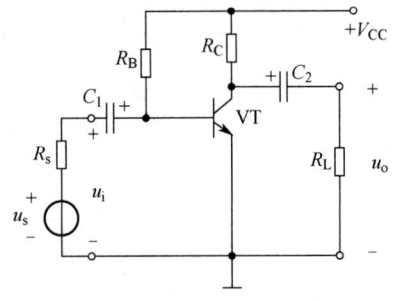

图 2-23　综合题 2 图

3．在如图 2-24 所示放大电路的实验中，常用测量的方法来获得放大电路的参数，现画出放大电路的实验框图，根据测量的数据填空。

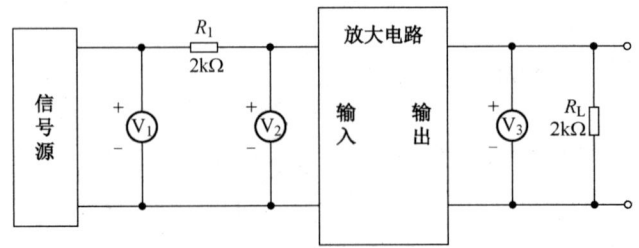

图 2-24　综合题 3 图

（1）测得 $V_1=12\text{mV}$，$V_2=10\text{mV}$，则输入阻抗 $R_i=$_____；

（2）断开 $R_L$，测得 $V_3=4\text{V}$，接上 $R_L$，测得 $V_3=3.0\text{V}$，则输出阻抗 $R_o=$_____；

（3）$R_L$ 不接时，电压放大倍数 $|A_u|=$_____；

（4）$R_L$ 接上时，电压放大倍数 $|A_u|$=_____。

4．如图 2-25 所示为某扩音机的前置级电路，其中射极输出器作为输入级，以便和高阻抗（$R_s$=10kΩ）的话筒相配合，设两管的 $\beta_1=\beta_2=80$，$r_{be1}$=5.1kΩ，$r_{be2}$=3.6kΩ。

（1）前置级电路的输入级为共_____极的电路，输出极为共_____极的电路，级间耦合方式为_____；

（2）输入级中电阻 $R_{b3}$ 的作用为_____；

（3）话筒的信号源电压 $U_i$ 为 10mV，求前置级的输出电压 $U_o$。

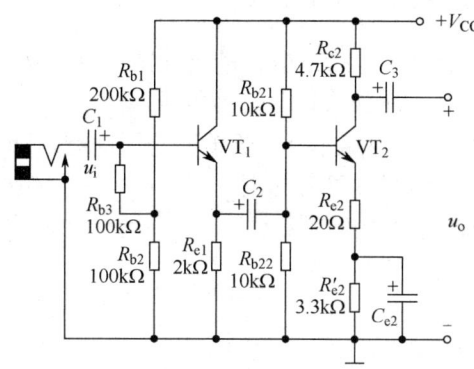

图 2-25 综合题 4 图

参考答案

# 第二章　基本放大电路单元测试（B）卷

时量：90 分钟　　　总分：100 分　　　难度等级：【中】

## 一、填空题（每空 1 分，共计 30 分）

1. 分压式偏置共发射极放大器的三极管的电流放大系数为 $\beta=60$ 时，其电压放大倍数为 $A_u=-60$，若 $\beta=90$ 时，则电压放大倍数近似等于_____。

2. 在共发射极阻容耦合放大电路中，在低频区电压增益下降的主要原因是_____的影响；在高频区电压增益下降的主要原因是_____的影响。

3. 小信号放大电路的动态分析经常采用_____法，其中的 $r_{be}$ 称为_____，数值上等于_____。

4. 直流负载线主要用来确定_____，由_____通路决定；交流负载线由_____通路决定。它与三极管的输出特性一起，用来确定_____和_____的变化情况。

5. 在一共发射极放大电路里，用示波器测试一只 NPN 型硅三极管，其 $u_{ce}$ 的波形如图 2B-1 所示，这是_____失真，调整 $R_C$ 可使波形趋向于正弦波，$R_C$ 数值应_____。

6. 已知固定偏置共射电路的输出特性曲线和直流负载线 MN、交流负载线 AB 如图 2B-2 所示。从图中可知该电路的直流电源电压 $V_{CC}$=_____，静态电流 $I_{CQ}$=_____，管压降 $U_{CEQ}$=_____，集电极电阻 $R_C$=_____，负载电阻 $R_L$=_____，三极管的电流放大系数 $\beta$=_____，该电路的电压放大倍数 $A_u$=_____（取 $r_{bb}=300\Omega$）。

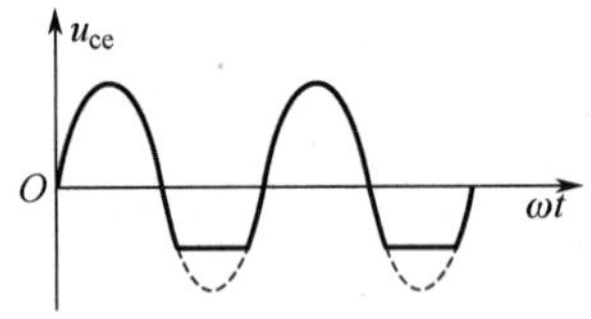

图 2B-1　填空题 5 图

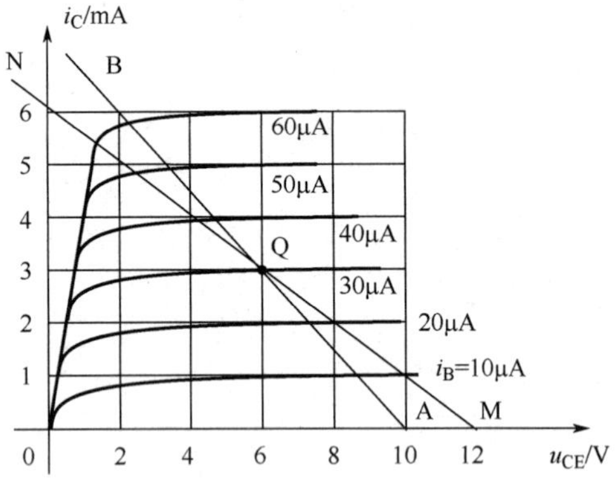

图 2B-2　填空题 6 图

7. 某放大电路在负载开路时的输出电压为 4V，接入 $6k\Omega$ 的负载电阻后，输出电压降为 3V，这说明放大电路的输出电阻为_____。

8. 多级放大器的耦合方式有_____、_____、_____和_____。

9. 在多级放大电路中，后级的输入电阻是前级的_____，而前级的输出电阻则也可视为后级的_____。

10. 调谐放大器是利用 LC 回路的_____谐振实现选频。当输入信号频率与 LC 回路固有频率_____时，LC 回路阻抗最大，此时放大器的增益_____。

## 二、判断题（每小题 1 分，共计 10 分）

1．为了增大放大器的放大倍数，通常给放大器建立合适的静态工作点。（    ）
2．当 $R_b$ 与 $r_{be}$ 较接近时（即 $R_b$ 与 $r_{be}$ 的值相差不大），则 $R_i = r_{be}$。（    ）
3．画交流放大器的直流通路时，电容器应作开路处理，画交流通路时，电源和电容器应作短路处理。（    ）
4．交流放大电路工作时，电路中同时存在着直流分量与交流分量，直流分量表示静态工作点，交流分量则表示信号的变化情况。（    ）
5．分压式偏置电路是在基极电位 $U_B$ 基本不变的条件下，利用发射极电阻上电压降的变化回送到放大器的输入端抑制集电极电流的变化，从而达到稳定静态工作点的目的。（    ）
6．计算放大电路输出电阻 $R_o$ 的值时，应把负载电阻 $R_L$ 的值考虑进去。（    ）
7．放大电路出现饱和失真是由于静态集电极电流 $I_{CQ}$ 选得偏低。（    ）
8．在分压式偏置电路中，若旁路电容 $C_e$ 不慎断开，此时虽然输入电阻 $R_i$ 的值增加了，但电压放大倍数却减小了。（    ）
9．放大电路中耦合电容、旁路电容的数值很大，对交流信号可视为短路，因此其两端交流电压可视为零。（    ）
10．多级放大器的通频带比组成它的每个单级放大器的通频带都要窄。（    ）

## 三、单项选择题（每小题 2 分，共计 30 分）

1．如图 2B-3 所示四个放大电路，能正常放大交流信号的是（    ）。

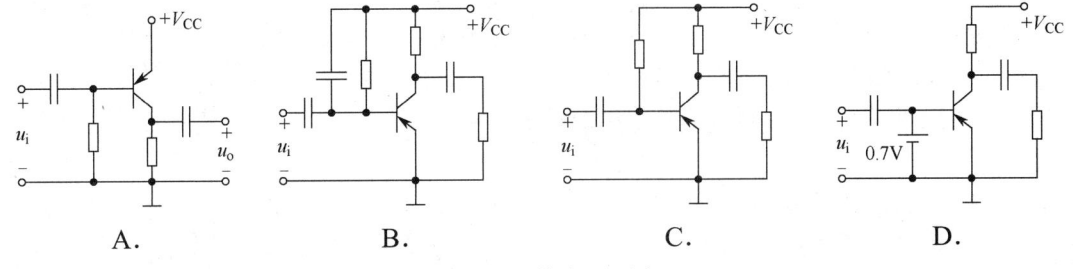

图 2B-3    单选题 1 图

2．在共发射极单管放大电路中，负载开路时，输出端对地电压应视为（    ）。
 A．$u_o = i_c R_C$              B．$u_o = -i_c R_C$
 C．$u_o = I_C R_C$              D．$u_o = -I_C R_C$

3．处于正常放大状态的固定偏置放大电路，欲使其静态工作点靠近饱和区的方法是（    ）。
 A．增大集电极直流负载电阻          B．增大基极偏置电阻
 C．减小集电极直流负载电阻          D．B 和 C

4．在多级放大电路中，每两个单级放大电路之间的连接方式称为（    ）。
 A．联结                              B．并联

C. 耦合  D. 串联

5. 某基本放大器在空载时发生了双向削波失真，则接上负载后（　　）。
   A. 失真情况不变  B. 失真更严重
   C. 失真变轻甚至消失  D. 由饱和失真变为截止失真

6. 在图 2B-4 所示电路中，出现下列（　　）故障必使三极管截止。
   A. $R_{B1}$ 开路  B. $R_{B2}$ 开路
   C. $R_C$ 短路  D. $C_E$ 短路

7. 某电路的直流通路如图 2B-5 所示，测出 $V_A$ 为 10V，则三极管的工作状态为（　　）。
   A. 三极管 CE 之间已短路  B. 饱和状态
   C. 截止状态  D. 放大状态

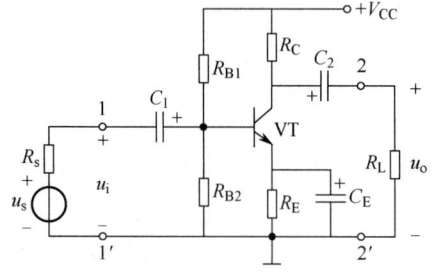

图 2B-4　单选题 6 图　　　图 2B-5　单选题 7 图

8. 如图 2B-6 所示放大电路，空载时电压放大倍数为 -100，$U_i$=100mV，现用内阻为 6kΩ 的毫伏电压表接在输出端测量输出电压 $U_o$，则电压表的读数为（　　）。
   A. 4V  B. 10V
   C. 5V  D. 6.7V

9. 分压式电流负反馈偏置电路作音频放大器，$V_{CC}$=12V，现用 500 型万用表测得集电极电位 $V_C$=12V，$U_{CE}$=0V，则表明（　　）。

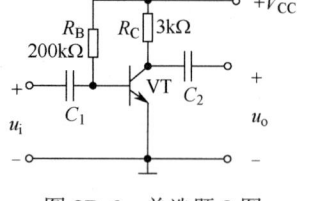

图 2B-6　单选题 8 图

   A. 发射极电阻开路  B. 三极管处于饱和状态
   C. 发射结开路  D. 集电极对地短路

10. 组合放大电路的输出级采用发射极输出方式是为了使（　　）。
    A. 电压放大倍数高  B. 输出电流小
    C. 输出电阻增大  D. 带负载能力强

11. 在三级放大电路中，各级的增益为 -3dB、20dB、30dB，则总增益为（　　）。
    A. 47dB  B. -180dB
    C. 530dB  D. 180dB

12. 对放大电路进行动态分析的主要任务是（　　）。
    A. 确定静态工作点 Q
    B. 确定集电结和发射结的偏置电压
    C. 确定电压放大倍数 $A_V$ 和输入电阻 $R_i$、输出电阻 $R_o$
    D. 确定静态工作点 Q、电压放大倍数 $A_V$ 和输入电阻 $R_i$、输出电阻 $R_o$

13. 当信号频率等于放大电路的 $f_L$ 和 $f_H$ 时，放大倍数的数值将下降到中频时的（     ）。

    A．0.5 倍                     B．0.707 倍

    C．0.9 倍                     D．1.2 倍

14. 放大电路 A、B 的放大倍数相同，但输入电阻、输出电阻不同，用它们对同一个具有内阻的信号源电压进行放大，在负载开路条件下测得 A 的输出电压大，这说明 A 的（     ）。

    A．输入电阻大                B．输入电阻小

    C．输出电阻大                D．输出电阻小

15. 在调谐放大器的 LC 回路两端并上一个电阻 $R$，可以（     ）。

    A．提高回路的 $Q$ 值         B．提高谐振频率

    C．拓宽通频带                 D．减小通频带

## 四、计算题或综合题（共 30 分）

1．在图 2B-7 所示电路中，设某一参数变化时其余参数不变，在表中填入"增大""减小"或"基本不变"。（10 分）

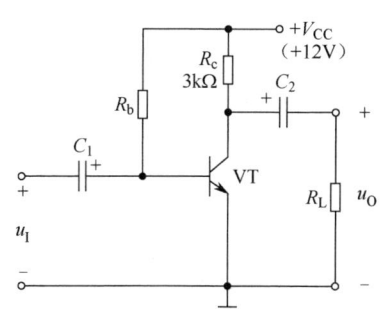

图 2B-7　综合题 1 图

| 参数变化 | $I_{BQ}$ | $U_{CEQ}$ | $|A_V|$ | $R_i$ | $R_o$ |
|---|---|---|---|---|---|
| $R_b$ 增大 |  |  |  |  |  |
| $R_c$ 增大 |  |  |  |  |  |
| $R_L$ 增大 |  |  |  |  |  |

2．在图 2B-8 所示电路中，已知三极管的 $\beta=60$，$r_{be}=1\text{k}\Omega$，$R_b=330\text{k}\Omega$，$R_e=R_c=R_L=3\text{k}\Omega$。当开关 S 都打开时两个电路的输出电压有效值均为 $U_o=5\text{V}$。求：

（1）当开关 S 闭合时，计算两个电路的输出电压有效值各为多少？（6 分）

（2）图（a）、（b）中，哪个电路的输出电压稳定性好？（4 分）

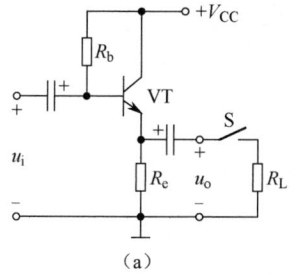 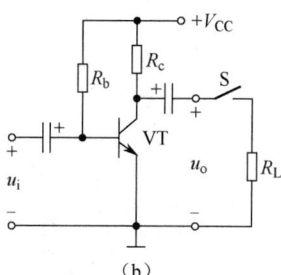

      （a）             （b）

图 2B-8　综合题 2 图

3. 如图 2B-9 所示电路，三极管的 $\beta=80$，$r_{bb}=300\Omega$。

（1）求电路的 $Q$ 点、$A_u$、$R_i$ 和 $R_o$；（6分）

（2）若电容 $C_e$ 开路，则将引起电路的哪些动态参数发生变化？如何变化？（4分）

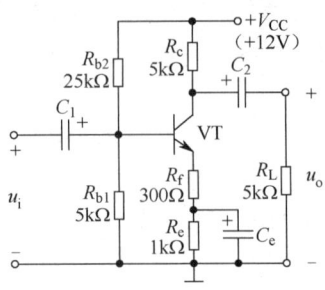

图 2B-9　综合题 3 图

# 第二章 基本放大电路单元测试（C）卷

时量：90 分钟　　　总分：100 分　　　难度等级：【中】

## 一、填空题（每空 1 分，共计 30 分）

1. 在单级共发射极放大电路中，如果输入为正弦波形，用示波器观察 $u_o$ 和 $u_i$ 的波形，则 $u_o$ 和 $u_i$ 的相位差为_____；当为共集电极电路时，则 $u_o$ 和 $u_i$ 的相位差为_____。

2. 三种基本组态三极管放大电路中，若希望倒相放大，宜选用共_____极电路，若希望带负载能力强，宜选用共_____极电路，若希望从信号源索取的电流小，宜选用共_____极电路，若希望用作高频电压放大器，宜选用共_____极电路。

3. 某固定偏置放大电路的直流负载线 MN 如图 2C-1 所示，设 $R_C=2\text{k}\Omega$ 时静态工作点为 $Q_1$，当 $R_C$ 增大到 $5\text{k}\Omega$ 时，新工作点 $Q_2$ 将在_____区。

4. 在图 2C-2 所示电路中，已知 $V_{CC}=12\text{V}$，三极管的 $\beta=100$，$R_b'=100\text{k}\Omega$。（要求先填表达式，后填计算数值。）

（1）当 $U_i=0\text{V}$ 时，测得 $U_{BEQ}=0.7\text{V}$，若要基极电流 $I_{BQ}=20\mu\text{A}$，则 $R_b'$ 和 $R_W$ 之和 $R_b=\dfrac{V_{CC}-U_{BEQ}}{I_{BQ}}\approx$_____$\text{k}\Omega$；而若测得 $U_{CEQ}=6\text{V}$，则 $R_c=\dfrac{V_{CC}-U_{CEQ}}{I_{CQ}}\approx$_____$\text{k}\Omega$。

（2）若测得输入电压有效值 $U_i=5\text{mV}$ 时，空载时输出电压有效值 $U_o'=0.6\text{V}$，则电压放大倍数 $|A_u|=\dfrac{U_o'}{U_i}\approx$_____；若负载电阻 $R_L$ 值与 $R_c$ 相等，则带上负载后输出电压有效值 $U_o=U_o'\dfrac{R_L}{R_L+R_c}=$_____$\text{V}$。

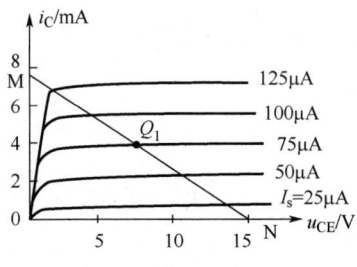

图 2C-1　填空题 3 图

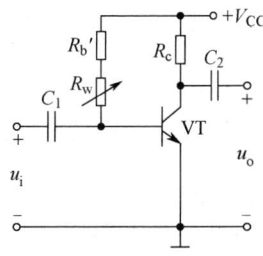

图 2C-2　填空题 4 图

5. 在分压式偏置放大电路中，若发射极旁路的电容开路会引起电压放大倍数_____，对静态工作点_____影响。

6. _____和_____是分析放大电路的两种基本方法。

7. 将射极输出器用在多级放大电路的第一级是利用它_____的特点，以减小对_____的影响；用在多级放大电路的最后一级是利用它_____的特点，_____能力强；用在多级放大电路的中间级是利用它_____的特点，起_____作用。

8．若三级放大电路的 $A_{u1}$=36dB，$A_{u2}$=24dB，$A_{u3}$=20dB，则其总电压放大倍数为_____，总电压增益为_____dB。

9．某两级三极管放大电路，测得输入电压有效值为 1mV，第一级和第二级的输出电压有效值均为 0.1V，输出电压和输入电压反相，输出电阻为 20Ω，则可判断第一级和第二级放大电路的组态分别是_____和_____。

10．在工程应用中，常通过实测电路板上三极管的三个引脚对地的电压来判断三极管的工作状态，若测得三极管的集电极对地电压接近于电源电压的一半，则表明三极管处于_____状态。

## 二、判断题（每小题 1 分，共计 10 分）

1．多级放大电路的输入电阻等于第一级的输入电阻，输出电阻等于末级的输出电阻。（　　）

2．由 NPN 管构成的共发射极放大电路输出波形出现上削波，说明电路出现了饱和失真。（　　）

3．交流放大器动态时，电路中同时存在直流分量和交流分量，直流分量表示静态工作点，交流分量表示信号的变化情况。（　　）

4．三极管放大器常采用分压式电流反馈偏置电路，它具有稳静态工作点的作用。（　　）

5．放大器的电压放大倍数，在负载电阻增大时增大。（　　）

6．两个单级放大器单独工作时，其电压放大倍数分别是 $A_{u1}$、$A_{u2}$，当连成一个两级放大器时，其总的电压放大倍数 $A_u$ 为原来单级放大器电压放大倍数 $A_{u1}$、$A_{u2}$ 的乘积，即 $A_u=A_{u1}\cdot A_{u2}$。（　　）

7．直接耦合多级放大电路各级的 Q 点相互影响，它只能放大直流信号。（　　）

8．分析三极管低频小信号放大电路时，可采用微变等效电路分析法把非线性器件等效为线性器件，从而简化计算。（　　）

9．当回路的谐振频率 $f_0$ 确定后，通频带 BW 与 Q 值成正比。（　　）

10．与三极管放大电路相比，场效应管放大电路具有输入电阻高、噪声低、温度稳定性好等优点。（　　）

## 三、单项选择题（每小题 2 分，共计 30 分）

1．固定偏置共发射极放大电路中，三极管工作在放大区，如果将 $R_C$ 增大，此时三极管为放大状态，则集电极电流 $I_C$ 将（　　）。

　　A．显著减小　　B．不变　　C．显著增加　　D．无法确定

2．当输入电压为正弦信号时，如果 NPN 管共发射极单级放大器发生截止失真，则输出电压的波形将（　　）。

　　A．削底　　B．削顶　　C．削双峰　　D．不削波

3．如图 2C-3 所示电路，已知 $u_I$=3V，则三极管 VT 此时工作在（　　）。

　　A．放大状态　　　　　　　　B．截止状态
　　C．饱和状态　　　　　　　　D．条件不足，难以确定

4. 如图 2C-4 所示电路，用直流电压表测出 $U_{CE}≈0$ 有可能是因为（　　）。

   A．$R_b$ 开路　　　　　　　　　　B．$R_c$ 短路

   C．$R_b$ 过小　　　　　　　　　　D．$β$ 过小，$V_{CC}$ 过大

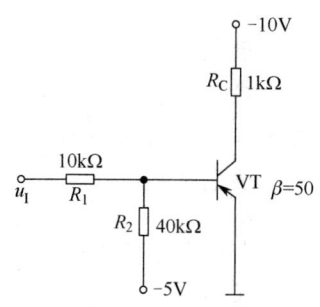

图 2C-3　单选题 3 图

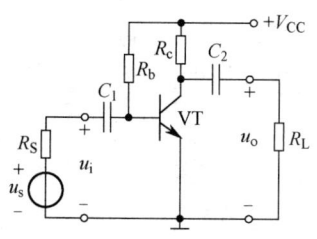

图 2C-4　单选题 4 图

5. 分压式偏置放大器中，三极管的电流放大系数 $β=40$ 时，电压放大倍数 $A_u=-60$，若接入 $β=60$ 的同类型三极管时，其电压放大倍数约为（　　）。

   A．-100　　　　B．-50　　　　C．-60　　　　D．-80

6. 射极输出器不具备的特点是（　　）。

   A．输入电阻高　　　　　　　　　　B．输出电阻低

   C．电压放大倍数大于 1　　　　　　D．输出电压与输入电压同相

7. 工作于放大状态的 PNP 管，各电极必须满足（　　）。

   A．$V_C>V_B>V_E$　　　　　　　　B．$V_C<V_B<V_E$

   C．$V_B>V_C>V_E$　　　　　　　　D．$V_C>V_E>V_B$

8. 经放大器放大的信号波形与原输入信号波形总有些差异，称为非线性失真，产生非线性失真的主要原因是（　　）。

   A．输入信号的非线性　　　　　　　B．三极管输入、输出特性的非线性

   C．没有反馈　　　　　　　　　　　D．电压放大倍数低

9. 场效应管与三极管比较，场效应管是（　　）。

   A．输入电阻低，输出电阻低　　　　B．电压控制器件

   C．输入电阻低，热稳定性能好　　　D．输入电阻低，输入电流小

10. 某放大器的中频电压增益为 40dB，则在上限频率 $f_H$ 处的电压放大倍数约为（　　）倍。

    A．43　　　　　B．100　　　　C．37　　　　D．70

11. 三极管电流源电路的特点是（　　）。

    A．输出电流恒定，直流等效电阻大，交流等效电阻小

    B．输出电流恒定，直流等效电阻小，交流等效电阻大

    C．输出电流恒定，直流等效电阻小，交流等效电阻小

    D．输出电流恒定，直流等效电阻大，交流等效电阻大

12. 某同学设计了一个共发射极放大电路，在输入端用信号发生器输入一个正弦信号，在输出端用示波器进行波形测量，结果发现在示波器上显示的是方波。请判断出现这种情况最可能的原因是（　　）。

    A．该同学将示波器接错了

B．静态工作点不合适，三极管处于截止状态

C．输入信号太大了

D．静态工作点不合适，三极管处于饱和状态

13．在图 2C-5 所示电路中，为共发射极放大电路的是（　　）。

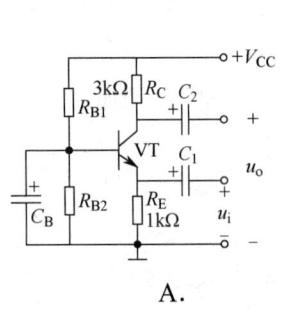
A．

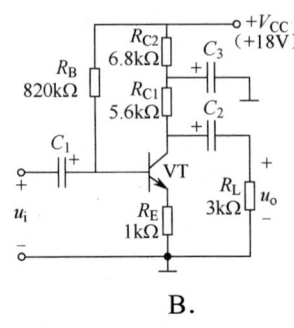
B．

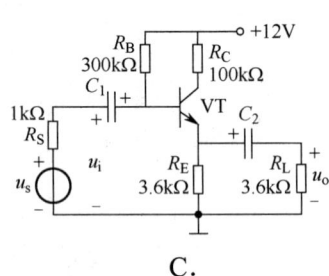
C．

图 2C-5　单选题 13 图

14．关于射极输出器下列说法错误的是（　　）。

　　A．能用作多级放大器的输入级　　　B．能用作多级放大器的输出级

　　C．能用作中间隔离级　　　　　　　D．不能用作功率放大器

15．以下情况下，可以用 H 参数小信号模型分析放大电路（　　）。

　　A．高频大信号　　　　　　　　　　B．低频大信号

　　C．低频小信号　　　　　　　　　　D．高频小信号

## 四、计算题或综合题（共 30 分）

1．在图 2C-6（a）所示电路中，由于电路参数的调整，当输入信号源为正弦波时，测得输出波形如图 2C-6（b）、（c）、（d）所示。

（1）试说明电路分别产生了什么失真，如何消除；（4 分）

（2）若在由 PNP 型管组成的共发射极放大电路中，输出电压波形如图 2C-6（b）、（c）、（d）所示，则分别产生了什么失真？又当如何消除？（4 分）

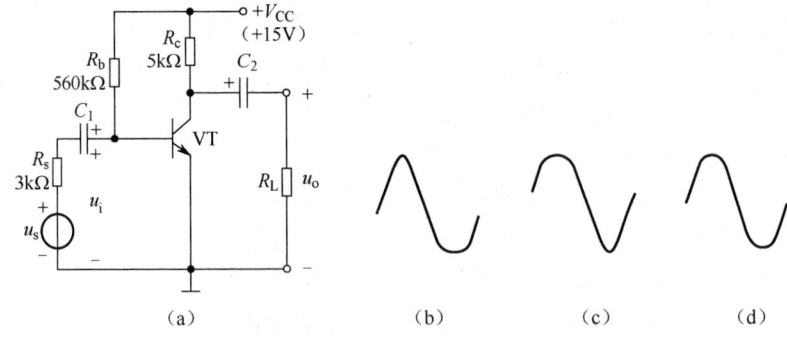

图 2C-6　综合题 1 图

2. 如图 2C-7 所示电路，已知 $V_{CC}$=12V，$R_b$=510kΩ，$R_c$=1.5kΩ，$R$=100Ω，$R_L$=1.5kΩ，$β$=100，$C_1$、$C_2$、$C_3$ 容抗及 $U_{BE}$ 可忽略不计，求：

（1）静态工作点 $Q$；（4 分）

（2）$R_i$、$R_o$、$A_{uL}$（设 $r_{be}$=1kΩ）。（6 分）

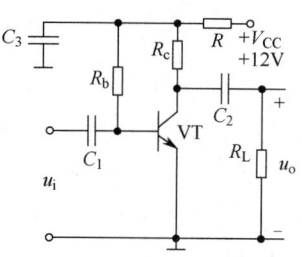

图 2C-7　综合题 2 图

3. 如图 2C-8 所示的放大电路，已知三极管的 $β$=80，$U_{BE}$=0.7V，$r_{be}$=10kΩ。

（1）估算放大器的静态工作点 $I_{BQ}$、$I_{CQ}$、$U_{CEQ}$。（4 分）

（2）画出放大器的交流通路。（2 分）

（3）求接上负载后的电压放大倍数，输入电阻和输出电阻。（2 分）

（4）$C_e$ 开路时，电压放大倍数如何变化？（2 分）

（5）在调试电路时，如果出现图（b）所示的输出波形，试判断是什么失真？静态工作点是过高还是过低？如何调节 $R_e$ 才能消除失真？（2 分）

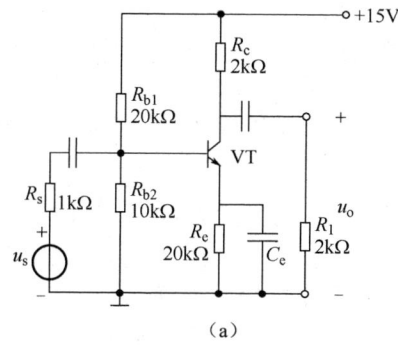
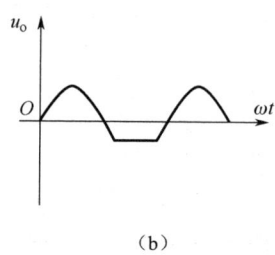

图 2C-8　综合题 3 图

参考答案

# 第三章　负反馈放大器

## 一、填空题

1. 反馈系数是指_____。
2. 某振荡器反馈系数为 0.2，则电路放大倍数应大于_____。
3. 反馈放大电路由_____电路和_____网络组成。
4. 根据反馈信号在输出端的取样方式不同，可分为_____反馈和_____反馈，根据反馈信号和输入信号在输入端的比较方式不同，可分为_____反馈和_____反馈。
5. 如图 3-1 所示电路，要引入电流负反馈，反馈元件 $R_f$ 应接在_____两点间。

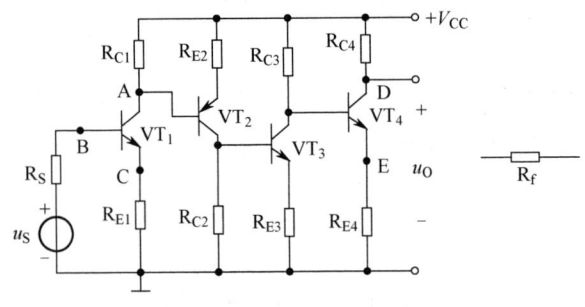

图 3-1　填空题 5 图

6. 为提高放大电路的输入电阻，应引入交流_____反馈，为提高放大电路的输出电阻，应引入交流_____反馈；为减小放大电路的输入电阻，应引入交流_____反馈，为减小放大电路的输出电阻，应引入交流_____反馈。
7. 对于低内阻信号源，引入_____负反馈效果才显著，对于高内阻信号源，引入_____负反馈效果才显著。
8. 为了在负载变化时稳定输出电流，可以引入_____负反馈，为了在负载变化时稳定输出电压，可以引入_____负反馈。
9. 负反馈放大电路的放大倍数 $A_f=$_____，对于深度负反馈 $A_f=$_____。
10. 影响放大器工作稳定性的主要因素是_____的变化，稳定工作点的措施是在电路中引入_____负反馈。

## 二、判断题

1. 由于接入负反馈，则反馈放大电路的 $A$ 就一定是负值，接入正反馈后 $A$ 一定是正值。　　　　　　　　　　　　　　　　　　　　　　　　　　　（　　）
2. 既然在深度负反馈的条件下，闭环放大倍数 $A_f \approx \dfrac{1}{F}$，它只取决于反馈网络的参数，而与放大电路的参数无关，因此只要精心选择反馈网络元件，而随便选择一个放大电路，就能获得稳定的闭环放大倍数。　　　　　　　　　　　　　（　　）
3. 在深度负反馈放大电路中，由于开环增益很大，因此在高频段因附加相移变成正反馈时容易产生高频自激。                                              (    )
  4．在放大电路中引入负反馈，可使其各种性能均得到改善。            (    )
  5．放大电路一般采用的反馈形式为负反馈。                          (    )
  6．放大电路的 $A<0$，说明接入的一定是负反馈。                    (    )
  7．负反馈以牺牲放大倍数为代价来换取放大器性能指标的改善。        (    )
  8．电压负反馈可以稳定输出电压，因此流过负载的电流也就必然稳定。  (    )
  9．交流负反馈只存在于阻容耦合电路中，而直接耦合电路中不存在交流负反馈。
                                                                  (    )
  10．电压负反馈稳定输出电压，电流负反馈稳定输出电流。             (    )

### 三、单项选择题

1．选择合适的答案填入下列空格内。
① 反馈量与放大器的输入量极性（    ），因而使（    ）减小的反馈，称为（    ）；
② 反馈量与放大器的输入量极性（    ），因而使（    ）增加的反馈，称为（    ）。
  A．相同          B．相反          C．净输入量
  D．负反馈        E．正反馈

2．选择合适的答案填入下列空格内。
① 串联反馈的反馈量以（    ）形式馈入输入回路，和输入（    ）相比较而产生净输入量；
② 并联反馈的反馈量以（    ）形式馈入输入回路，和输入（    ）相比较而产生净输入量。
  A．电压          B．电流          C．电压或电流

3．在反馈放大电路中，若反馈信号与净输入信号作用于同一个节点，且瞬时极性相同，则属于（    ）
  A．负反馈        B．正反馈        C．无法判断

4．根据反馈的极性，反馈可分为（    ）反馈。
  A．直流和交流    B．电压和电流    C．正和负        D．串联和并联

5．放大电路引入交流负反馈后将（    ）。
  A．提高输入电阻                   B．减小输出电阻
  C．提高放大倍数                   D．提高放大倍数的稳定性

6．引入（    ）反馈，可稳定电路的增益。
  A．电压          B．电流          C．负            D．正

7．如图 3-2 所示放大电路，级间反馈类型为（    ）。
  A．电流并联负反馈                 B．电流串联负反馈
  C．电压并联负反馈                 D．电压串联负反馈

8．如图 3-3 所示为两级电路，接入 $R_f$ 后引入了级间（    ）。
  A．电流并联负反馈                 B．电流串联负反馈
  C．电压并联负反馈                 D．电压串联负反馈

9．负反馈多用于（    ）。
  A．改善放大器的性能               B．产生振荡

C．提高输出电压　　　　　　　　D．提高电压增益

10．引入并联负反馈，可使放大器的（　）。

A．输出电压稳定　　　　　　　　B．反馈环内输入电阻增加

C．反馈环内输入电阻减小　　　　D．输出电流稳定

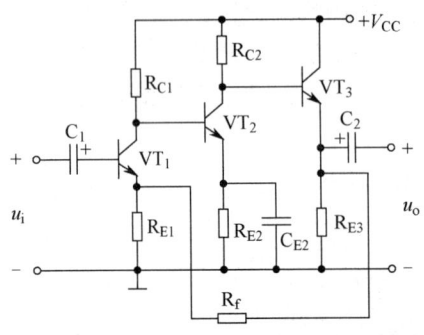

图 3-2　单选题 7 图

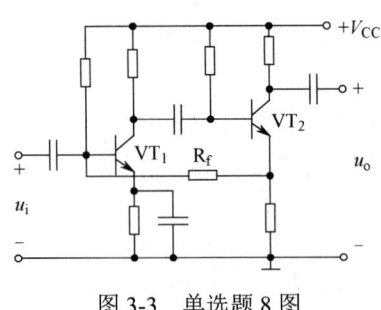

图 3-3　单选题 8 图

## 四、简答题

1．若要提高多级放大电路的输入电阻，可以采取哪些措施？

2．试分析图 3-4 所示电路中的反馈类型。（说明是正反馈还是负反馈，是交流还是直流反馈，若是负反馈指出其是什么组态的负反馈。）

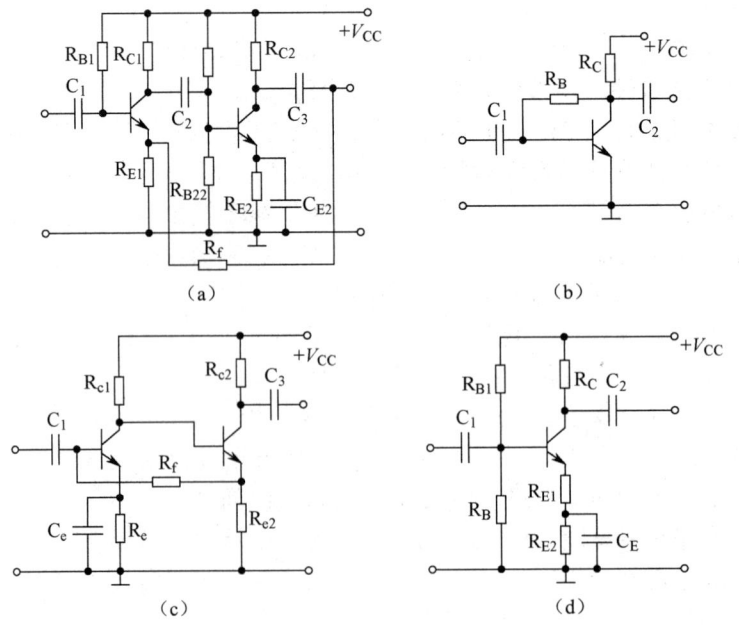

图 3-4　简答题 2 图

（a）图：$R_f$_____，$R_{E1}$_____，$C_{E2}$、$R_{E2}$_____；
（b）图：$R_B$_____；
（c）图：$R_{e2}$_____，$R_f$、$R_{e2}$_____；
（d）图：$C_E$、$R_{E2}$_____，$R_{E1}$、$R_{E2}$_____。

3．分别分析图 3-5 中各放大电路的反馈：（1）在图中找出反馈元件；（2）判断是正反馈还是负反馈；（3）对交流负反馈，判断其反馈组态及对电路的影响。

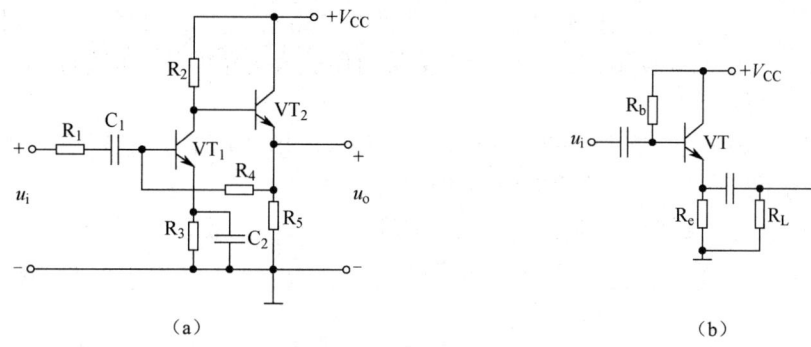

图 3-5　简答题 3 图

## 五、计算题

有一个负反馈放大器，$A_u=10^3$，$F=0.099$，已知输入信号 $U_i=0.1V$，求其净输入信号 $U_i'$，反馈信号 $U_f$ 和输出信号 $U_o$ 的值。

参考答案

# 第三章 负反馈放大器单元测试（B）卷

时量：90分钟　　　总分：100分　　　难度等级：【中】

## 一、填空题（每空1分，共计30分）

1. 若引回的反馈信号削弱输入信号而使放大电路的放大倍数降低，这种反馈称为_____反馈；若引回的反馈信号增强输入信号而使放大电路的放大倍数提高，这种反馈称为_____反馈。

2. 电压负反馈能稳定放大器的_____，并使放大器的输出电阻_____；电流负反馈能稳定放大器的_____，使放大器的输出电阻_____。

3. 负反馈对放大器的影响是：使得放大倍数_____，放大倍数的稳定性_____，输出波形的非线性失真_____，通频带宽度_____，并且_____了输入电阻和输出电阻。

4. 根据反馈电路在_____端的叠加方式，可以判别是串联还是并联反馈；通常采用_____来判别正反馈还是负反馈。

5. 按反馈信号的取出与输入端的连接方式，可分为4种类型，它们是_____、_____、_____、_____负反馈。

6. 电压反馈放大电路的反馈信号是与_____成正比，电流反馈放大电路的反馈信号是与_____成正比。

7. 当输入信号一定时，引入_____负反馈，能使输出电压基本维持恒定；引入_____负反馈，能使输出电流基本维持恒定。

8. 对直流而言，分压式偏置电路是_____反馈电路，具有_____的作用。

9. 串联反馈的反馈量以_____形式馈入输入回路，和输入_____相比较而产生净输入量；并联反馈的反馈量以_____形式馈入输入回路，和输入_____相比较而产生净输入量。

10. 如图3B-1所示电路，级间反馈元件是_____，反馈类型是_____负反馈。

11. 如图3B-2所示电路中$R_f$支路引入的反馈类型为_____。

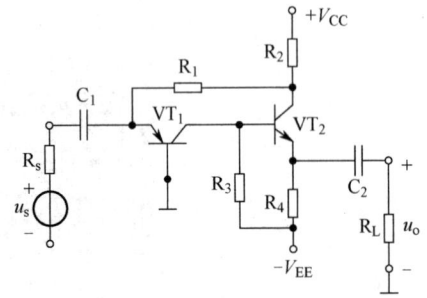

图3B-1　填空题10图

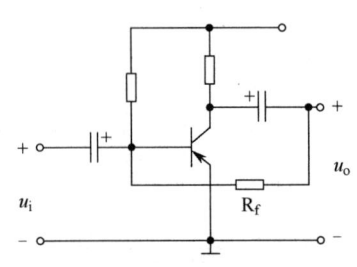

图3B-2　填空题11图

## 二、判断题（每小题 1 分，共计 10 分）

1. 在深度负反馈的条件下，由于闭环放大倍数 $A_f \approx \dfrac{1}{F}$，与三极管参数几乎无关，因此可以任意选用三极管来组成放大级，对三极管的参数也不作要求。（    ）

2. 负反馈只能改善反馈环路内的放大性能，对反馈环路之外无影响。（    ）

3. 若放大电路的负载固定，为使其电压放大倍数稳定，可以引入电压负反馈，也可以引入电流负反馈。（    ）

4. 电压负反馈可以稳定输出电压，流过负载的电流也就必然稳定，因此电压负反馈和电流负反馈都可以稳定输出电流，在这一点上电压负反馈和电流负反馈没有区别。（    ）

5. 串联负反馈不适用于理想电流信号源的情况，并联负反馈不适用于理想电压信号源的情况。（    ）

6. 任何负反馈放大电路的增益带宽积都是一个常数。（    ）

7. 由于负反馈可以展宽频带，所以只要负反馈足够深，就可以用低频管代替高频管组成放大电路来放大高频信号。（    ）

8. 负反馈能减小放大电路的噪声，因此无论噪声是输入信号中混合的还是反馈环路内部产生的，都能使输出端的信噪比得到提高。（    ）

9. 具有负反馈的电路，净输入信号大于输入信号。（    ）

10. 既然电压负反馈稳定输出电压，那么必然稳定输出电流。（    ）

## 三、单项选择题（每小题 2 分，共计 30 分）

1. 反馈放大器的含义是（    ）。
   A．电路中存在使输入信号削弱的反向传输通路
   B．输出与输入之间有信号通路
   C．除放大电路以外还有信号通路
   D．电路中存在反向传输的信号通路

2. 直流负反馈的定义是（    ）。
   A．直流通路中的负反馈
   B．直接耦合电路中才存在的负反馈
   C．仅存在于阻容耦合电路中的负反馈
   D．放大直流信号才有负反馈

3. 交流负反馈的定义是（    ）。
   A．放大交流信号时才有的负反馈       B．变压器耦合电路中的负反馈
   C．只存在于阻容耦合电路的负反馈     D．交流通路中的负反馈

4. 负反馈能抑制（    ）。
   A．反馈环外的干扰和噪声             B．输出信号中的干扰和噪声
   C．输入信号所包含的干扰和噪声       D．反馈环内的干扰和噪声

5. 在输入量不变的情况下，若引入反馈后（    ），则说明引入的反馈是负反馈。
   A．净输入量增大                     B．净输入量减小
   C．输入电阻增大                     D．输出量增大

6. 某放大电路的信号源内阻较小,要求输出电压稳定,应选用(　　)负反馈。
   A. 电压串联　　　　　　　　　　B. 电压并联
   C. 电流串联　　　　　　　　　　D. 电流并联

7. 某放大电路放大的信号是由极高内阻信号源提供的,希望放大后的输出电压与信号电压成正比,应选(　　)负反馈。
   A. 电流串联　　　　　　　　　　B. 电流并联
   C. 电压串联　　　　　　　　　　D. 电压并联

8. 放大器引入负反馈后,它的增益和产生的信号失真情况是(　　)。
   A. 增益下降,信号失真减小　　　B. 增益下降,信号失真加大
   C. 增益增大,信号失真程度不变　D. 增益与信号失真程度都不变

9. 如图 3B-3 所示电路的级间交流反馈是(　　)。
   A. 电流并联正反馈　　　　　　　B. 电流并联负反馈
   C. 电压并联正反馈　　　　　　　D. 电流串联负反馈

10. 如图 3B-4 所示电路的级间交流反馈为(　　)。
    A. 电流并联负反馈　　　　　　　B. 电流串联负反馈
    C. 电流并联正反馈　　　　　　　D. 电压并联正反馈

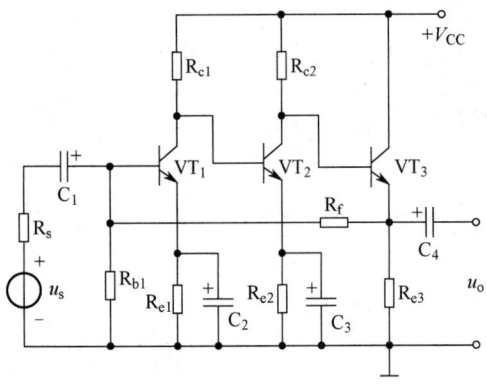

图 3B-3　单选题 9 图

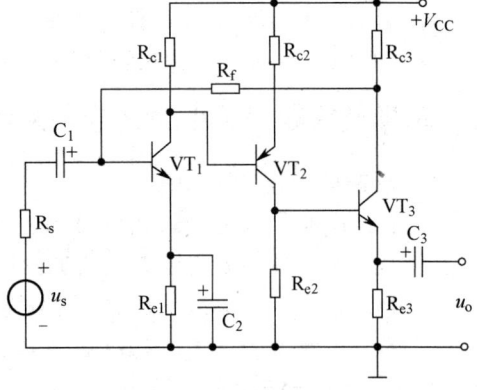

图 3B-4　单选题 10 图

11. 在分压式电流负反馈放大电路中,对静态电流 $I_C$ 影响比较大的是(　　)。
    A. 上偏流电阻 $R_{b1}$　　　　　　B. 集电极电阻 $R_C$
    C. 三极管的电流放大系数 $\beta$　　D. 耦合电容

12. 需要一个阻抗变换电路,要求输入电阻大,输出电阻小,应选用(　　)负反馈。
    A. 电压串联　　　　　　　　　　B. 电压并联
    C. 电流串联　　　　　　　　　　D. 电流并联

13. 深度电流串联负反馈放大器相当于一个(　　)。
    A. 电压控制电压源　　　　　　　B. 电压控制电流源
    C. 电流控制电压源　　　　　　　D. 电流控制电流源

14. 构成反馈通路的元器件(　　)。
    A. 只能是电阻元件
    B. 只能是三极管、集成运算放大器等有源器件

C. 只能是无源器件

D. 可以是无源器件，也可以是有源器件

15. 交流负反馈对放大器的影响是（　　）。

A. 影响放大器的动态性能

B. 稳定静态工作点

C. 影响放大器的动态性能和稳定静态工作点

D. 以上都不对

## 四、计算题或综合题（共 30 分）

1. 试分析图 3B-5 所示电路，并说明：

（1）静态时有哪些直流反馈，指出反馈元件、反馈极性和组态及其作用；（6 分）

（2）对交流信号有哪些级间反馈？指出反馈元件、反馈极性和组态，并说明这些反馈对放大电路性能各有何影响。（6 分）

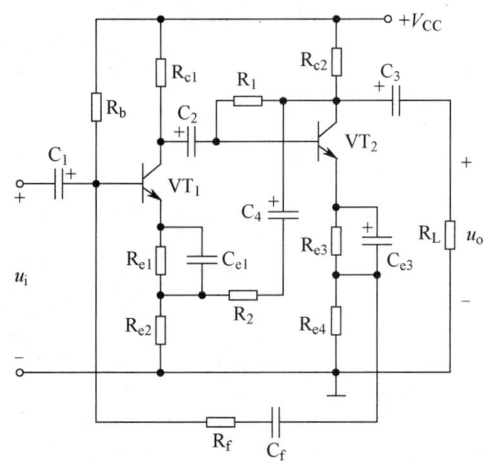

图 3B-5　综合题 1 图

2. 请判断图 3B-6 所示电路中：

（1）有几条级间反馈通路？（2 分）

（2）分别是什么反馈类型？对电路有什么影响？（8 分）

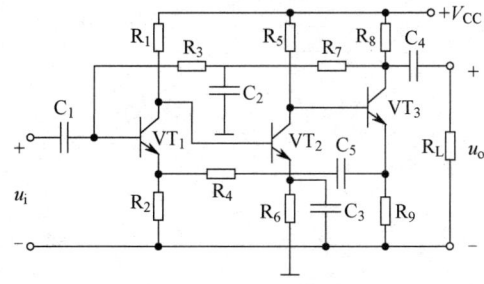

图 3B-6　综合题 2 图

3. 如图 3B-7 所示反馈放大电路，试用瞬时极性法判断级间反馈的极性和组态，并求出深度负反馈情况下的闭环增益 $A_{uf}$。（8分）

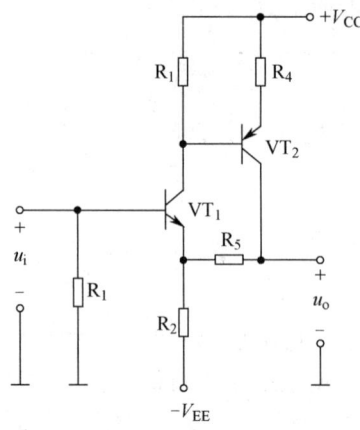

图 3B-7　综合题 3 图

参考答案

# 第四章　直接耦合放大器和集成运算放大器

## 一、填空题

1．_____是直流放大器产生零点漂移的主要原因。抑制零点漂移的有效电路是_____，通常用_____作为衡量差动放大电路性能优劣的指标。

2．差动放大电路的共模抑制比 $K_{CMR}$=_____，共模抑制比越小，抑制零点漂移的能力_____；在电路理想对称情况下，双端输出差动放大电路的共模抑制比等于_____。

3．当差分放大电路输入端加入大小相等、极性相反的信号时，称为_____输入；当加入大小和极性都相同的信号时，称为_____输入。

4．直接耦合多级放大器既能放大_____信号，又能放大_____信号。

5．集成运算放大器是一种采用_____耦合方式的放大电路，因此低频性能_____。

6．集成运算放大器的输入级一般采用_____放大电路。

7．_____和_____是分析集成运算放大器线性区应用的重要依据。

8．欲使集成运算放大器工作在线性区，则应该给集成运算放大器引入_____反馈；欲使集成运算放大器工作在非线性区，则应该使集成运算放大器工作在_____状态或_____状态。

9．在运算电路中，运算放大器工作在_____区；在滞回比较器中，运算放大器工作在_____区。

10．_____比例运算电路的输入电流等于零，_____比例运算电路的输入电流等于流过反馈电阻中的电流。_____比例运算电路的比例系数大于零，而_____比例运算电路的比例系数小于零。

11．直流运算放大器在使用中常见的故障有_____、_____、_____。

12．分别选择"反相"或"同相"填入下列各空内。

（1）_____比例运算电路中集成运算放大器反相输入端为虚地，而_____比例运算电路中集成运算放大器两个输入端的电位等于输入电压。

（2）_____比例运算电路的输入电阻大，而_____比例运算电路的输入电阻小。

（3）_____比例运算电路的输入电流等于零，而_____比例运算电路的输入电流等于流过反馈电阻中的电流。

（4）_____比例运算电路的比例系数大于 1，而_____比例运算电路的比例系数小于零。

13．选择一个合适的答案填入空内。

（1）欲将正弦波电压叠加上一个直流量，应选用_____；

（2）欲实现 $A_u$=-100 的放大电路，应选用_____；

（3）欲将方波电压转换成三角波电压，应选用_____；

（4）欲将方波电压转换成尖峰脉冲波电压，应选用_____。

A．反相比例运算电路　　B．同相比例运算电路　　C．积分运算电路　　D．微分运算电路　　E．加法运算电路

14．图 4-1 所示是用集成运算放大器和电压表组成的测量电阻的基本原理电路，当开关 S 打在"1"位置时，电压表指示为 5V，则此时被测电阻 $R_X$ 的阻值是_____。

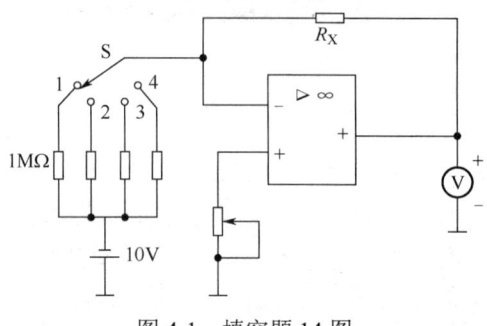

图 4-1　填空题 14 图

## 二、判断题

1．完全对称的差动放大器可以完全消除零点漂移现象。　　　　　　　　　（　）
2．对于长尾式差动放大电路，不论是单端输入还是双端输入，在差模交流通路中，射极电阻 $R_e$ 一概可视为短路。　　　　　　　　　　　　　　　　　　　　　（　）
3．差动放大电路中，恒流源的作用是提高共模抑制比。　　　　　　　　　（　）
4．直接耦合多级放大电路各级的 $Q$ 点相互影响，它只能放大直流信号。　　（　）
5．在理想情况下，差动放大电路的共模放大倍数 $A_{uc}=0$。　　　　　　　（　）
6．差分放大器的放大倍数越大，抑制零点漂移的作用就越强。　　　　　　（　）
7．运算电路中一般均引入负反馈。　　　　　　　　　　　　　　　　　　（　）
8．集成运算放大器构成的放大电路不但能放大交流信号，也能放大直流信号。
　　　　　　　　　　　　　　　　　　　　　　　　　　　　　　　　　　（　）
9．凡是运算电路都可利用"虚短"和"虚断"的概念求解运算关系。　　　　（　）
10．理想运算放大器构成的线性应用电路，电压增益与运算放大器本身的参数无关。
　　　　　　　　　　　　　　　　　　　　　　　　　　　　　　　　　　（　）
11．同相输入比例运算电路的闭环电压放大倍数数值一定大于或等于 1。　　（　）
12．只要集成运算放大器引入正反馈，就一定工作在非线性区。　　　　　　（　）
13．各种滤波电路的通带放大倍数的数值均大于 1。　　　　　　　　　　　（　）

## 三、单项选择题

1．抑制零点漂移最为有效的直流放大电路的结构形式是（　　）。
　　A．差分放大电路　　　　　　　　　B．多级直流放大电路
　　C．射极输出电路　　　　　　　　　D．正反馈电路
2．差动放大电路的主要特点是（　　）。
　　A．有效地放大差模信号，抑制共模信号
　　B．既可放大差模信号，也可放大共模信号
　　C．只能放大共模信号，不能放大差模信号

D．既抑制共模信号，又抑制差模信号

3．直流放大器产生零点漂移的主要原因是（　　）。
　　A．采用直接耦合方式　　　　　　B．电压增益太大
　　C．环境温度的变化　　　　　　　D．采用阻容耦合方式

4．差动放大器采用单端输出时，其抑制零漂的措施主要依靠（　　）。
　　A．电路参数的对称性　　　　　　B．采用双电源
　　C．公共发射极电阻 $R_e$　　　　　　D．辅助电源的作用

5．有公共发射极电阻 $R_e$ 的差动放大电路中，电阻 $R_e$ 的主要作用是（　　）。
　　A．提高输入电阻　　　　　　　　B．提高差模电压增益
　　C．提高共模抑制比　　　　　　　D．提高共模电压增益

6．在双端输入的差动放大电路中，已知 $u_{i1}$=10mV，$u_{i2}$=−6mV，则共模输入信号为（　　）。
　　A．4mV　　　　B．8mV　　　　C．10mV　　　　D．2mV

7．集成运算放大器输入级都采用差分放大电路，主要是为（　　）。
　　A．提高电压放大倍数　　　　　　B．提高输入电阻
　　C．改善频率响应　　　　　　　　D．抑制零点漂移

8．通用型集成运算放大器适用于放大（　　）。
　　A．高频信号　　　　　　　　　　B．低频信号
　　C．任何频率信号　　　　　　　　D．不能确定

9．理想集成运算放大器具有的特点是（　　）。
　　A．开环差模增益 $A_{ud}$=∞，差模输入电阻 $R_{id}$=∞，输出电阻 $R_o$=∞
　　B．开环差模增益 $A_{ud}$=∞，差模输入电阻 $R_{id}$=∞，输出电阻 $R_o$=0
　　C．开环差模增益 $A_{ud}$=0，差模输入电阻 $R_{id}$=∞，输出电阻 $R_o$=∞
　　D．开环差模增益 $A_{ud}$=0，差模输入电阻 $R_{id}$=∞，输出电阻 $R_o$=0

10．集成运算放大器一般分为两个工作区，它们分别是（　　）。
　　A．正反馈与负反馈　　　　　　　B．线性与非线性
　　C．虚断和虚短

11．若使运算放大器工作于线性状态必须（　　）。
　　A．提高输入电阻　　　　　　　　B．降低输出电阻
　　C．引入深度正反馈　　　　　　　D．引入深度负反馈

12．集成运算放大器的共模抑制比越大，表示该组件（　　）。
　　A．差模信号放大倍数越大　　　　B．带负载能力越强
　　C．抑制零点漂移的能力越强

13．理想集成运算放大器的两个输入端具有"虚断"特点，是因为理想运算放大器的（　　）。
　　A．开环电压放大倍数为无穷大　　B．输入电阻为无穷大
　　C．输出电阻为零　　　　　　　　D．共模抑制比为无穷大

14．集成运算放大器的主要参数中，不包括的是（　　）。
　　A．输入失调电压　　　　　　　　B．开环放大倍数
　　C．共模抑制比　　　　　　　　　D．最大工作电流

15. 在有两个输入信号的情况下，要求各输入信号互不影响，宜采用（　　）输入方式的电路。
    A. 同相                      B. 反相
    C. 差动                      D. 以上三种都不行
16. 欲将方波电压转换成尖峰脉冲波电压，应选用（　　）。
    A. 反相比例运算电路          B. 同相比例运算电路
    C. 积分运算电路              D. 微分运算电路
17. 在图 4-2 所示理想运算放大器电路中，电流 $I$ 值为（　　）。
    A. $-1mA$                   B. 0
    C. $1mA$                    D. 无法确定
18. 在图 4-3 所示电路中，从输出端经过 $R_3$ 引至运算放大器反相端的反馈是（　　）。
    A. 电压串联负反馈            B. 电压并联负反馈
    C. 电流串联负反馈            D. 电流并联负反馈

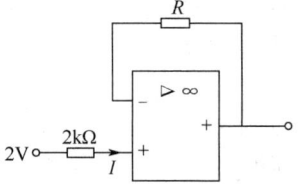

图 4-2　单选题 17 图

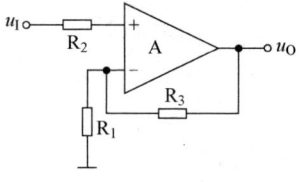

图 4-3　单选题 18 图

19. 希望抑制 1kHz 以下的信号，应采用的滤波电路是（　　）。
    A. 低通滤波电路              B. 高通滤波电路
    C. 带通滤波电路              D. 带阻滤波电路
20. 同相输入电路，$R_1=10kΩ$，$R_f=100kΩ$，输入电压 $u_1$ 为 10mV，输出电压 $u_O$ 为（　　）。
    A. $-100\ mV$               B. $110\ mV$
    C. $10\ mV$                 D. $-10\ mV$
21. 基本积分电路中的电容器接在电路的（　　）。
    A. 反相输入端                B. 同相输入端
    C. 反相端与输出端之间
22. 如图 4-4 所示为一线性整流电路，当 $u_1<0$ 时（　　）。
    A. $VD_1$、$VD_2$ 截止       B. $VD_1$、$VD_2$ 导通
    C. $VD_1$ 截止、$VD_2$ 导通   D. $VD_1$ 导通、$VD_2$ 截止
23. 在图 4-5 所示电路中的反馈类型是（　　）。
    A. 电压串联负反馈            B. 电压并联负反馈
    C. 电流串联正反馈            D. 电流并联正反馈
24. 如图 4-6 所示电路，$R_2=2R_1$，$u_1=2V$，则输出电压为（　　）。
    A. 4V                       B. $-4V$
    C. 8V                       D. $-8V$
25. 用运算放大器构成的最常用的非线性电路主要有（　　）。
    A. 加法器                   B. 微分器

C. 信号发生器　　　　　　　　D. 比例放大器

26. 分析集成运算放大器的非线性应用电路时，不能使用的概念是（　　）。

A. 虚地　　　　B. 虚短　　　　C. 虚断

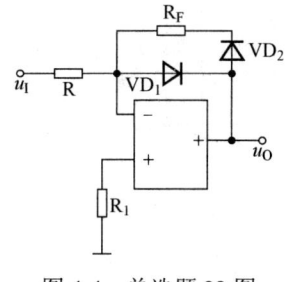
图 4-4　单选题 22 图

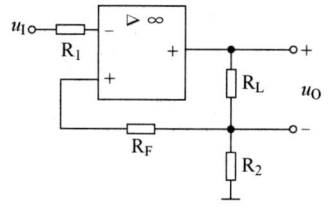
图 4-5　单选题 23 图

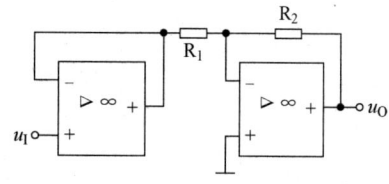
图 4-6　单选题 24 图

## 四、简答题

1. 什么是共模信号？什么是差模信号？

2. 试列举集成运算放大器的线性应用实例和集成运算放大器的非线性应用实例。

3. 分析图 4-7 所示各电路中是否存在反馈；若存在，请指出是电压反馈还是电流反馈，是串联反馈还是并联反馈，是正反馈还是负反馈。

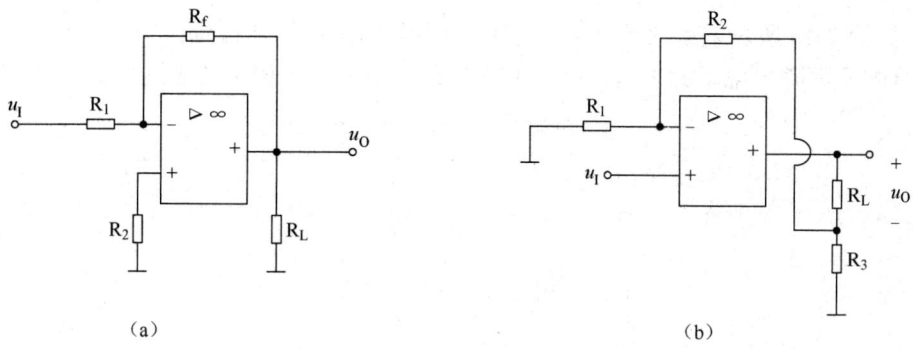

图 4-7　简答题 3 图

4. 判断图 4-8 所示电路级间反馈极性及反馈类型。

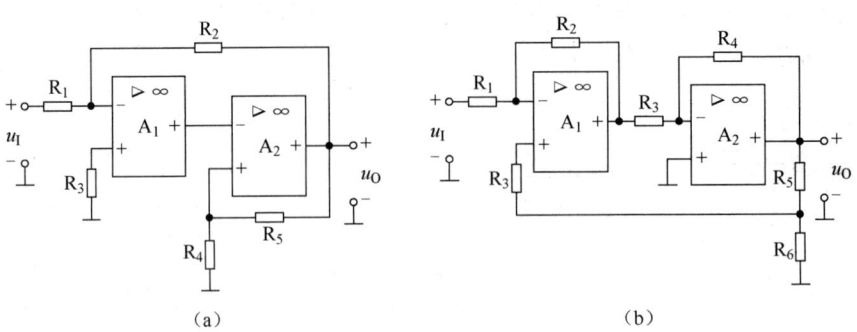

图 4-8　简答题 4 图

## 五、计算题

1. 如图 4-9 所示差分放大电路，已知 $V_{CC}=V_{EE}=15\text{V}$，$R_C=R_E=10\text{k}\Omega$，三极管的 $\beta=100$，$r_{bb'}=200\Omega$，$U_{BEQ}=0.7\text{V}$。试求：(1) $VT_1$、$VT_2$ 的静态工作点 $I_{CQ1}$、$U_{CEQ1}$ 和 $I_{CQ2}$、$U_{CEQ2}$；(2) 差模电压放大倍数 $A_{ud}$；(3) 差模输入电阻 $R_{id}$ 和输出电阻 $R_o$。

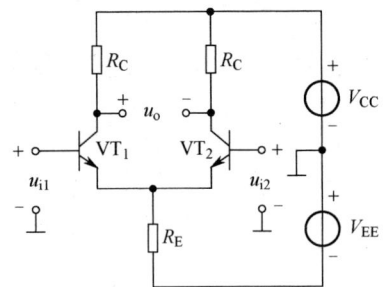

图 4-9　计算题 1 图

2. 如图 4-10 所示差动放大电路。(1) 说明电位器 $R_P$ 的名称及作用；(2) 写出在输入差模信号时交流负载电阻的表达式；(3) 写出差模电压放大倍数的表达式。

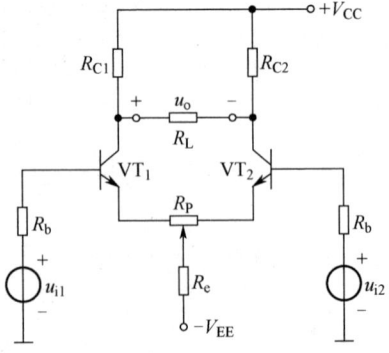

图 4-10　计算题 2 图

3. 判断图 4-11 所示电路中引入了何种反馈，并在深度负反馈条件下计算闭环放大倍数。

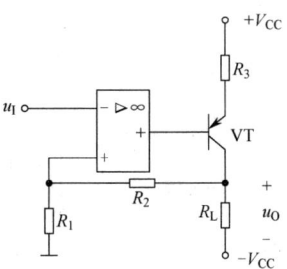

图 4-11　计算题 3 图

4. 在图 4-12 所示电路中，电阻 $R_1$=10kΩ，$R_2$=10kΩ，$R_f$=20kΩ，输入电压 $u_i = 3\sqrt{2}\sin\omega t$ V，试分别计算开关 S 断开和闭合时的输出电压 $u_o$。

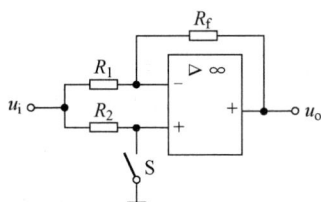

图 4-12　计算题 4 图

5. 图 4-13 所示是一种利用热敏电阻和集成运算放大器实现热电转换的原理电路，其中热敏电阻 $R_t=R(1+\delta)$ 随温度变化，当 $\delta$=0 时，输出电压 $u_O$=0。试写出输出电压的表达式。

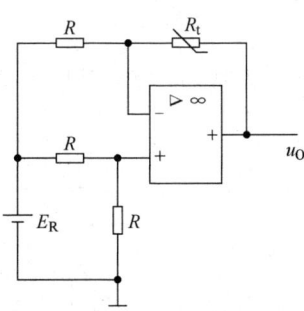

图 4-13　计算题 5 图

6. 如图 4-14 所示运算放大器电路，（1）指出反馈电路，判断反馈的正负及类型；（2）写出输出电压 $u_o$ 与输入电压 $u_i$ 之间关系的表达式；（3）求输入电阻 $R_i = \dfrac{u_i}{i_i}$ 为多少？

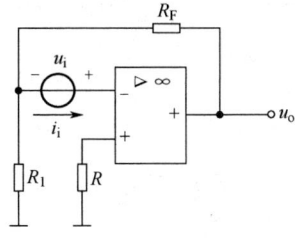

图 4-14　计算题 6 图

7. 图 4-15 所示为理想运算电路，已知 $u_I$=2V，试分别求出在开关 S 断开与闭合时的输出电压 $u_O$。

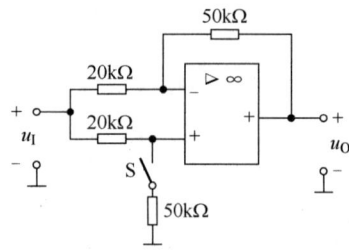

图 4-15　计算题 7 图

8. 如图 4-16 所示加法器电路，设 $R_1=R_2=R_F$，试根据输入电压波形画出输出电压的波形。

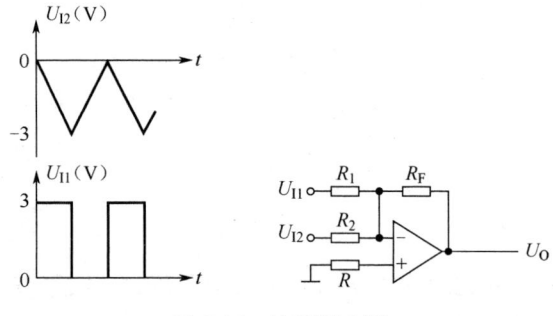

图 4-16　计算题 8 图

9. 如图 4-17 所示电路，已知 $R_1$=10kΩ，$R_2$=20kΩ，$R_F$=100kΩ，$u_{I1}$=0.2V，$u_{I2}$=0.5V，求 $u_O$。

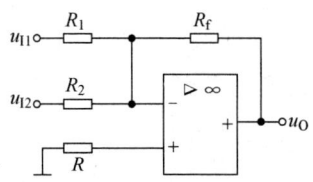

图 4-17　计算题 9 图

10. 写出图 4-18 所示电路输出与输入电压的关系表达式。

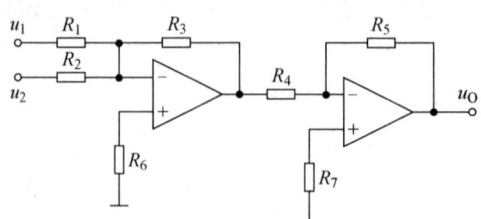

图 4-18　计算题 10 图

11. 如图 4-19 所示运算电路，设各集成运算放大器均具有理想特性，试求各电路输出电压 $u_O$ 的大小或表达式。

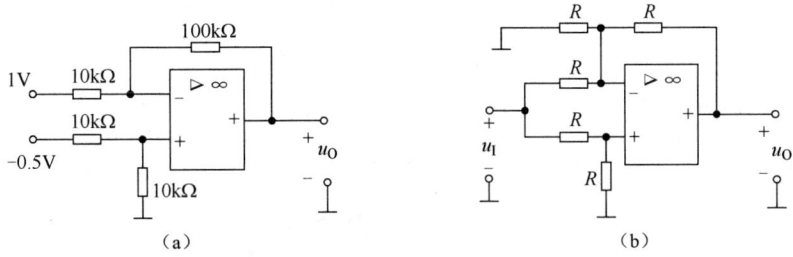

图 4-19　计算题 11 图

12. 在图 4-20 所示电路中，所有运算放大器均为理想器件，试求各电路输出电压的大小。

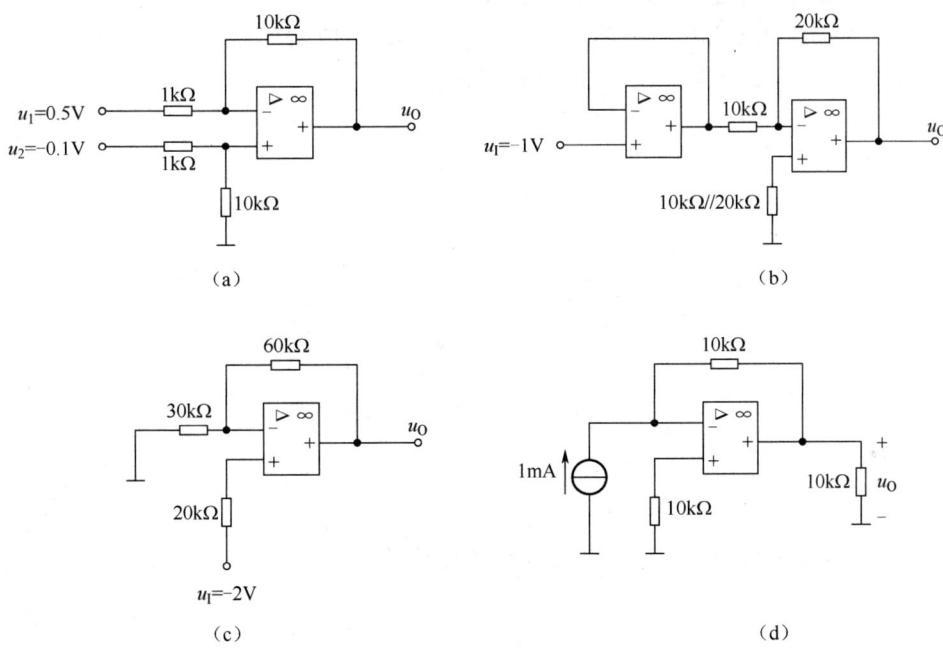

图 4-20　计算题 12 图

13. 理想运算放大器组成如图 4-21 所示电路。（1）导出 $u_O$ 与 $u_1$ 之间的关系式；（2）说明运算放大器 $A_1$、$A_2$ 构成电路的反馈组态。

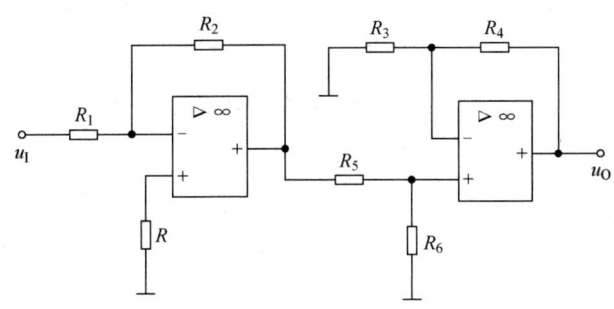

图 4-21　计算题 13 图

14. 设图 4-22 所示电路中 A 为理想运算放大器，求：(1) 平衡电阻 $R'$ 的数值；(2) 输出电压 $u_O$。

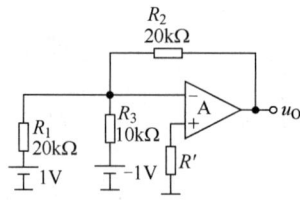

图 4-22　计算题 14 图

15. 如图 4-23 所示集成运算放大电路，$u_{I1}=2V$，$u_{I2}=-1.5V$，$u_{I3}=1V$，$R_1=20kΩ$，$R_2=5kΩ$，$R_3=5kΩ$，$R_5=20kΩ$，$R=20kΩ$。试求：(1) $A_1$ 和 $A_2$ 各组成什么电路？(2) $R_5$ 的反馈类型是什么？$R_4$ 的取值多少为宜？(3) 该电路的 $u_O$ 为多少？

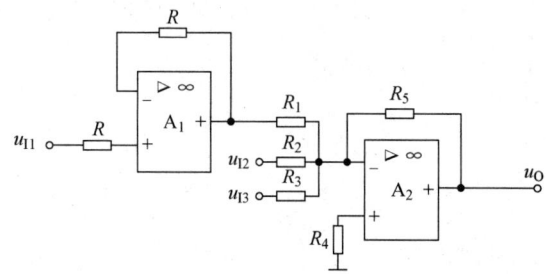

图 4-23　计算题 15 图

16. 在图 4-24 所示电路中运算放大器为理想器件，试求输出电压 $u_O$ 的值，并估算平衡电阻 $R_P$ 的阻值。

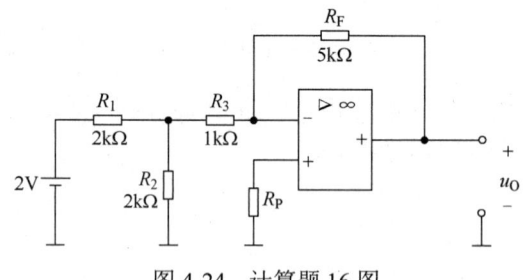

图 4-24　计算题 16 图

17．如图 4-25 所示电路。

（1）写出 $u_O$ 与 $u_{I1}$、$u_{I2}$ 的运算关系式；

（2）当 $R_W$ 的滑动端在最上端时，若 $u_{I1}=10\text{mV}$，$u_{I2}=20\text{mV}$，求 $u_O$；

（3）若 $u_o$ 的最大幅值为 $\pm 14\text{V}$，输入电压最大值 $u_{I1max}=10\text{mV}$，$u_{I2max}=20\text{mV}$，最小值均为 0V，则为了保证集成运算放大器工作在线性区，$R_2$ 的最大值为多少？

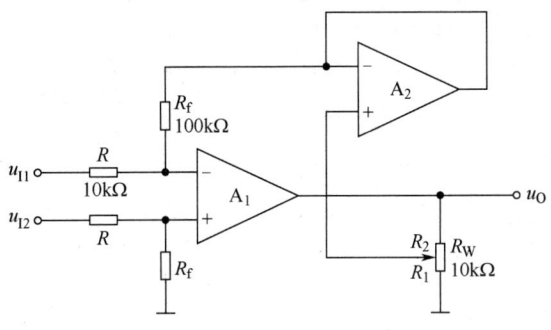

图 4-25　计算题 17 图

18．在图 4-26 所示的集成运算放大电路中，已知 $R_1=R_2=20\text{k}\Omega$，$R_4=40\text{k}\Omega$，输入波形如图中 $u_{I1}$ 和 $u_{I2}$ 所示。试写出 $u_O$ 的表达式，并画出 $u_O$ 的波形图。

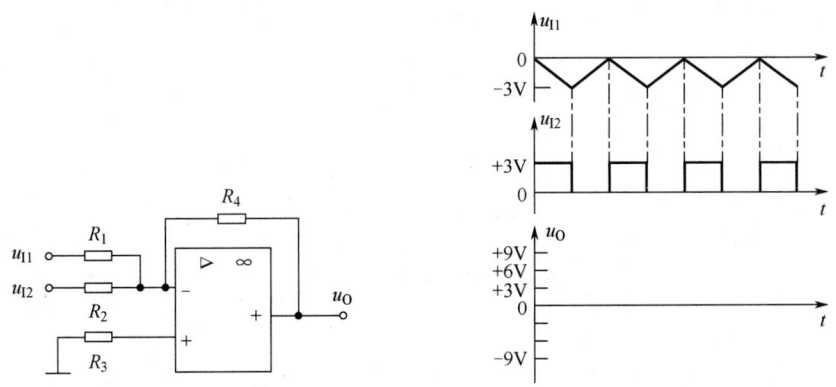

图 4-26　计算题 18 图

19．图 4-27 所示为一个电压测量电路，电阻 $r_i$ 为表头内阻，已知表头流过 $50\mu\text{A}$ 电流时满刻度偏转，现要求该电路输入电压 $u_I=10\text{V}$ 时满刻度偏转，则电阻 $R$ 的取值应为多少？

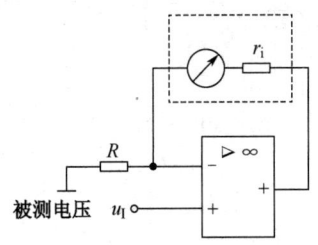

图 4-27　计算题 19 图

20. 图 4-28 所示电路为仪器放大器，试求输出电压 $u_O$ 与输入电压 $u_{I1}$、$u_{I2}$ 之间的关系，并指出该电路输入电阻、输出电阻、共模抑制能力和差模增益的特点。

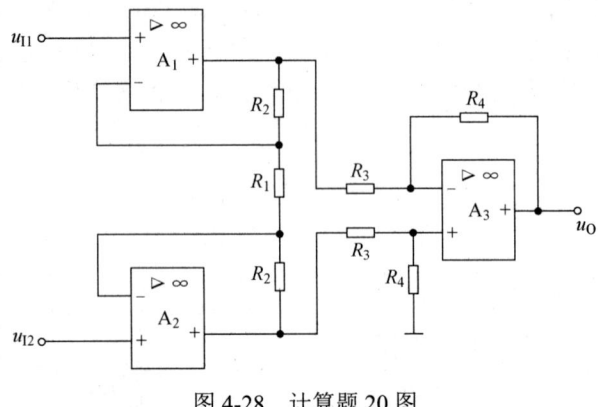

图 4-28　计算题 20 图

21. 如图 4-29 所示电路，试求：（1）$\dfrac{u_O}{u_I}$ 的比值；（2）若 $u_I$=2V，则 $u_O$ 为多少。

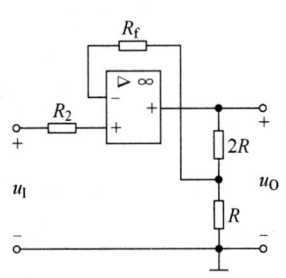

图 4-29　计算题 21 图

22. 如图 4-30 所示为一基准电压电路，$U_O$ 可作基准电压用，求 $U_O$ 的调节范围。

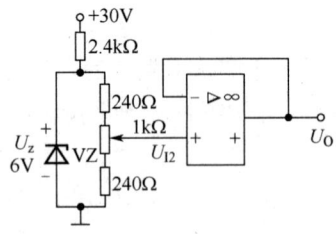

图 4-30　计算题 22 图

23. 如图 4-31 所示电路，已知输入电压 $u_I=1V$，电阻 $R_1=10kΩ$，$R_F=50kΩ$，$R_2=10kΩ$，电位器 $R_W$ 阻值的变化范围为 $0\sim10kΩ$，试求：当电位器 $R_W$ 的阻值在 $0\sim10kΩ$ 变化时，输出电压 $u_O$ 的变化范围。

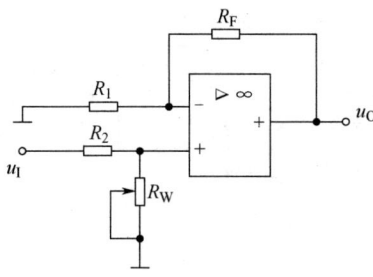

图 4-31　计算题 23 图

24. 如图 4-32 所示电路，写出输出电压 $u_O$ 与输入电压 $u_{I2}$、$u_{I1}$ 之间运算关系的表达式。

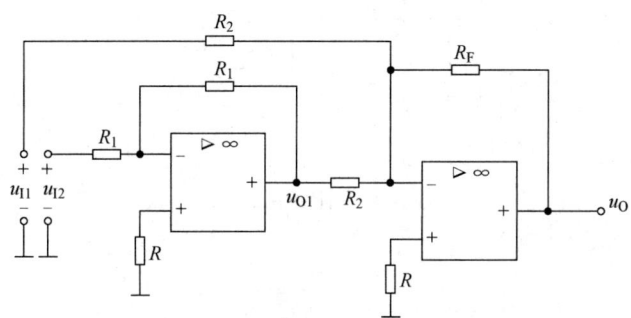

图 4-32　计算题 24 图

25. 如图 4-33 所示电路，求：（1）开关 $S_1$、$S_3$ 闭合，$S_2$ 打开时，写出 $u_O$ 与 $u_I$ 的关系式；（2）开关 $S_1$、$S_2$ 闭合，$S_3$ 打开时，写出 $u_O$ 与 $u_I$ 的关系式。

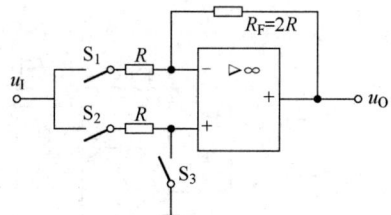

图 4-33　计算题 25 图

26. 如图 4-34 所示电路，$R_1=40\text{k}\Omega$，$R_2=40\text{k}\Omega$，$R_3=20\text{k}\Omega$，$R_4=20\text{k}\Omega$，$R_F=80\text{k}\Omega$，$R_5=20\text{k}\Omega$，求：输入电压 $u_{I1}$、$u_{I2}$、$u_{I3}$、$u_{I4}$ 与输出电压 $u_O$ 之间关系的表达式。

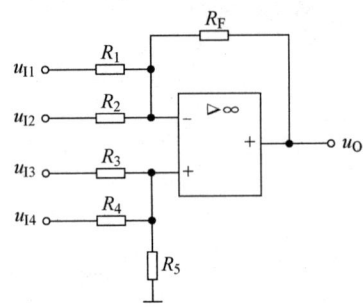

图 4-34　计算题 26 图

27. 如图 4-35 所示电路，求负载电流 $i_L$ 与输入电流 $i_S$ 之间关系的表达式。

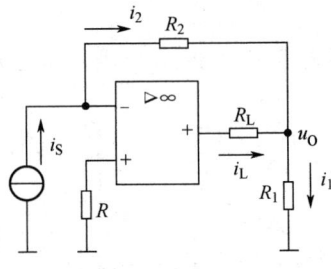

图 4-35　计算题 27 图

## 六、综合题

1. 由集成运算放大器及三极管 $VT_1$、$VT_2$ 组成的放大电路如图 4-36 所示。
（1）要求引入电流串联负反馈，试将信号源 $u_S$、电阻 $R_f$ 接入电路；
（2）引入电流串联负反馈后，求电路的电压放大倍数 $A_u = \dfrac{u_O}{u_S}$。

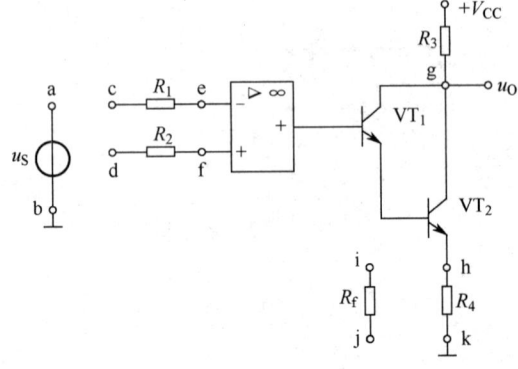

图 4-36　综合题 1 图

2. 如图 4-37 所示组合电路，集成运算放大器是理想的，请做如下分析：

（1）$VT_1$ 和 $VT_2$，$VT_3$ 和 $VT_4$ 各构成什么电路？理想运算放大器又构成什么电路？

（2）写出运算放大器级的电压增益 $A_u=u_O/u_I$ 的表达式；

（3）为进一步提高输出电压的稳定性，增大输入电阻，试正确引入合理的负反馈类型（请在电路中画出反馈通路）。

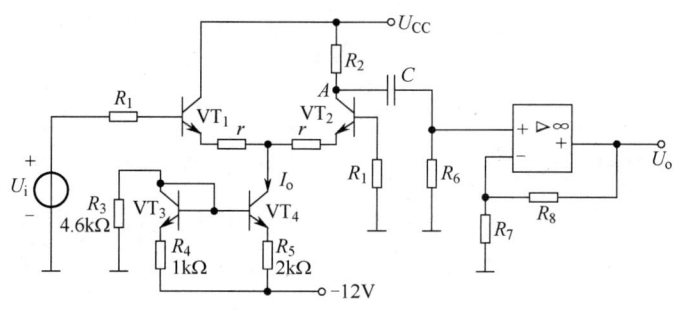

图 4-37　综合题 2 图

3. 在图 4-38 所示电路中：（1）开关 S 应置于端口 a 还是置于端口 b 才能使引入的反馈是负反馈？这个负反馈属于何种组态？（2）如果满足深度负反馈条件 $1+AF \gg 1$，试估算电压放大倍数。

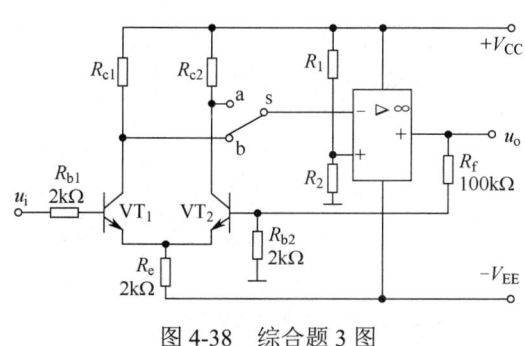

图 4-38　综合题 3 图

4. 试用一个集成运算放大器设计一个电路，使电压放大倍数 $A_{uf}=5$，要求反馈电阻 $R_F=80\text{k}\Omega$。（1）画出电路图；（2）计算所需要的各电阻值；（3）指出所设计的电路中引入了何种极性何种类型的反馈。

5. 试用集成运算放大器设计一个电路，要求 $u_O = 5u_{I1} + 3u_{I2} - 2u_{I3}$。（以 $R$ 为基本单位，如 $2R$、$8R$、…）

6. 试用集成运算放大器实现 $A_{uf} = \dfrac{u_O}{u_I} = 0.5$ 的比例运算电路。画出电路原理图，并估算电阻元件的参数值。（电阻参数以 $R$ 为基本单位，如 $5R$、$7R$、$2R/5$ 等）。

7. 试分别求出图 4-39 所示各电路的电压传输特性。

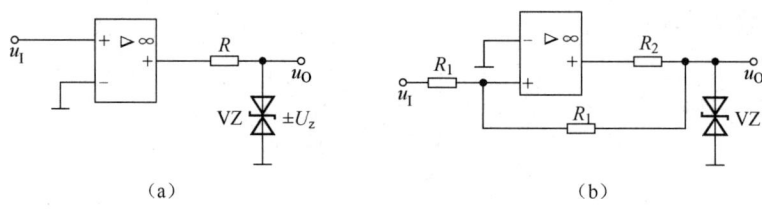

图 4-39　综合题 7 图

**参考答案**

# 第四章 直接耦合放大器与集成运算放大器单元测试（B）卷

时量：90 分钟　　总分：100 分　　难度等级：【中】

## 一、填空题（每空 1 分，共计 30 分）

1. 某直流放大电路输入信号电压为 2mV，输出电压为 2V，加入负反馈后，为达到同样输出时需要的输入信号为 20mV，则可知该电路的反馈深度为_____，反馈系数为_____。

2. 在双端输入、双端输出的理想差分放大电路中，若两个输入电压 $u_{i1}=u_{i2}$，则输出电压 $u_o$=_____。若 $u_{i1}$=+60mV，$u_{i2}$=+20mV，则可知该差分放大电路的共模输入信号 $u_{ic}$=_____；差模输入电压 $u_{id}$=_____，因此分在两输入端的一对差模输入信号为 $u_{id1}$=_____，$u_{id2}$=_____。

3. 在双端输入、双端输出的差动放大电路中，发射极 $R_e$ 公共电阻对_____信号的放大作用无影响，对_____信号具有抑制作用。

4. 集成运算放大器实质上是一个具有高放大倍数的多级直接耦合放大电路，内部通常包含四个基本组成部分，即_____、_____、_____和_____。

5. 反相比例运算电路组成_____负反馈电路，同相比例运算电路组成_____负反馈电路。

6. 如图 4B-1 所示电路，$VT_1$、$VT_2$ 和 $VT_3$ 的特性完全相同，则：$I_1 \approx$_____mA，$I_2 \approx$_____mA；若 $I_3 \approx 0.4$mA，则 $R_3 \approx$_____kΩ。

7. 如图 4B-2 所示电路，已知 $A_1$、$A_2$ 为理想运算放大器，$u_O=4(u_{I2}-u_{I1})$，$R_2=30$kΩ，则 $R_1$=_____。

图 4B-1　填空题 6 图　　　　图 4B-2　填空题 7 图

8. 在图 4B-3 所示电压比较器电路中，其门限电平 $U_T$ 为_____V，当 $u_I>U_T$ 时，$u_O$=_____V；当 $u_I<U_T$ 时，$u_O$=_____V。

9. 为了避免 50Hz 电网电压的干扰进入放大器，应选用_____滤波电路；已知输入信号的频率为 10～12kHz，为了防止干扰信号的混入，应选用_____滤波电路；为了获得输入电压中的低频信号，应选用_____滤波电路。

10．有源滤波器的功能是_____，按电路的幅频特性可分为_____滤波、_____滤波、_____滤波、_____滤波和全通滤波五种。

图 4B-3　填空题 8 图

## 二、判断题（每小题 1 分，共计 10 分）

1．两个电压放大倍数不相同的直流放大器，若它们输出端的零漂电压相同，则电压放大倍数小的直流放大器其零漂现象要严重些。　　　　　　　　　　　　　　（　　）

2．在带有发射极电阻的差动放大电路中，公共发射极电阻 $R_e$ 只对差模信号有负反馈作用，而对共模信号无负反馈作用。　　　　　　　　　　　　　　　　　（　　）

3．恒流源电路具有输出电流稳定，交流内阻非常大的特点，因此常用作偏置电路和有源负载。　　　　　　　　　　　　　　　　　　　　　　　　　　　　　（　　）

4．在差分放大电路中，单端输出与双端输出相比，差模输出电压减小，共模输出电压增大，共模抑制比下降。　　　　　　　　　　　　　　　　　　　　　　（　　）

5．直接耦合的多级放大电路，各级之间的静态工作点相互影响；电容耦合的多级放大电路，各级之间的静态工作点相互独立。　　　　　　　　　　　　　　（　　）

6．直接耦合放大电路存在零漂现象最主要原因是三极管参数受温度影响。（　　）

7．集成放大电路采用直接耦合方式的主要原因之一是不易制作大容量电容。
　　　　　　　　　　　　　　　　　　　　　　　　　　　　　　　　（　　）

8．差动放大电路的共模抑制比 $K_{CMR}$ 越大，则电路放大差模信号的能力越强。
　　　　　　　　　　　　　　　　　　　　　　　　　　　　　　　　（　　）

9．运算放大器的输入失调电压 $U_{IO}$ 是两输入端电位之差。　　　　　　（　　）

10．运算放大器的输入失调电流 $I_{IO}$ 是两端电流之差。　　　　　　　　（　　）

## 三、单项选择题（每小题 2 分，共计 30 分）

1．集成运算放大器输入级通常采用（　　）。
　　A．共发射极放大电路　　　　　　B．OCL 互补对称电路
　　C．差分放大电路　　　　　　　　D．偏置电路

2．关于理想运算放大器的错误叙述是（　　）。
　　A．输入阻抗为零，输出阻抗为零　B．频带宽度从零到无穷大
　　C．共模抑制比趋于无穷大　　　　D．开环放大倍数无穷大

3．集成运算放大器的运算精度与开环电压放大倍数 $A_{uo}$ 的关系是（　　）。
　　A．$A_{uo}$ 越高运算精度越高　　　　B．$A_{uo}$ 越高运算精度越低
　　C．运算精度与 $A_{uo}$ 无关　　　　　D．无法确定

4. 如图 4B-4 所示电路，$R_f$ 引入的反馈为（　　）。
   A. 电压并联负反馈　　　　　　　　B. 电压串联负反馈
   C. 电流并联负反馈　　　　　　　　D. 电流串联负反馈

5. 如图 4B-5 所示运算放大器电路，$R_{f1}$ 和 $R_{f2}$ 均为反馈电阻，其反馈极性为（　　）。
   A. $R_{f1}$ 引入的为正反馈，$R_{f2}$ 引入的为负反馈
   B. $R_{f1}$ 和 $R_{f2}$ 引入的均为负反馈
   C. $R_{f1}$ 和 $R_{f2}$ 引入的均为正反馈
   D. $R_{f1}$ 引入的为负反馈，$R_{f2}$ 引入的为正反馈

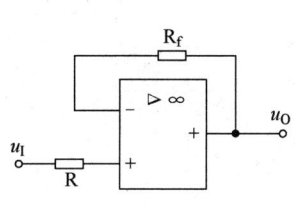
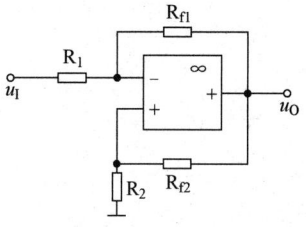

图 4B-4　单选题 4 图　　　　　　　图 4B-5　单选题 5 图

6. 如图 4B-6 所示运算放大器电路，$u_I$ 为恒压信号源，若引入负反馈，则 A 点应与（　　）。
   A. B 点连接　　B. C 点连接　　C. D 点连接　　D. 无法确定

7. 如图 4B-7 所示电路，$R_f$ 引入的反馈为（　　）。
   A. 正反馈　　　　　　　　　　　　B. 电压串联负反馈
   C. 电压并联负反馈　　　　　　　　D. 电流串联负反馈

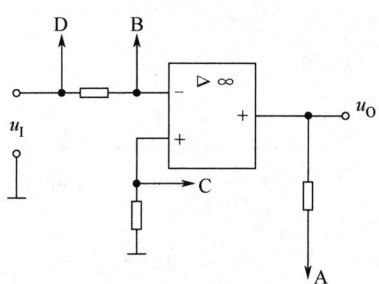
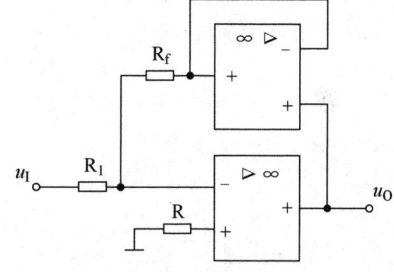

图 4B-6　单选题 6 图　　　　　　　图 4B-7　单选题 7 图

8. 如图 4B-8 所示电路，输入信号 $u_i=1.414\sin\omega t$ V，则输出电压 $u_o$ 为（　　）。
   A. $2.828\sin\omega t$ V　　　　　　　　B. $1.414\sin\omega t$ V
   C. $-2.828\sin\omega t$ V　　　　　　　D. 无法确定

9. 如图 4B-9 所示电路，若 $R_1$、$R_2$、$R_3$ 及 $u_I$ 的值一定，而运算放大器输出端负载电阻 $R_L$ 适当增加时，则负载电流 $i_L$ 将（　　）。
   A. 增加　　　　　　　　　　　　　B. 减小
   C. 不变　　　　　　　　　　　　　D. 无法确定

10. 如图 4B-10 所示电路，满足 $u_O=(1+K)u_I$ 运算关系的是（　　）。
    A. 图（a）　　　　　　　　　　　　B. 图（b）
    C. 图（c）　　　　　　　　　　　　D. 无法确定

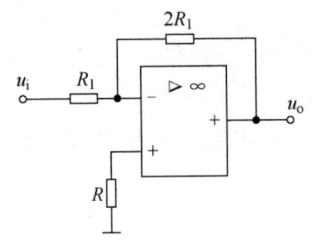

图 4B-8　单选题 8 图

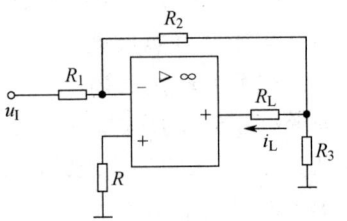

图 4B-9　单选题 9 图

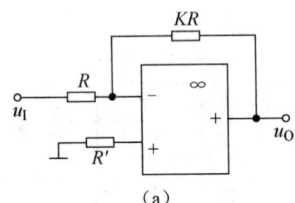
（a）

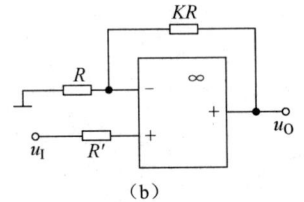
（b）

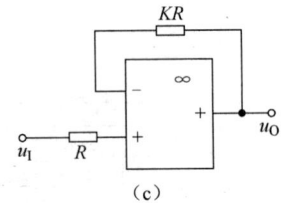
（c）

图 4B-10　单选题 10 图

11．如图 4B-11 所示电路，为了不影响正常工作，VZ 的稳压值应是（　　）。
　　A．低于组件的最大输出电压
　　B．高于组件的最大输入电压
　　C．低于组件的最大输入电压
　　D．略高于组件的最大输出电压

12．如图 4B-12 所示电路，$R_f$ 引入的反馈为（　　）。
　　A．电压串联负反馈　　　　　　B．电流串联负反馈
　　C．电压并联负反馈　　　　　　D．正反馈

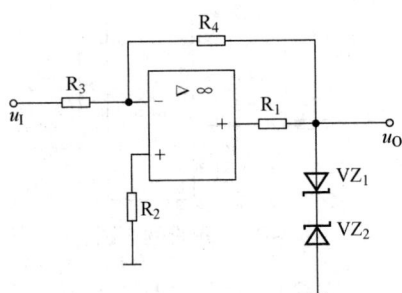

图 4B-11　选择题 11 图

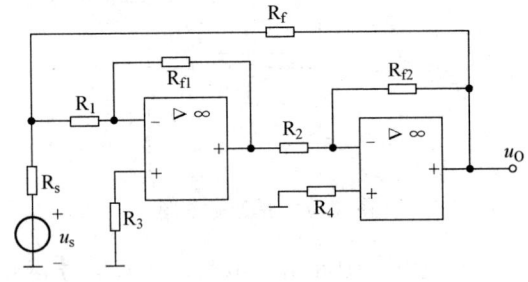

图 4B-12　选择题 12 图

13．如图 4B-13 所示电压比较器，稳压管的稳定电压 $U_Z$=6V，其正向压降为 0.7V，$u_R$=10V。当 $u_I$=−6V 时，$u_O$ 等于（　　）。
　　A．−6V　　　　　　　　　　　B．6V
　　C．−0.7V　　　　　　　　　　D．无法确定

14．如图 4B-14 所示电路，运算放大器的饱和电压为 ±14V，双向稳压管的稳定电压为 ±6V，设正向压降为零，当输入电压 $u_I$=2sin1000$\pi t$V 时，输出电压 $u_O$ 应为（　　）。
　　A．幅值为 ±12V 的方波　　　　B．幅值为 ±6V 的方波
　　C．幅值为 ±6V 的正弦波　　　　D．无法确定

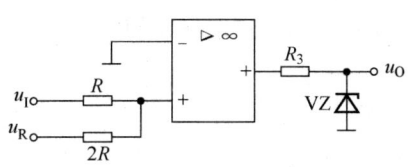

图 4B-13 选择题 13 图

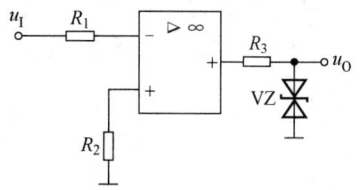

图 4B-14 选择题 14 图

15. 如图 4B-15 所示双限比较电路，运算放大器 $A_1$、$A_2$ 的饱和电压值大于双向稳压管的稳定电压值为 $U_Z$，$VD_1$、$VD_2$ 为理想二极管，当 $u_I > U_{R1} > U_{R2}$ 时，$u_O$ 等于（　　）。

A．0　　　　　　B．$+U_Z$　　　　　　C．$-U_Z$　　　　　　D．无法确定

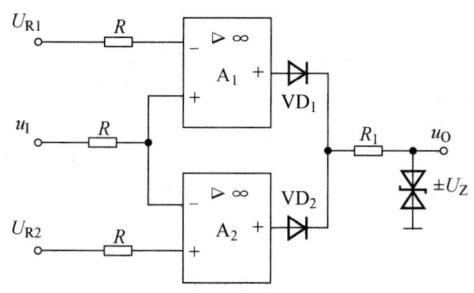

图 4B-15 选择题 15 图

## 四、计算题或综合题（共 30 分）

1. 利用同相运算放大器（选 $R_1=2k\Omega$）和一个 $0\sim10V$ 的电压表，设计一个电压范围为 $0\sim0.1V$、$0\sim1V$ 和 $0\sim10V$ 的多挡位（量程）的电子电压表。（10 分）

2. 如图 4B-16 所示差分放大电路，已知 $V_{CC}=V_{EE}=15V$，$R_C=6k\Omega$，$R_B=1k\Omega$，$I_O=2mA$，三极管的 $\beta=100$，$r_{bb}=200\Omega$，$U_{BEQ}=0.7V$。

（1）求 $I_{CQ1}$、$U_{CEQ1}$、$I_{CQ2}$、$U_{CEQ2}$；（6 分）

（2）若 $u_o = 2\sin\omega t\,V$，求 $u_i$ 的表达式。（4 分）

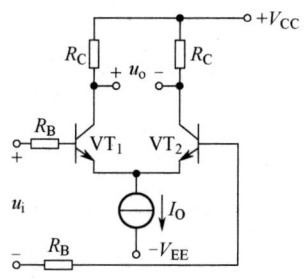

图 4B-16 计算题 2 图

3. 运算放大器组成的测量小电流 $I_x$ 的电流表电路如图 4B-17 所示。输出端所接的电压表满量程为 5V、500μA，若要得到 5mA、0.5mA、10μA 三种量程，试计算 $R_{F1}$、$R_{F2}$、$R_{F3}$ 的阻值。（10 分）

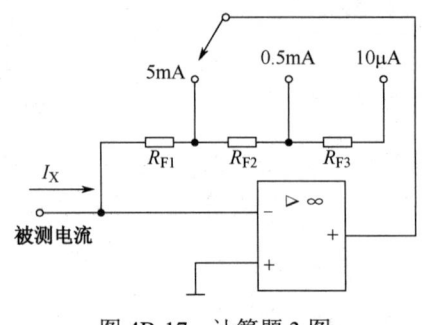

图 4B-17　计算题 3 图

# 第四章 直接耦合放大器与集成运算放大器单元测试（C）卷

时量：90 分钟　　总分：100 分　　难度等级：【中】

## 一、填空题（每空 1 分，共计 30 分）

1．差动放大电路具有电路结构_____的特点，因此具有很强的_____零点漂移的能力。它能放大_____模信号，而抑制_____模信号。

2．差动放大电路有_____种输入-输出连接方式，其差模电压增益与_____方式有关，与_____方式无关。

3．若要集成运算放大器工作在线性区，则必须在电路中引入_____反馈；若要集成运算放大器工作在非线性区，则必须在电路中引入_____反馈或者在_____状态下。集成运算放大器工作在线性区的特点是_____等于零和_____等于零；工作在非线性区的特点：一是输出电压具有_____状态和净输入电流等于_____；在运算放大器电路中，集成运算放大器工作在_____区。

4．在电压比较器中集成运算放大器工作在_____，其输出有_____种电平，即_____和_____。

5．_____运算电路可实现 $A_V>1$ 的放大器，_____运算电路可实现 $A_V<0$ 的放大器，_____运算电路可将三角波电压转换成方波电压。

6．图 4C-1 所示放大电路中引入的反馈组态是_____反馈，该反馈能稳定电路的输出_____。

7．如图 4C-2 所示为具有放大作用的半波整流电路，设 $VD_1$、$VD_2$ 为理想二极管，当 $u_I \geq 0$ 时，$u_O$ 的表达式为_____，当 $u_I<0$ 时，$u_O=$_____。

图 4C-1　填空题 6 图　　　　图 4C-2　填空题 7 图

8．为了使滤波电路的输出电阻足够小，保证负载电阻变化时滤波特性不变，应选用_____滤波电路。

9．集成运算放大器的非线性应用常见的有_____、_____和_____发生器。

## 二、判断题（每小题 1 分，共计 10 分）

1．温度变化使差动放大器两管的参数发生变化，相当于输入一对差模信号。　　　（　　）

2．在反相求和电路中，集成运算放大器的反相输入端为虚地点，流过反馈电阻的电流基本上等于各输入电流之代数和。　　　　　　　　　　　　　　　　　（　　）

3．同相求和电路跟同相比例电路一样，各输入信号的电流几乎等于零。（　　）

4．"虚短"就是两点并不真正短接，但具有相等的电位。　　　　　　（　　）

5．集成运算放大器调零时，应将运算放大器应用电路输入端开路，调节调零电位器，使运算放大器输出电压等于零。　　　　　　　　　　　　　　　　　（　　）

6．某比例运算电路的输出始终只有半周波形，但元器件是好的，这可能是运算放大器的电源接法不正确引起的。　　　　　　　　　　　　　　　　　　　（　　）

7．在线性工作范围内的差动放大电路，只要其共模抑制比足够大，则不论是双端输出还是单端输出，其输出电压的大小均与两个输入端电压的差值成正比。（　　）

8．在输入电压从足够低逐渐增大到足够高的过程中，单限比较器和滞回比较器的输出电压均只跃变一次。　　　　　　　　　　　　　　　　　　　　　（　　）

9．单限比较器比滞回比较器抗干扰能力强，而滞回比较器比单限比较器灵敏度高。
　　　　　　　　　　　　　　　　　　　　　　　　　　　　　　　　（　　）

10．滞回比较器可用于波形变换和整形。　　　　　　　　　　　　　（　　）

## 三、单项选择题（每小题 2 分，共计 30 分）

1．关于集成运算放大器，下列说法不正确的是（　　）。
　　A．集成运算放大器是一种高电压放大倍数的直接耦合放大器
　　B．集成运算放大器的 $K_{CMR}$ 大
　　C．集成运算放大器只能放大直流信号
　　D．集成运算放大器只能用于模拟信号的运算

2．在图 4C-3 所示电路中，设运算放大器所用器件是理想器件，则输出电压为（　　）。
　　A．$-2.5V$　　　　　　　　　　B．$-3V$
　　C．$-5V$　　　　　　　　　　　D．$-7.5V$

3．理想运算放大器如图 4C-4 所示，其门限电压为（　　）。
　　A．$4V$　　　　　　　　　　　B．$-\dfrac{1}{4}V$
　　C．$\dfrac{1}{4}V$　　　　　　　　　D．$-4V$

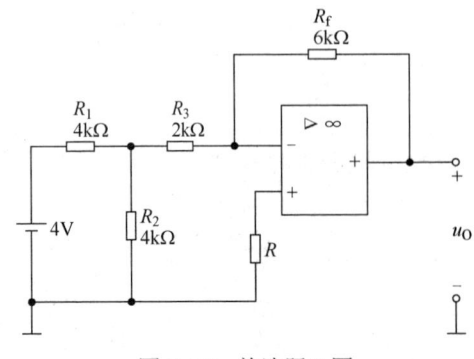

图 4C-3　单选题 2 图

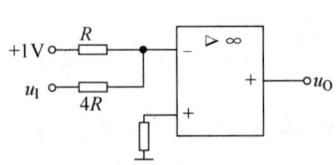

图 4C-4　单选题 3 图

4. 集成运算放大器的失调电压是指（　　）。
   A. 输入电压 $u_I=0$ 时的输出电压 $u_O$
   B. 输出电压 $u_O=0$ 时的输入电压 $u_I$
   C. 输入电压 $u_I=0$ 时的输出电压 $u_O$ 折算到输入端的电压
   D. 无法确定

5. 如图 4C-5 所示电路，$R_f$ 引入的反馈为（　　）。
   A. 电压并联负反馈　　　　　　　　B. 电压串联负反馈
   C. 电流并联负反馈　　　　　　　　D. 电流串联负反馈

6. 如图 4C-6 所示电路，$R_f$ 引入的反馈为（　　）。
   A. 电压并联负反馈　　　　　　　　B. 电压串联负反馈
   C. 电流并联负反馈　　　　　　　　D. 电流串联负反馈

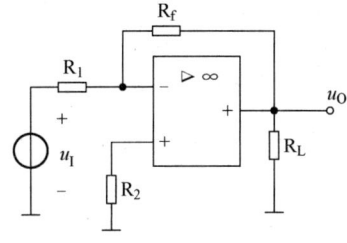
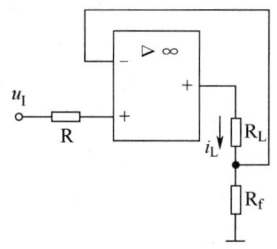

图 4C-5　单选题 5 图　　　　　　　　图 4C-6　单选题 6 图

7. 如图 4C-7 所示电路，$R_{f2}$ 引入的反馈为（　　）。
   A. 电压并联负反馈　　　　　　　　B. 电压串联负反馈
   C. 电流并联负反馈　　　　　　　　D. 电流串联负反馈

8. 如图 4C-8 所示电路，VD 为理想二极管，若输入电压 $u_I=2V$，$R_1=2kΩ$，$R_2=R_3=20kΩ$，则输出电压 $u_O$ 为（　　）。
   A. 10V　　　　　　　　　　　　　B. 5V
   C. −10V　　　　　　　　　　　　D. −5V

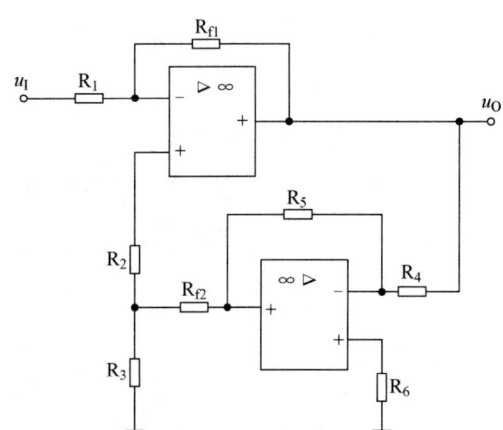
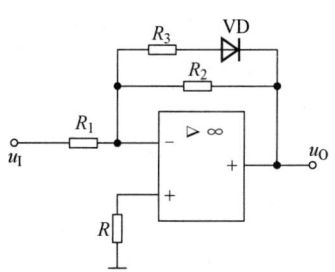

图 4C-7　单选题 7 图　　　　　　　　图 4C-8　单选题 8 图

9. 如图 4C-9 所示电路，已知 $U_I=2V$，当电位器的滑动端从 A 点移到 B 点时，输出电压 $U_O$ 的变化范围为（　　）。

    A．$-2\sim+2V$                          B．$+2\sim0V$

    C．$-2\sim0V$                            D．$+2\sim-2V$

10. 如图 4C-10 所示电路，负载电流 $i_L$ 与输入电压 $u_i$ 的关系为（　　）。

    A．$-u_I/(R_L+R_o)$                  B．$u_I/R_L$

    C．$u_I/R_o$                               D．$u_I/(R_L+R_o)$

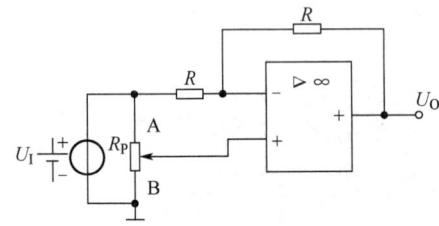

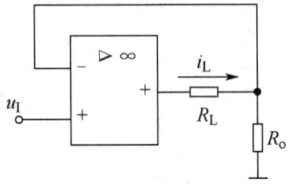

图 4C-9　单选题 9 图　　　　　　　　图 4C-10　单选题 10 图

11．如图 4C-11（a）所示运算放大器电路，输入一有效值为 20mV 的正弦信号，在示波器上观察到输出波形如图 4C-11（b）所示，则产生故障的原因可能是（　　）

    A．$R_1$ 断开                            B．$R_2$ 断开

    C．运算放大器内部输入端断开       D．运算放大器内部输入端短路

12．如图 4C-12 所示电路，$R_{f1}$ 引入的反馈为（　　）。

    A．电压串联正反馈                B．电流串联负反馈

    C．电压并联负反馈                D．电压串联负反馈

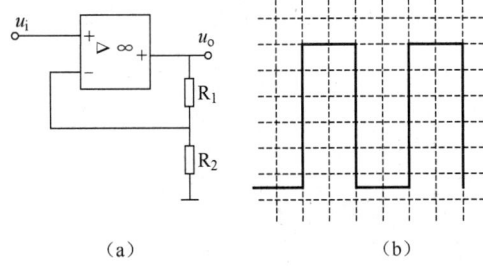

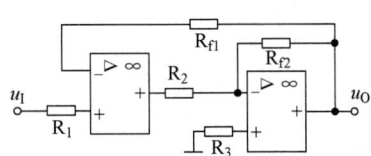

图 4C-11　单选题 11 图　　　　　　　　图 4C-12　单选题 12 图

13．如图 4C-13 所示电路，稳压管 VZ 的稳定电压为 $\pm U_Z$，且 $U_Z$ 值小于运算放大器的饱和电压值 $U_{O(sat)}$，当 $u_O$ 由 $-U_Z$ 翻转到 $+U_Z$ 时，所对应的输入电压门限值为（　　）。

    A．0                                      B．$-\dfrac{R_1}{R_2}U_Z$

    C．$\dfrac{R_1}{R_2}U_Z$                         D．无法确定

14．如图 4C-14 所示电路，运算放大器的饱和电压为 $\pm 12V$，稳压管 VZ 的稳定电压为 8V，设正向压降为零，当输入电压 $u_I=1V$ 时，输出电压 $u_O$ 等于（　　）。

    A．$-12V$                             B．$-8V$

    C．0                                        D．无法确定

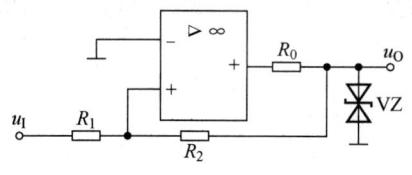

图 4C-13　单选题 13 图

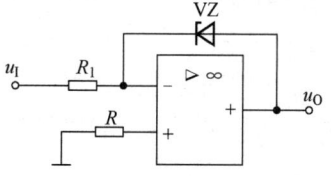

图 4C-14　单选题 14 图

15. 如图 4C-15 所示双限比较器电路，运算放大器 $A_1$、$A_2$ 的饱和电压值大于双向稳压管的稳定电压值 $U_Z$，$VD_1$、$VD_2$ 为理想二极管，当 $U_{R2}<u_i<U_{R1}$ 时，$u_O$ 等于（　　）。

A．0　　　　　　　　　　　　　B．$+U_Z$
C．$-U_Z$　　　　　　　　　　　D．无法确定

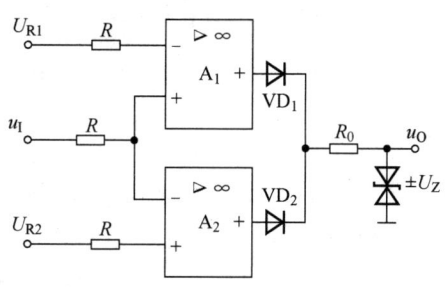

图 4C-15　单选题 15 图

## 四、计算题或综合题（共 30 分）

1．如图 4C-16 所示电路，请问：
（1）电路所采用的是何种输入、输出方式；（3 分）
（2）输出电压与输入电压是同相还是反相；（3 分）
（3）三极管 $VT_3$ 起什么作用。（4 分）

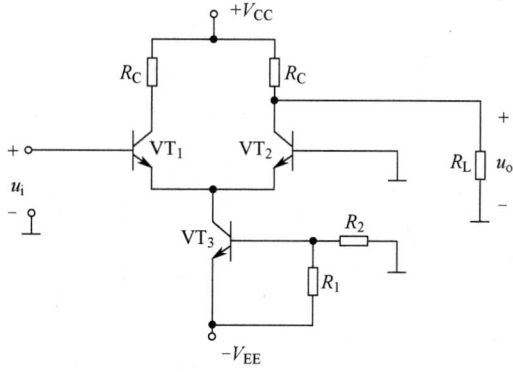

图 4C-16　综合题 1 图

2. 如图 4C-17 所示电路，设 $U_{BE}=0.6V$，$\beta_1=\beta_2=\beta=50$，$V_{CC}=15V$，$R_{C1}=R_{C2}=20k\Omega$，$R_e=14.4k\Omega$，$R_{S1}=R_{S2}=100\Omega$，$V_{EE}=-15V$，试求：

（1）该电路的静态工作点；（6分）

（2）双端输出和单端输出时的电压放大倍数。（4分）

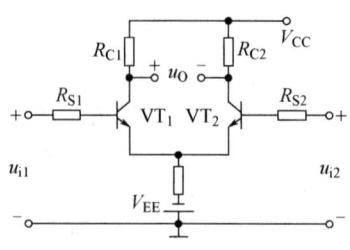

图 4C-17　综合题 2 图

3. 由运算放大器组成的测量电阻的电路如图 4C-18 所示，输出端所接的电压表满量程为 5V、500μA，电阻 $R_1=1M\Omega$，当电压表指示为 2.5V 时，被测电阻 $R_X$ 的阻值为多少？（10分）

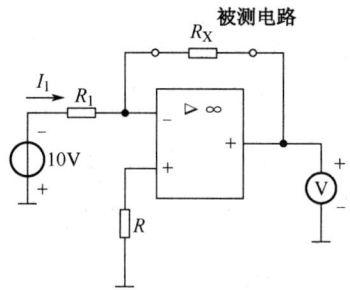

图 4C-18　综合题 3 图

参考答案

# 第五章　正弦波振荡器

## 一、填空题

1. 正弦波振荡器的振幅平衡条件的数学表达式为_____，起振条件的数学表达式为_____，自激振荡的相位平衡条件的数学表达式为_____。
2. LC 并联谐振回路在正弦波振荡电路中的主要作用是作_____网络，组成正弦波振荡电路。
3. 任何一种正弦波振荡器，对它们的基本要求是，振荡频率及输出幅度要_____，波形失真要_____。
4. LC 振荡器分为_____、_____和_____三种。
5. RC 振荡器分为_____和_____两种。
6. 石英晶体振荡器分为_____和_____两种。
7. 根据相位平衡条件判断图 5-1 所示电路是否可能振荡，答：_____。
8. 电容三点式振荡器的发射极至集电极之间的阻抗 $Z_{ce}$ 性质应为_____，发射极至基极之间的阻抗 $Z_{be}$ 性质应为_____，基极至集电极之间的阻抗 $Z_{cb}$ 性质应为_____。

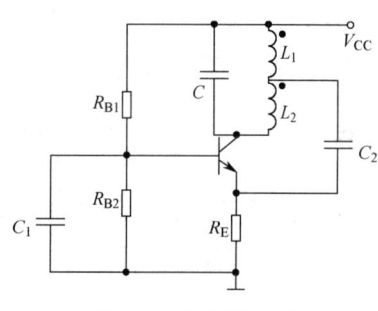

图 5-1　填空题 1 图

## 二、判断题

1. 电路只要满足 $|A_uF|=1$，就一定会产生正弦波振荡。　　　　　（　　）
2. 正反馈放大电路有可能产生自激振荡。　　　　　　　　　　　　（　　）
3. 正弦波振荡电路自行起振条件是 $|A_uF|>1$。　　　　　　　　　（　　）
4. 在放大电路中，若引入了负反馈，又引入了正反馈，就有可能产生自激振荡。
　　　　　　　　　　　　　　　　　　　　　　　　　　　　　　（　　）
5. 只要电路引入了正反馈，就一定会产生正弦波振荡。　　　　　　（　　）
6. 在图 5-2 所示方框图中，若 $\varphi_A = 180°$，则只有当 $\varphi_F = \pm 180°$ 时，正弦波振荡电路才能起振。　　　　　　　　　　　　　　　　　　　　　　　　　　　（　　）

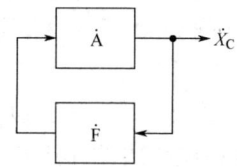

图 5-2　判断题 6 图

7. 正弦波振荡器中，选频网络能使电路产生一单一频率的正弦波。　（　　）
8. LC 振荡器的频率稳定度高于石英晶体振荡器。　　　　　　　　（　　）
9. 在 RC 桥式正弦波振荡电路中，若 RC 串并联选频网络中的电阻均为 $R$，电容均为

$C$,则其振荡频率 $f_0=1/RC$。 (　　)

## 三、单项选择题

1. 将图 5-3 所示文氏电桥和集成运算放大器 A 连接成一个正弦波振荡电路,试在下列各题中选择正确答案填空。

　A. 应按下列的方法(　　)来连接;
　　A. ①-⑦,②-⑥,③-⑧,④-⑤　　B. ①-⑧,②-⑤,③-⑦,④-⑥
　　C. ①-⑦,②-⑤,③-⑧,④-⑥　　D. ①-⑦,②-⑧,③-⑤,④-⑥
　B. 若要降低振荡频率,应(　　);
　　A. 增大 $R_1$　　B. 减小 $R_2$　　C. 减小 $C$　　D. 增大 $R$
　C. 若振荡器输出正弦波失真,应(　　)。
　　A. 增大 $R_1$　　B. 增大 $R_2$　　C. 增大 $C$　　D. 增大 $R$

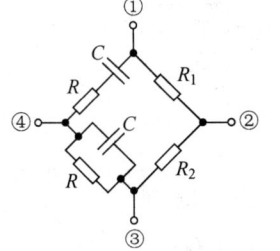
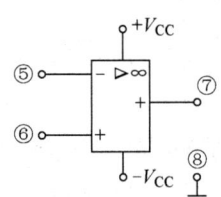

图 5-3　单选题 1 图

2. 正弦波振荡器中,放大器的相移为 $\varphi_A$,反馈网络的相移为 $\varphi_F$,则振荡的相位平衡条件为(　　)。
　　A. $\varphi_A+\varphi_F=\pm n\pi/2$　　B. $\varphi_A+\varphi_F=\pm n\pi$
　　C. $\varphi_A+\varphi_F=\pm 3n\pi/2$　　D. $\varphi_A+\varphi_F=\pm 2n\pi$

3. 为了保证正弦波振荡幅值稳定且波形较好,通常还需要引入(　　)环节。
　　A. 微调　　B. 屏蔽　　C. 限幅　　D. 稳幅

4. 正反馈多用于(　　)。
　　A. 改善放大器的性能　　B. 产生振荡
　　C. 提高输出电压　　D. 提高电压增益

5. 产生正弦波自激振荡的稳定条件是(　　)。
　　A. 引入正反馈　　B. $|A_uF|\geqslant 1$　　C. $A_uF=1$

6. 一个正弦波振荡器的开环电压放大倍数为 $A_u$,反馈系数为 $F$,该振荡器要能自行建立振荡,其起振条件必须满足(　　)。
　　A. $|A_uF|=1$　　B. $|A_uF|<1$　　C. $|A_uF|>1$

7. 串联型晶体振荡器中,晶体在电路中的作用等效于(　　)。
　　A. 电容元件　　B. 电感元件
　　C. 大电阻元件　　D. 短路线

8. 改进型电容三点式振荡器的主要优点是(　　)。
　　A. 容易起振　　B. 振幅稳定

C. 频率稳定度较高　　　　　　　　D. 减小谐波分量

9. 构成振荡器中 RC 串并联选频网络的电阻和电容个数分别是（　　）。

　　A. 1，3

　　B. 2，2

　　C. 3，1

　　D. 前面均不对

10. 如图 5-4 所示电路，参数选择合理，若要满足振荡的相应条件，其正确的接法是（　　）。

　　A. 1 与 3 相接，2 与 4 相接

　　B. 1 与 4 相接，2 与 3 相接

　　C. 1 与 3 相接，2 与 5 相接

　　D. 以上均不对

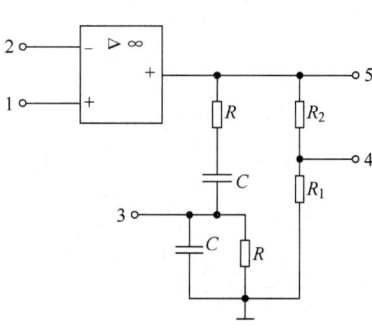

图 5-4　单选题 10 图

11. 几种类型的 LC 振荡电路如图所示，电感三点式振荡电路是指图 5-5 中（　　）。

　　A.（a）　　　　B.（b）　　　　C.（c）

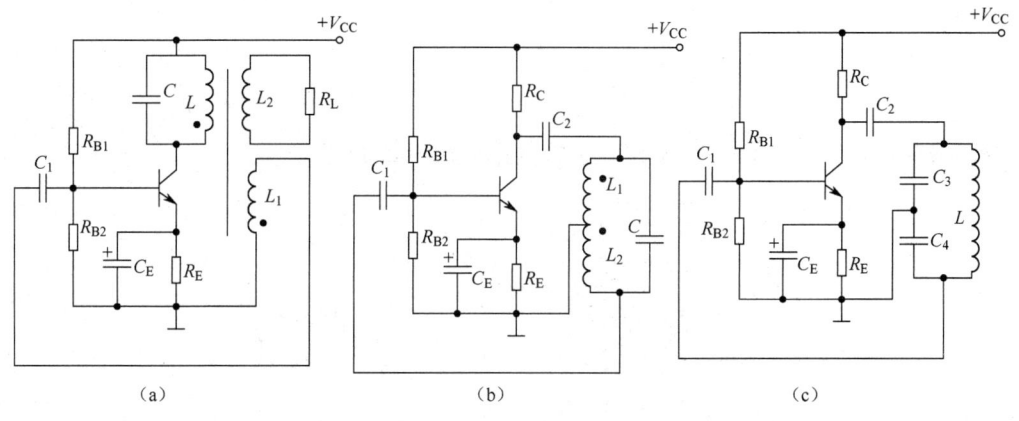

图 5-5　单选题 11 图

## 四、简答题

1. 如图 5-6 所示电路：（1）判断电路是否满足相位平衡条件；（2）判断电路的振荡类型；（3）写出电路的振荡频率表达式。

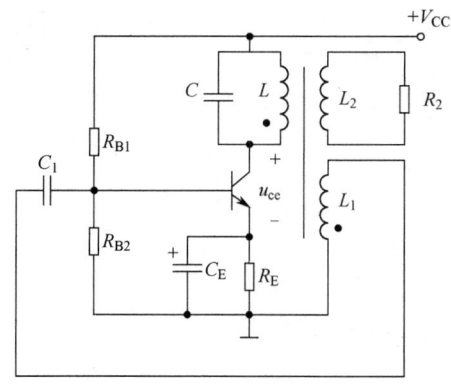

图 5-6　简答题 1 图

2. 用瞬时极性法判断图 5-7 所示各电路能否振荡。

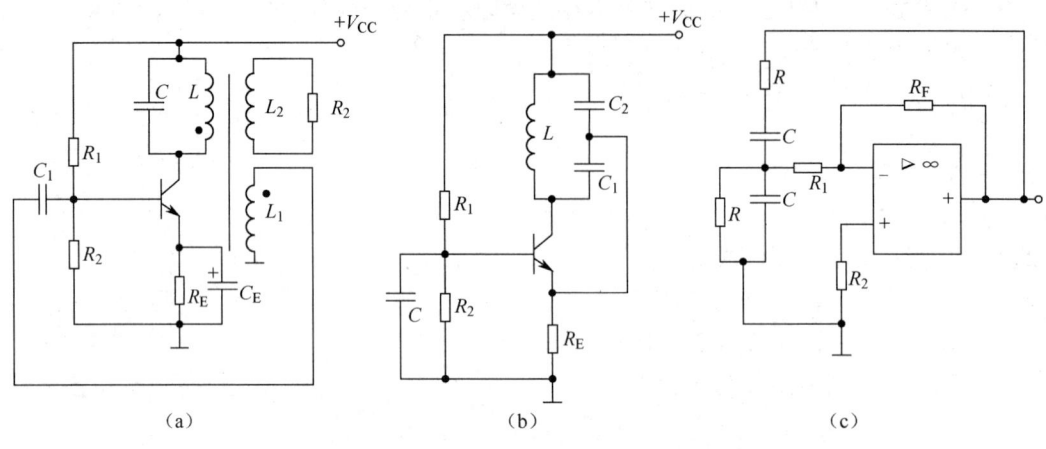

图 5-7　简答题 2 图

3. 根据振荡的相位条件判别图 5-8 所示各电路能否振荡。

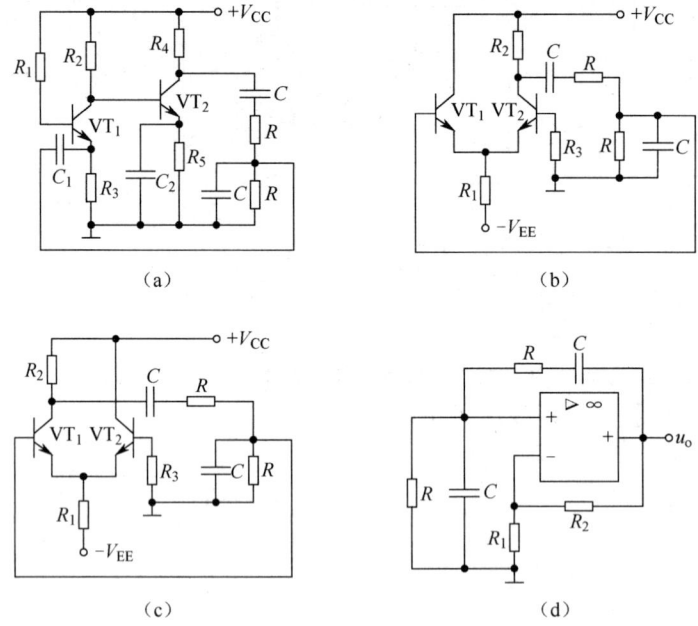

图 5-8　简答题 3 图

4. 设图 5-9 所示电路中的 $A_1$、$A_2$ 均为理想运算放大器，试判断该电路有无可能产生正弦波振荡，若可振荡，请写出振荡频率 $f_0$ 的表达式；若不能振荡，请简述理由。

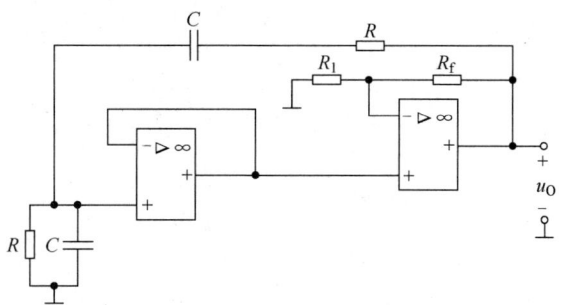

图 5-9　简答题 4 图

5. 判断图 5-10 所示各电路是否可能产生正弦波振荡，简述理由。设图（b）中 $C_4$ 容量远大于其他三个电容的容量。

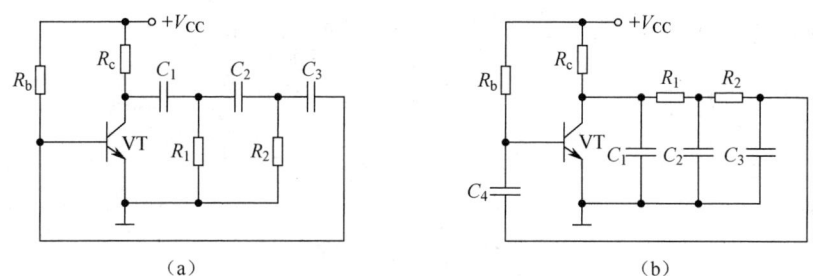

图 5-10　简答题 5 图

## 五、计算题

1. 有一个频率是 10kHz～100kHz 的 LC 振荡器，它的振荡回路电感线圈的电感是 $L=200\mu H$，试求该振荡器振荡回路电容 $C$ 的变化量范围。

2．某音频信号发生器的原理电路如图 5-11 所示，若 $R_P$ 从 $2k\Omega$ 调到 $20k\Omega$，计算电路振荡频率的调节范围。

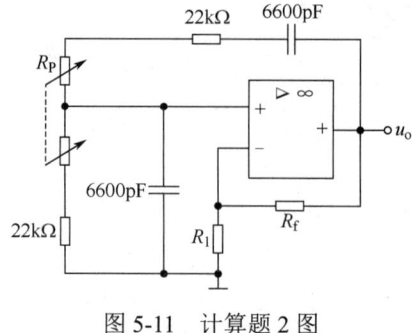

图 5-11　计算题 2 图

3．如图 5-12（a）、（b）所示电路，设 A 均为理想集成运算放大器。（1）选择两电路中的 $R_t$ 值及其温度系数的正、负号；（2）计算两电路输出电压的频率 $f_0$。

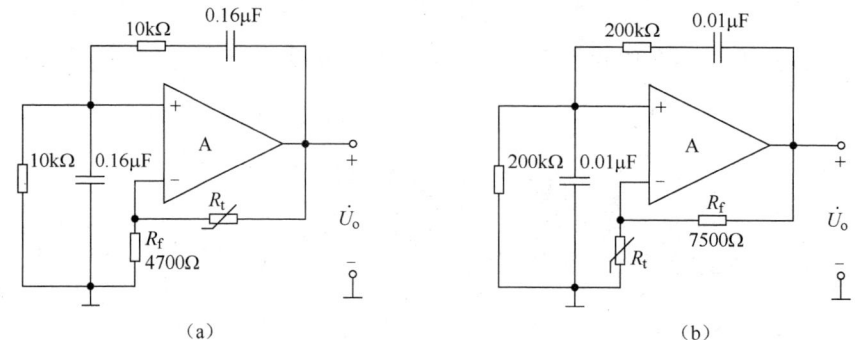

图 5-12　计算题 3 图

## 六、综合题

1．如图 5-13 所示电路，$C_1=C_3$，$C_2=C_4$。试回答：

（1）该电路是否满足正弦波振荡的相位平衡条件？

（2）如不满足，如何改动使之有可能振荡；如满足，则它属于哪种类型的振荡电路？

（3）在满足振荡条件的情况下，电路的振荡频率是多少？

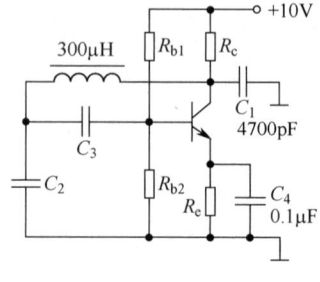

图 5-13　综合题 1 图

2. 设图 5-14 电路中的 $A_1$、$A_2$ 均为理想集成运算放大器,试回答下列问题:(1)为使电路正常工作,请用"+""−"号分别标出 $A_1$ 的同相输入端和反相输入端;(2)为使电路正常工作,$(R_2+R_3)$ 的大小应满足什么条件?

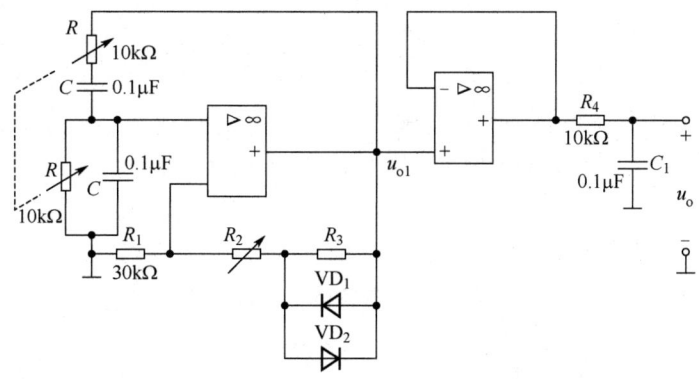

图 5-14  综合题 2 图

3. 分析图 5-15 所示各级运算放大器所构成的电路的名称和功能,并画出 $u_{o1}$、$u_{o2}$、$u_{o3}$ 的波形图。

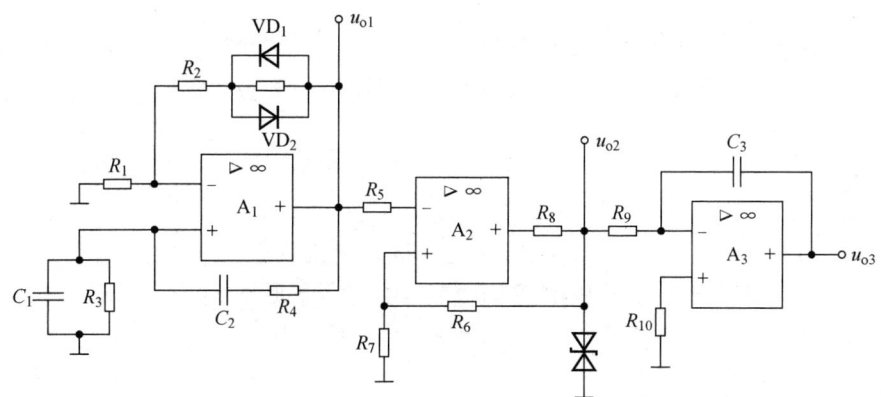

图 5-15  综合题 3 图

参考答案

# 第六章 低频功率放大器

## 一、填空题

1. 交越失真是由于三极管输入特性的_____引起的,避免交越失真的办法是在两管基极-射极间加_____,在具体电路中是利用前置电压放大级中_____或_____上的压降来实现。

2. 功率放大电路采用甲乙类工作状态是为了克服_____,并有较高的_____。

3. 功率放大电路输出较大的功率来驱动负载,因此其输出的_____和_____信号的幅度均较大,可达到接近功率管的_____参数。

4. 甲类放大电路是指放大管的导通角等于_____,乙类放大电路放大管的导通角等于_____,在甲乙类放大电路中,放大管导通角_____。

6. 甲类放大电路的最大缺点是_____;最大优点是_____。

7. 设计一个输出功率为 30W 的扩音机电路,已知 $R_L=8Ω$,若用乙类互补对称功率放大,则应选择 $P_{CM}$ 至少为_____W、$U_{(BR)CEO}$ 至少为_____V、$I_{CM}$ 至少为_____A 的功率管两个。

8. 双电源互补对称功率放大电路称为_____功率放大电路,单电源互补对称功率放大电路称为_____功率放大电路,如果要求最大输出功率为 5W,则每只三极管的最大允许功耗 $P_{CM}$ 至少应大于_____W。

## 二、判断题

1. 功率放大电路与电压放大电路的区别之一是前者比后者电流放大倍数大。(    )
2. 利用一只 NPN 管和一只 PNP 管构成的复合管只能是 NPN 管。(    )
3. 对某产品或集成功放的指标而言,功率放大电路的输出功率是指在基本不失真情况下,负载可能获得的最大交流功率。(    )
4. 由于功率放大器中的三极管处于大信号工作状态,所以微变等效电路方法不再适用。(    )
5. 产生交越失真的原因是输入正弦波信号的有效值太小。(    )
6. 在互补对称功率放大电路中输入交流信号时,总有一只三极管是截止的,所以输出波形必然失真。(    )
7. 功率放大器中是在大信号下工作,因此要用图解法进行分析。(    )
8. 工作在甲乙类工作状态下的收音机,当音量越大时越耗电。(    )

## 三、单项选择题

1. 互补输出级采用射极输出方式是为了使(    )。
   A. 电压放大倍数高        B. 输出电流小
   C. 输出电阻增大          D. 带负载能力强

2. 在准互补对称放大电路中所采用的复合管,其上下两对三极管组合形式为(    )。

A. NPN—NPN 和 PNP—NPN  B. NPN—NPN 和 NPN—PNP
C. PNP—PNP 和 PNP—NPN  D. 不确定

3. 两只 $\beta$ 相同的三极管组成复合管后，其电流放大系数约为（    ）。

A. $\beta$  B. $2\beta$
C. $\beta^2$  D. 无法确定

4. 在互补对称 OTL 功率放大电路中，引起交越失真的原因是（    ）。

A. 输入信号太大

B. 推挽管的基极偏压不合适

C. 电源电压太高

D. 三极管的 $\beta$ 过大

5. 在 OCL 功率放大电路中，输入信号为 1kHz，12V 的正弦信号，输出图 6-1 所示波形，这说明（    ）。

A. 出现饱和失真

B. 出现截止失真

C. 出现频率失真

D. 出现交越失真

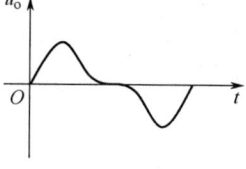

图 6-1　单选题 5 图

6. 与甲类功率放大器相比，乙类功率放大器的主要优点是（    ）。

A. 无输出变压器  B. 无输出电容
C. 效率高  D. 无交越失真

7. 交越失真是（    ）。

A. 饱和失真  B. 频率失真
C. 线性失真  D. 非线性失真

8. 在 OTL 互补对称功率放大电路中，要求在 8Ω 负载上得到 9W 最大理想不失真的输出功率，应选电源电压为（    ）。

A. 8V  B. 12V
C. 24V  D. 48V

9. 甲类单管变压器耦合功率放大器，设静态工作集电极电流为 $I_{CQ}$，电源为 $V_{CC}$，则输出最大功率为（    ）。

A. $\frac{1}{2}I_{CQ}V_{CC}$  B. $I_{CQ}V_{CC}$
C. $2I_{CQ}V_{CC}$  D. 不确定

## 四、简答题

OTL 电路的输出电容有何作用？为了提高 OTL 电路的性能，可选用哪些电路？

## 五、计算题

1. 图 6-2 所示电路为乙类功率放大器,已知 $V_{CC}=15V$,$R_L=3\Omega$,$V_B=\dfrac{1}{2}V_{CC}$,三极管饱和压降忽略不计。求:(1)输出电压最大幅值 $U_{om}$;(2)输出的最大功率 $P_{om}$;(3)输出功率最大时,求输出管 $VT_1$、$VT_2$ 的管耗各是多少?(4)说明自举电路的组成。

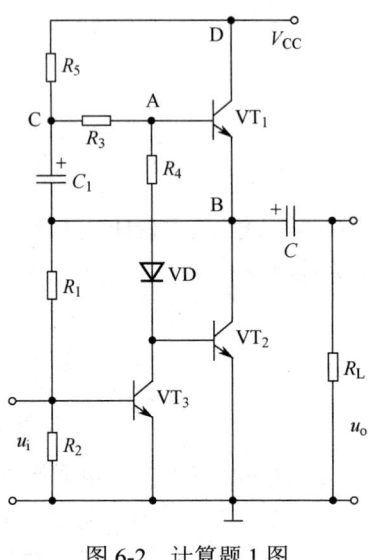

图 6-2 计算题 1 图

2. 在图 6-3 所示 OTL 电路中,已知 $V_{CC}=20V$,$R_L=4\Omega$,$VT_1$ 和 $VT_2$ 的饱和压降 $|U_{CE(sat)}|=2V$,输入电压足够大。试求:(1)最大不失真输出时输出功率 $P_{om}$、效率 $\eta_m$ 和输入电压有效值;(2)最大单管管耗是多少;(3)理想状态下,静态时 $P_E$、$P_o$、$P_T$ 各为多少。

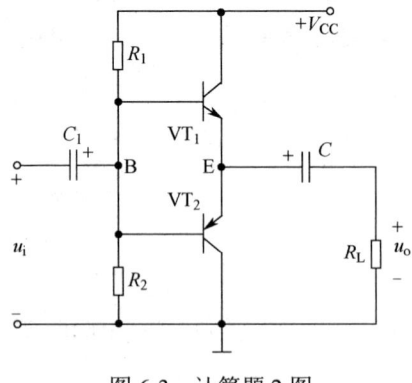

图 6-3 计算题 2 图

3. 如图 6-4 所示单电源互补对称（OTL）电路。已知 $V_{CC}=18V$，$R_L=8\Omega$。（1）说明电容 $C$ 的作用；（2）忽略管子饱和压降，试求该电路最大输出功率 $P_{om}$；（3）求最大管耗 $P_T$。

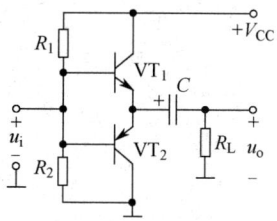

图 6-4　计算题 3 图

4. 在图 6-5 所示的功率放大电路中，已知 $V_{CC}=32V$，三极管的饱和压降 $U_{CES}=1V$，电路的最大不失真输出功率为 7.03W。试求：（1）负载电阻 $R_L$ 的值；（2）输出最大时电路的效率；（3）三极管 $VT_1$ 的最大管耗 $P_{Tmax}$。

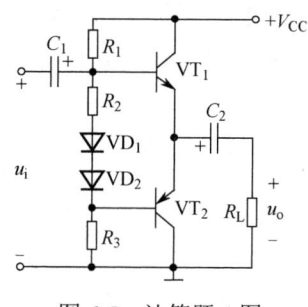

图 6-5　计算题 4 图

5. 在图 6-6 所示电路中，已知 $u_i$ 为正弦波，$R_L=16\Omega$，要求最大输出功率为 10W，忽略三极管的饱和压降 $U_{CES}$。求：（1）正负电源 $V_{CC}$ 的最小值；（2）根据 $V_{CC}$ 的最小值确定三极管的 $I_{CM}$、$U_{(BR)CEO}$ 的最小值；（3）当输出功率最大时，电源提供的功率；（4）输出功率最大时，输入电压的有效值。

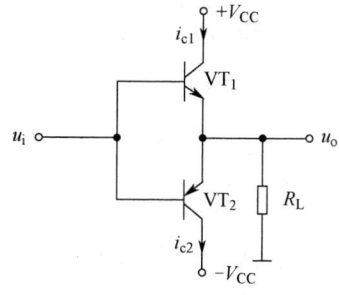

图 6-6　计算题 5 图

6. 在图 6-7 所示 OCL 电路中，已知 $VT_1$、$VT_2$ 的饱和压降 $U_{CES}=1V$，电源电压为 $\pm 12V$，负载电阻 $R_L=8\Omega$，试求：（1）最大输出功率 $P_{om}$ 及效率 $\eta$；（2）若 $R_2$ 开路，对电路有什么影响？（3）$R_1$ 开路时又会怎样？

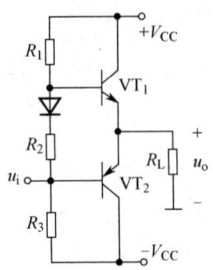

图 6-7　计算题 6 图

7. 如图 6-8 所示功率放大电路，三极管在输入正弦波信号 $u_i$ 作用下，在一周期内 $VT_1$ 和 $VT_2$ 轮流导通约半周，三极管的饱和压降 $U_{CES}$ 可忽略不计，电源 $V_{CC}=V_{EE}=24V$，负载 $R_L=8\Omega$，试求：（1）在输入信号有效值为 10V 时，计算输出功率、总管耗、直流电源供给的功率和效率；（2）最大不失真输出功率，并计算此时的各管管耗、直流电源供给的功率和效率。

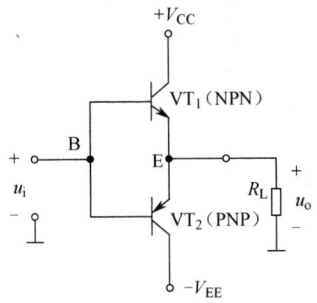

图 6-8　计算题 7 图

8. 如图 6-9 所示 OCL 功率放大电路，已知输入电压 $u_i$ 为正弦波，$VT_1$、$VT_2$ 的特性对称。（1）动态时，若出现交越失真，应调整哪个元件，如何调整？（2）设三极管饱和压降约为 0V。若希望在负载电阻 $R_L=8\Omega$ 的喇叭上得到 9W 的信号功率输出，则电源电压 $V_{CC}$ 值至少应取多少？

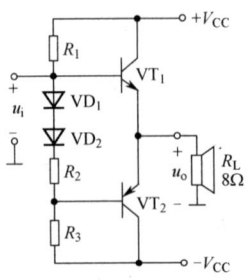

图 6-9　计算题 8 图

9．在图 6-10 所示电路中，已知 $V_{CC}=15V$，三极管的饱和压降 $U_{CES}=3V$，电压放大倍数约为 1，$R_L=4\Omega$。试求：（1）负载上可能获得的最大功率和效率；（2）如输入电压最大有效值为 8V，则负载上能获得的最大输出功率为多少？

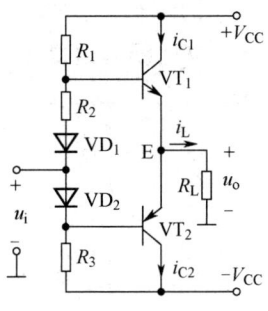

图 6-10　计算题 9 图

## 六、综合题

1．一个乙类单电源互补对称（OTL）电路如图 6-11（a）所示，设 $VT_1$ 和 $VT_2$ 的特性完全对称，$u_i$ 为正弦波，$R_L=8\Omega$。（1）静态时，电容 $C$ 两端的电压应是多少？（2）若三极管的饱和压降 $U_{CES}$ 可以忽略不计，忽略交越失真，当最大不失真输出功率可达 9W 时，电源电压 $V_{CC}$ 至少应为多少？（3）为了消除该电路的交越失真，电路修改为图 6-11（b）所示，若此修改电路实际运行中还存在交越失真，应调整哪一个电阻？如何调？

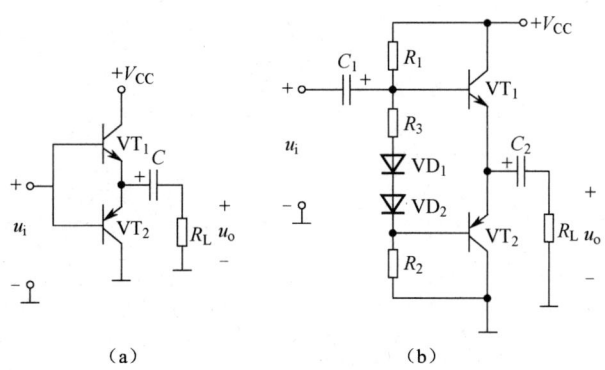

图 6-11　综合题 1 图

2. 分析图 6-12 所示的 OCL 互补推挽功率放大电路。试答：

(1) 说明电路中下列元件的作用：① 电容 $C_2$、② 电容 $C_3$、③ 电容 $C_5$ 和电阻 $R_{17}$、④ 电阻 $R_{12}$ 和电阻 $R_{14}$；

(2) 三极管 $VT_4$ 和电阻 $R_7$、$R_8$ 的作用是什么？$VT_4$ 两端的电压大约调至多大？

(3) 如果发现静态时三极管 $VT_7$、$VT_8$ 温升过高，可能是什么原因？应如何解决？

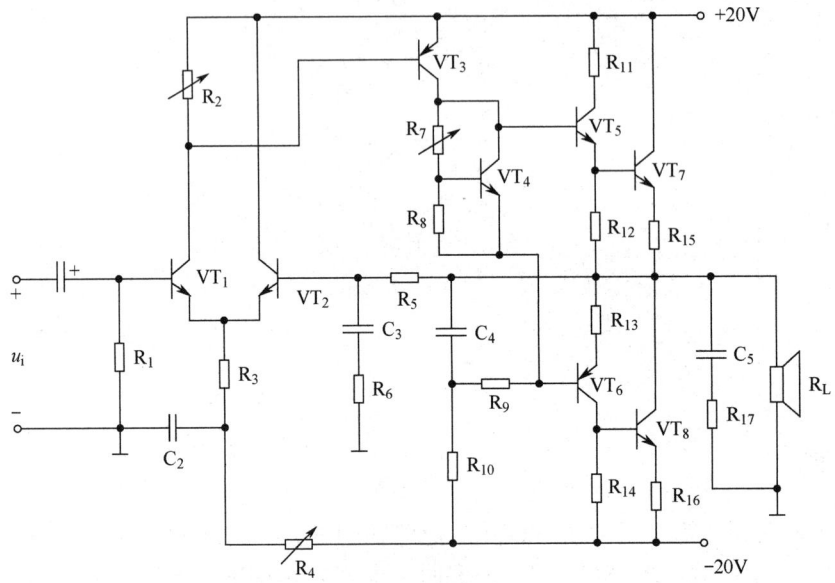

图 6-12　综合题 2 图

参考答案

# 第六章 低频功率放大器单元测试（B）卷

时量：90 分钟　　　总分：100 分　　　难度等级：【中】

## 一、填空题（每空 1 分，共计 30 分）

1. 在推挽功率放大电路中设置适当的偏置是为了_____，如果直流偏置过大则会使_____下降。

2. 甲乙类单电源互补对称电路又称_____电路，它用在输出端所串接的_____取代双电源中的负电源。

3. 一个输出功率为 20W 的扩音机电路，若用乙类推挽功放，则应选额定功耗至少应为_____的功率管_____只。

4. 由于功放电路中功放管常常处于极限状态，因此，在选择功放管时要特别注意_____、_____和_____三个参数。

5. 甲类放大电路是指放大管的导通角等于_____；乙类放大电路的导通角等于_____；甲乙类放大电路的导通角为_____。

6. 甲类功率放大电路的能量转换效率最高是_____，甲类功率放大电路的输出功率越大，则功放管的管耗_____，而电源提供的总功率_____。

7. 乙类功率放大电路中，功放晶体管静态电流 $I_{CQ}$=_____，静态时的电源功耗 $P_E$=_____。这类功放的能量转换效率在理想情况下，可达到_____%，但这种功放有_____失真。

8. 某乙类双电源互补对称功率放大电路中，电源电压为±20V，负载为 8Ω，则选择管子时，要求 $U_{(BR)CEO}$ 大于_____V，$I_{CM}$ 大于_____A，$P_{CM}$ 大于_____W。

9. 在 OTL 功率放大电路中，功放管极限参数选择是 $P_{CM} \geq$ _____，$U_{(BR)CEO} \geq$ _____。

10. OTL 功放因输出与负载之间无_____耦合而得名，它采用_____电源供电，输出端与负载间必须连接_____。

11. 电路如图 6B-1 所示，已知三极管 $VT_1$、$VT_2$ 的饱和压降 $|U_{CES}|$=2V，$V_{CC}$=15V，$R_L$=8Ω。则最大输出功率 $P_{om}$ 为_____W，静态时，发射极电位 $V_{EQ}$ 为_____V，流过负载的电流 $I_L$ 为_____A，若 $VD_1$ 虚焊则 $VT_1$ 管_____。

图 6B-1　填空题 11 图

## 二、判断题（每小题 1 分，共计 10 分）

1. 所谓 OTL 电路是指无输出电容的功率放大电路。　　　　　　　　　　（　　）

2. 有一 OTL 电路，设电源电压 $V_{CC}$=16V，$R_L$=8Ω，在理想情况下，可得到最大输出功率为 10W。（    ）

3. 甲类功率放大器的最高理论效率是 50%。（    ）

4. 乙类功放中的两个三极管交替工作，各导通半个周期。（    ）

5. 乙类放大电路中若出现失真一定首先是交越失真。（    ）

6. 乙类推挽功率放大电路的最大效率比甲类高。（    ）

7. 由于功率放大电路中的晶体管处于大信号工作状态，所以微变等效电路方法已不再适用。（    ）

8. 功率放大电路首要研究的问题就是一个输出功率大小的问题。（    ）

9. 对于任何功率放大电路，功放管的动态电流都等于负载的动态电流。（    ）

10. 功率放大电路工作在大信号状态，要求输出功率大，且转换效率高。（    ）

### 三、单项选择题（每小题 2 分，共计 30 分）

1. 功率放大电路的效率为（    ）。
    A．输出的直流功率与电源提供的直流功率之比
    B．输出的交流功率与电源提供的直流功率之比
    C．输出的平均功率与电源提供的直流功率之比
    D．以上各项都不是

2. 功率放大电路的输出功率等于（    ）。
    A．输出电压与输出交流电流幅值的乘积
    B．输出交流电压与输出交流电流的有效值的乘积
    C．输出交流电压与输出交流电流幅值的乘积
    D．以上各项都不是

3. 功率放大电路与电压放大电路的区别是（    ）。
    A．前者比后者电源电压高        B．前者比后者电压放大倍数大
    C．前者比后者效率高            D．前者比后者失真小

4. 从放大作用来看，互补对称功率放大电路（    ）。
    A．既有电压放大作用，又有电流放大作用
    B．只有电流放大作用而没有电压放大作用
    C．只有电压放大作用，没有电流放大作用
    D．是否具有电压或电流放大作用，需要看信号类型

5. 为了克服交越失真，应（    ）。
    A．进行相位补偿                B．适当增大功放管的静态$|U_{BE}|$
    C．适当减小功放管的静态$|U_{BE}|$    D．适当增大负载电阻 $R_L$ 的阻值

6. 在 OTL 功放电路中，在输入电压不变的情况下，增大电源电压，输出功率和效率将（    ）。
    A．都减少                      B．都增大
    C．效率降低，功率不变          D．功率增大，效率不变

7. 在 OCL 功放中，互补输出级采用共集电极形式是为了（    ）。

A．增大电压放大倍数 　　　　　　B．减小失真
C．减少对输入的影响 　　　　　　D．提高带负载能力

8．在乙类功放电路中，若在输出端接 16Ω 的扬声器，则输出功率将比在输出接 8Ω 的扬声器时要（　　）。

A．多一倍 　　　　　　　　　　　B．少一半
C．多 4 倍 　　　　　　　　　　　D．相等

9．对甲乙类功率放大器，其静态工作点一般设置在特性曲线的（　　）。

A．放大区中部 　　　　　　　　　B．截止区
C．放大区但接近截止区 　　　　　D．放大区但接近饱和区

10．在 OTL 电路中，若三极管的饱和压降为 $U_{CE(sat)}$，则最大输出功率 $P_{omax}$≈（　　）。

A．$\dfrac{(V_{CC}-U_{CE(Sat)})^2}{2R_L}$ 　　　　　　B．$\dfrac{(\frac{1}{2}V_{CC}-U_{CE(Sat)})^2}{2R_L}$

C．$\dfrac{(V_{CC}-U_{CE(Sat)})^2}{8R_L}$ 　　　　　　D．$\dfrac{(\frac{1}{2}V_{CC}-U_{CE(Sat)})^2}{8R_L}$

11．OCL 功率放大电路如图 6B-2 所示，当 $u_i$ 为正半周时，则（　　）。

A．$VT_1$ 导通，$VT_2$ 截止 　　　　B．$VT_1$ 截止，$VT_2$ 导通
C．$VT_1$ 导通，$VT_2$ 导通 　　　　D．$VT_1$ 截止，$VT_2$ 截止

12．如图 6B-3 所示电路，已知 $VT_1$、$VT_2$ 的饱和压降 $U_{CE(sat)}$=2V，$V_{CC}$=18V，$R_L$=8Ω，动态时，三极管发射极直流电位 $V_{EQ}$（　　）。

A．大于 0 　　　　　B．等于 0 　　　　　C．小于 0

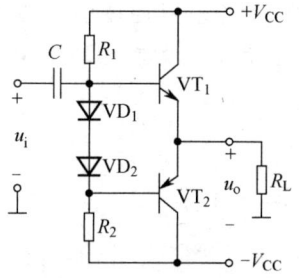

图 6B-2　单选题 11 图　　　　　　图 6B-3　单选题 12 和 13 图

13．如图 6B-3 所示电路，已知 $VT_1$、$VT_2$ 的饱和压降 $U_{CE(sat)}$=2V，$V_{CC}$=18V，$R_L$=8Ω，若 $VD_1$ 虚焊，则 $VT_2$（　　）。

A．可能因功耗过大而烧毁 　　　　B．始终饱和
C．始终截止

14．某功放电路，已知电源电压为 15V，如三极管的 $U_{(BR)CEO}$ 至少大于（　　）时，则不管选用何种放大电路，三极管的耐压都足够了。

A．12V 　　　　　　　　　　　　B．15V
C．30V 　　　　　　　　　　　　D．48V

15．在某变压器耦合的功率放大器中，已知三极管的输出电阻为 128Ω，扬声器的电阻

为 8Ω，若要达到阻抗匹配的目的，则输出变压器的匝数比 n 是（　　）。

A．4　　　　　　　　　　　　B．3
C．2　　　　　　　　　　　　D．以上各项都不是

## 四、计算题或综合题（共 30 分）

1．如图 6B-4 所示电路，三极管的饱和压降可忽略，试回答下列问题：（10 分）

（1）$u_i=0$ 时，流过 $R_L$ 的电流有多大？（2 分）

（2）若输出出现交越失真，应调整哪个电阻？如何调整？（3 分）

（3）为保证输出波形不失真，输入信号 $u_i$ 的最大振幅为多少？管耗为最大时，求 $U_{im}$；（3 分）

（4）$VD_1$、$VD_2$ 任一个接反，将产生什么后果？（2 分）

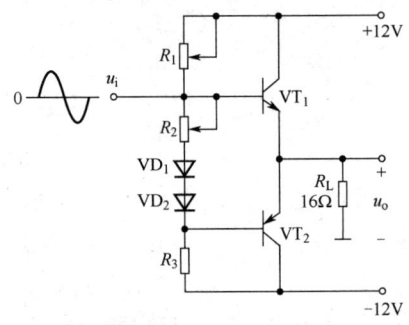

图 6B-4　计算题 1 图

2．分析图 6B-5 中 OTL 互补推挽电路的原理，试答：

（1）静态时输出耦合电容 $C_4$ 两端的电压应多大？如何调整使其电压值合适？（4 分）

（2）如何调整三极管 $VT_4$ 和 $VT_5$ 静态电流的大小？并分析二极管 $VD_1$ 和 $VD_2$ 的作用。（4 分）

（3）电容 $C_2$ 起什么作用？（2 分）

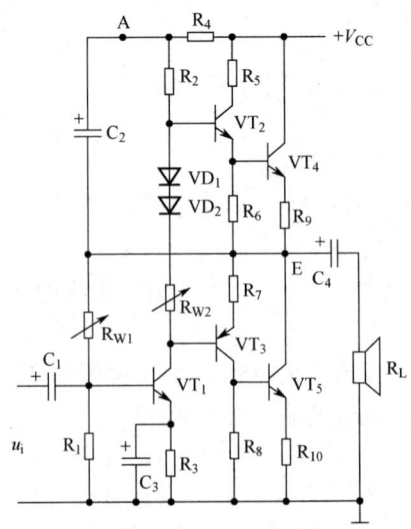

图 6B-5　综合题 2 图

**3．电路如图 6B-6 所示。**

（1）合理连线，接入信号源和反馈，使电路的输入电阻增大，输出电阻减小；（5分）

（2）若 $A_\mathrm{u} = \dfrac{u_\mathrm{o}}{u_\mathrm{i}} = 20$，则 $R_\mathrm{f}$ 应取多少？（5分）

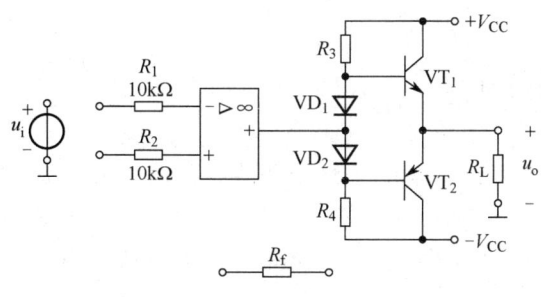

图 6B-6　综合题 3 图

参考答案

# 第七章 直流稳压电源

## 一、填空题

1．单相整流电路的功能是_____，主要有_____、_____和_____三种类型。

2．若半波整流电路负载两端的平均电压为 4.5V，则二极管的最高反向电压应大于_____V。

3．设变压器二次电压有效值为 $U_2$，其全波整流电路的输出平均电压为_____；二极管所承受的最大反向电压为_____。

4．对负载电流较大且经常变化的整流设备，一般都采用_____滤波方式。

5．若变压器二次电压的有效值 $U_2=10V$，经桥式整流，电容 C 滤波后，输出电压 $U_O=$_____V；若电容 C 虚焊（开路），则 $U_O=$_____V。

6．在全波桥式整流、电容滤波电路中，空载时的输出电压为变压器二次电压的_____倍。

7．如图 7-1 所示，已知 $u_2=10\sqrt{2}\sin\omega t V$：（1）在正常负载情况下，$U_O\approx$_____；（2）电容虚焊时 $U_O\approx$_____；（3）负载电阻开路时 $U_O\approx$_____；（4）一个整流管和滤波电容同时开路，则 $U_O\approx$_____。

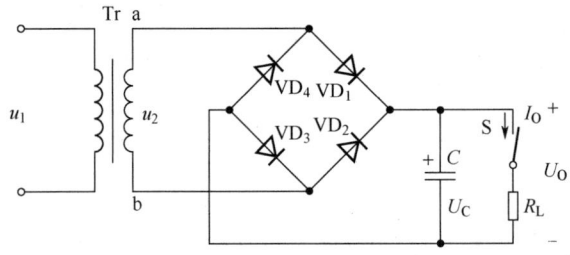

图 7-1 填空题 7 图

8．稳压管中，_____越小，管子的反向击穿特性曲线越陡，稳压性能越好。

9．现有两个硅稳压管，稳压值为 $U_{Z1}=7.3V$，$U_{Z2}=5V$，若用于稳定电压为 8V 电路，则可把 $VZ_1$ 和 $VZ_2$ 串接，$VZ_1$ 应_____偏置，$VZ_2$ 应_____偏置。

10．开关式稳压电路的调整管只在_____和_____两种状态下工作，所以管耗最小。

11．三端集成稳压器 CW7906 的输出电压是_____；CW7912 的输出电压为_____V。

12．比较放大器的作用是将取样电路送来的电压与基准电压比较后，将得到的信号进行放大，然后送到_____。

13．串联稳压电源负载加重时，调整管的管压降将_____。

14．普通晶闸管内部有_____PN 结，外部有三个电极，分别是_____极_____极和_____极。

15．单结晶体管的内部一共有_____PN 结，外部一共有 3 个电极，它们分别是

_____、_____和_____。

16. 普通晶闸管导通后，_____极就失去了作用。若要使电路阻断，必须使_____电压降到足够小，以使_____电流降到_____电流以下。

## 二、判断题

1. 桥式整流电路中的一个二极管接反时，电路将变成半波整流电路。（   ）
2. 单相桥式整流电路在输入交流电压的每个半周内都有两个二极管导通。（   ）
3. 变压器中心抽头式全波整流电路，二极管承受的反向峰值电压为 $\sqrt{2}\,U_2$。（   ）
4. 整流电路可将正弦电压变为脉动的直流电压。（   ）
5. 桥式整流电容滤波电路中与半波整流电容滤波电路中，每个二极管承受的反向电压相同。（   ）
6. 电容滤波电路带负载能力比电感滤波电路强。（   ）
7. 电容滤波器实质上是在整流电路负载电阻旁串联一个电容器，常选用于负载电流较小的场合。（   ）
8. 因为串联型稳压电路中引入了深度负反馈，所以也可能产生自激振荡。（   ）
9. 一般情况下，开关型稳压电路比线性稳压电路效率高。（   ）
10. 输出电阻越小，稳压性能越好。（   ）
11. 稳压二极管正常工作时必须反偏，且反偏电流必须大于最小稳定电流 $I_{Zmin}$。（   ）
12. 三端集成稳压器 CW7912 的输出电压是+12V。（   ）
13. 型号为 KP50-7 的半导体器件，是一额定电流为 50A 的普通晶闸管。（   ）
14. 加在晶闸管门极上的触发电压，最高不得超过 100V。（   ）
15. 晶闸管触发电路与主电路的同步，是通过同步变压器来实现的。（   ）

## 三、单项选择题

1. 整流是将（   ）的过程。
   A．直流电变成交流电          B．脉动直流电变成平滑直流电
   C．交流电变成脉动直流电      D．交流电变成平滑直流电

2. 变压器中心抽头式全波整流电路中每个二极管承受的反向峰值电压为（   ）。
   A．$U_2$          B．$\sqrt{2}U_2$
   C．$1.2U_2$       D．$2\sqrt{2}U_2$

3. 单相桥式整流电路中，每个二极管承受的最大反向电压是变压器二次电压有效值的（   ）。
   A．1 倍           B．0.9 倍
   C．$\sqrt{2}$ 倍   D．$2\sqrt{2}$ 倍

4. 若在一正常工作的桥式整流滤波电路中，滤波电容由于某种原因断开，这时负载上的直流电将（   ）。
   A．增大       B．减少       C．不变       D．基本不变

5. 如图 7-2 所示电路的名称是（   ）。

A．单相桥式整流电路 　　　　　　　B．单相全波整流电路
C．单相半波整流电路 　　　　　　　D．倍压整流电路

6．如图 7-3 所示电路，稳压管的稳定电压 $U_Z$=10V，稳压管的最大稳定电流 $I_{Zmax}$=20mA，输入直流电压 $U_I$=20V，限流电阻 $R$ 最小应选（　　）。

A．0.1kΩ 　　　　　　　　　　　　B．0.5kΩ
C．0.15kΩ 　　　　　　　　　　　　D．0.25kΩ

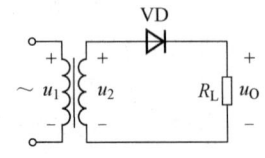
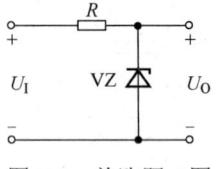

图 7-2　单选题 5 图　　　　　　　　图 7-3　单选题 6 图

7．如图 7-4 所示整流电路，设变压器二次电压有效值为 $U_2$，输出电流平均值为 $I_O$，二极管承受最高反向电压为 $\sqrt{2}U_2$，通过二极管的电流平均值为 $0.5I_O$，且能正常工作的整流电路是图（　　）。

A．（a） 　　　　　　　　　　　　B．（b）
C．（c） 　　　　　　　　　　　　D．以上均不是

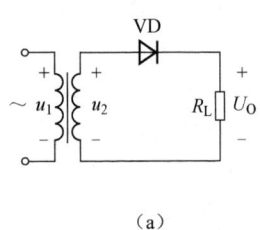 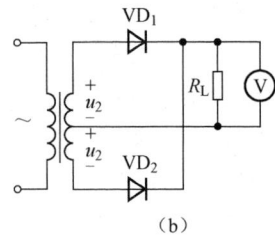 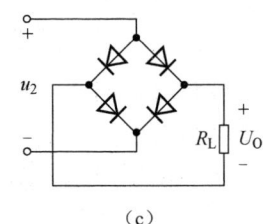

　　　（a）　　　　　　　　　　（b）　　　　　　　　　　（c）

图 7-4　单选题 7 图

8．直流稳压电源中滤波电路的目的是（　　）。

A．将交流变为直流 　　　　　　　B．将高频变为低频
C．将交、直流混合量中的交流成分滤掉

9．有一桥式整流，电容滤波电路，负载为纯电阻。若仅滤波电容增加，二极管的导通角（　　）。

A．增加 　　　　　　　　　　　　B．不变
C．不变且等于 180° 　　　　　　　D．减小

10．已知变压器二次电压为 $u_2 = \sqrt{2}U_2 \sin\omega t$ V，负载电阻为 $R_L$，则桥式整流电路中二极管承受的反向峰值电压为（　　）。

A．$U_2$ 　　　　　　　　　　　　B．$\sqrt{2}U_2$
C．$0.9U_2$ 　　　　　　　　　　　D．$0.707U_2$

11．某桥式整流电容滤波电路，变压器副边电压 $U_2$=20V，$R_L$=40Ω，$C$=1000μF，现输出电压等于 28V，这说明（　　）。

A．电路正常 　　　　　　　　　　B．滤波电容开路
C．负载开路 　　　　　　　　　　D．有一个二极管开路

12. 单相桥式整流滤波电路中，二极管导通时间为（　　）。
    A．半个周期                B．整个周期
    C．电容充电时间            D．电容放电时间

13. 一个稳定电压 $U_Z$=3V 的稳压管，随温度的升高，稳定电压 $U_Z$ 将（　　）。
    A．升高                    B．降低
    C．不变                    D．无法确定

14. 某只硅稳压管的稳定电压 $U_Z$=4V，其通过限流电阻在两端施加的电压分别为+5V（正向偏置）和-5V（反向偏置）时，稳压管两端的最终电压分别为（　　）。
    A．+5V 和-5V               B．-5V 和+4V
    C．+4V 和-0.7V             D．+0.7V 和-4V

15. 由硅稳压管构成的稳压电路，其接法是（　　）。
    A．稳压管与负载电阻串联
    B．稳压管与负载电阻并联
    C．稳压管只要接在输出回路中就行
    D．限流电阻与稳压管串联后，负载电阻再与稳压管并联

16. 硅稳压二极管并联在稳压电路中，硅稳压二极管必须与限流电阻串接，此限流电阻的作用是（　　）。
    A．提供偏流                B．仅是限制电流
    C．兼有限制电流和调压两个作用

17. 若要组成输出电压可调、最大输出电流为 5A 的直流稳压电源，则应采用（　　）。
    A．电容滤波稳压管稳压电路  B．电感滤波稳压管稳压电路
    C．电容滤波串联型稳压电路  D．电感滤波串联型稳压电路

18. 具有放大环节的串联型稳压电路，若调节 $R_P$ 的滑动触点向上移，则输出电压将（　　）。
    A．降低                    B．升高
    C．基本不变                D．变化因元件参数而不同

19. 三端集成稳压器 CW7918 的输出电压、电流等级为（　　）。
    A．18V/1.5A                B．-18V/0.5A
    C．-18V/1.5A               D．18V/0.5A

20. 晶闸管内部有（　　）PN 结。
    A．一个                    B．二个
    C．三个                    D．四个

21. 晶闸管在电路中的门极正向偏压（　　）越好。
    A．越大                    B．越小
    C．不变                    D．不确定

22. 普通的单相桥式半控整流装置中一共用了（　　）晶闸管。
    A．一只                    B．二只
    C．三只                    D．四只

23. 晶闸管导通后，其正向压降约等于（　　）。
   A. 0 　　　　　　　　　　　　B. 0.3 V
   C. 1V 左右 　　　　　　　　　D. 0.7 V

## 四、简答题

1. 硅稳压二极管，稳定电压如图 7-5 所示，当 $U_I$ 足够大时，计算各 $U_O$ 值。

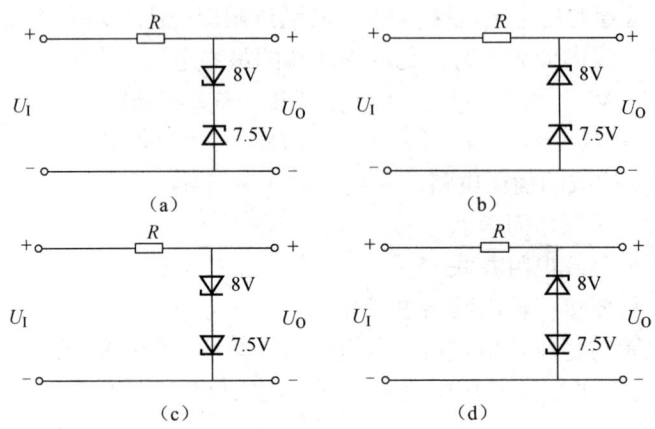

图 7-5　简答题 1 图

（a）图：$U_O=$_____V;　　　　（b）图：$U_O=$_____V;
（c）图：$U_O=$_____V;　　　　（d）图：$U_O=$_____V。

2. 已知稳压管的稳压值 $U_Z=6V$，稳定电流的最小值 $I_{Zmin}=5mA$。求图 7-6 所示电路中 $U_{O1}$ 和 $U_{O2}$ 各为多少。

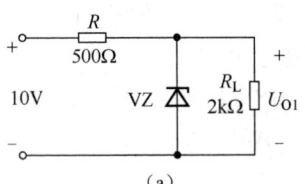 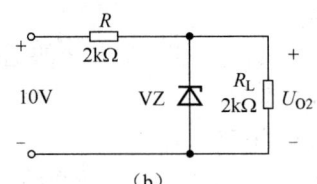

图 7-6　简答题 2 图

3. 电力电子交流技术主要应用在哪些方面？

## 五、计算题

1. 如图 7-7（a）所示整流电路，二极管为理想元件，变压器副边电压有效值 $U_2$ 为 110V，负载电阻 $R_L=200\Omega$，变压器变比 $n=2$。试求：（1）求负载电阻 $R_L$ 上电流的平均值 $I_O$；（2）求变压器原边电压 $U_1$ 和电流 $I_1$ 的有效值；（3）变压器副边电压 $u_2$ 的波形如图 7-7（b）所示，试定性画出 $U_O$ 的波形。

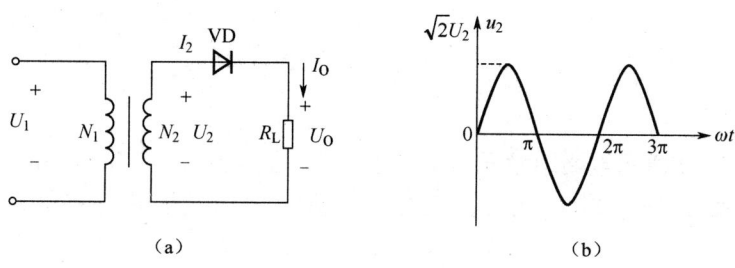

图 7-7　计算题 1 图

2. 如图 7-8 所示整流滤波电路，变压器副边电压有效值 $U_2=20V$，负载电阻 $R_L=500\Omega$，电容 $C=1000\mu F$，当输出电压平均值 $U_O$ 为：（1）28V；（2）24V；（3）20V；（4）18V；（5）9V 五种数据时，分析哪个是合理的？哪些表明出了故障？并指出原因。

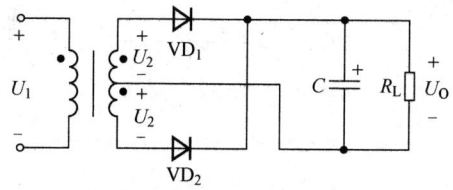

图 7-8　计算题 2 图

3. 一单相桥式整流电路，接到 220V 正弦工频交流电源上，负载电阻 $R_L=50\Omega$，负载电压平均值 $U_O=100V$。求：（1）流过每个二极管的平均电流；（2）变压器副边电压有效值；（3）二极管承受的最高反向电压。

4. 在图 7-9 所示电路中稳压管的稳压值为 8V，供电电压 $U_I$=18V，$R$=1kΩ，$R_L$=2kΩ，求 $U_O$、$I$、$I_Z$、$I_O$。

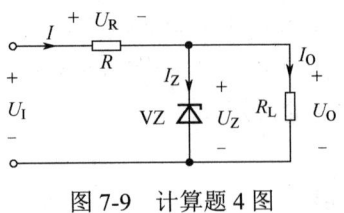

图 7-9　计算题 4 图

5. 已知图 7-10 所示电路中稳压二极管 $U_Z$=6V，$P_Z$=0.12W，$I_{Zmin}$=2mA，当要求 $R_L$ 两端电压 $U_O$ 稳定在 6V 时，求 $R_L$ 的变化范围。若超出这个范围，电路将出现什么情况？

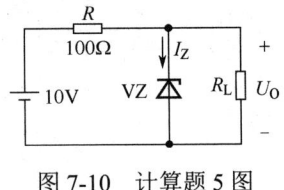

图 7-10　计算题 5 图

6. 在图 7-11 所示稳压管稳压电路中，已知稳压管的稳定电压 $U_Z$=6V，最小稳定电流 $I_{Zmin}$=5mA，最大稳定电流 $I_{Zmax}$=25mA，负载 $R_L$=600Ω，求限流电阻 $R$ 的取值范围。

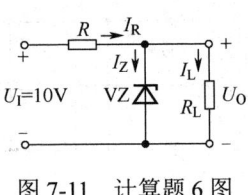

图 7-11　计算题 6 图

7. 如图 7-12 所示基本串联型稳压电路，已知稳压二极管的 $U_Z$=5.3V，$VT_1$、$VT_2$ 均为硅管。试求：（1）三极管 $VT_1$ 在该稳压电路中又叫什么管？（2）若电位器 $R_P$ 的滑动端位于中间，试求静态时 A、B、C、D 各点的电位值；（3）求该电路输出电压的最大值 $U_{Omax}$ 和最小值 $U_{Omin}$。

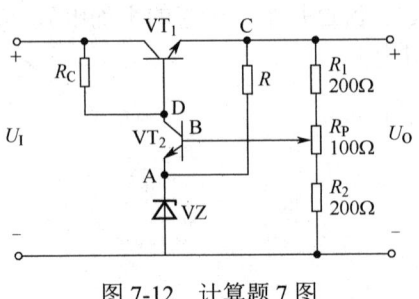

图 7-12　计算题 7 图

8. 如图 7-13 所示直流稳压电源，已知变压器二次侧电压的有效值为 20V，稳压管的稳压值为 6.3V，$VT_1$、$VT_2$ 为硅管，$R_1=1kΩ$，$R_2=500Ω$，$R_W=500Ω$ 时，求：（1）$U_I$ 应是多少？（2）$R_W$ 滑臂往下移动时，输出电压 $U_O$ 怎么变化？（3）若在连接电路时稳压管接反了，输出电压 $U_O$ 将如何变化？（4）设调整管饱和压降 $U_{CES}=3V$，求输出电压 $U_O$ 的调节范围。

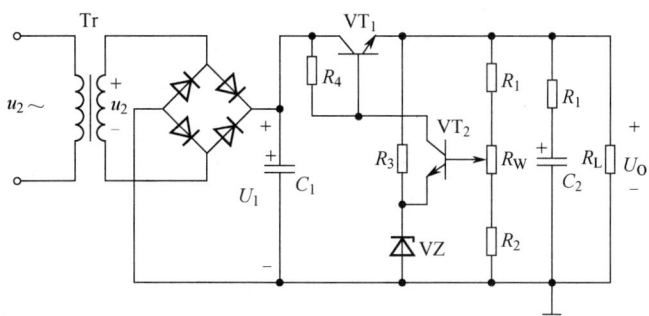

图 7-13　计算题 8 图

9. 如图 7-14 所示为某串联反馈式稳压电路，$U_Z=5.3V$，$R_1=R_2=R_W$。试求：（1）问该稳压电路由哪四个部分组成？（2）求输出电压 $U_O$ 调节范围；（3）当电网电压升高时，分析其稳压过程。

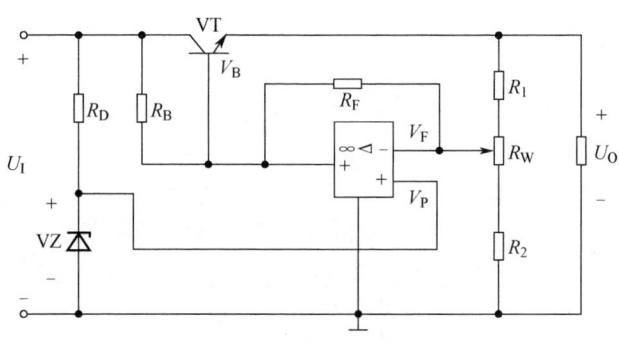

图 7-14　计算题 9 图

10. 如图 7-15 所示电路，设 $I'_I ≈ I'_O = 1.5A$，三极管 VT 的 $U_{EB}≈U_D$，$R_1=1Ω$，$R_2=2Ω$，$I_D \gg I_B$。求解负载电流 $I_L$ 与 $I'_O$ 的关系式。

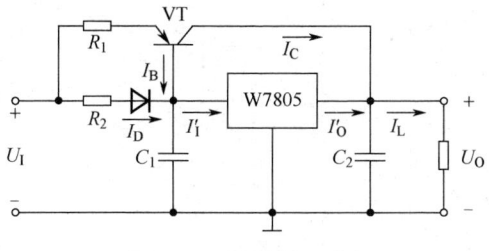

图 7-15　计算题 10 图

11. 如图 7-16 所示为用理想运算放大器和三极管组成的稳压电路，要求：（1）标出电路中运算放大器两个输入端的极性；（2）设三极管的 $U_{BE} \approx 0V$，计算电路的输出电压 $U_O$；（3）若运算放大器最大输出电流为 10mA，三极管的 $\beta=200$，求输出最大电流 $I_{Omax}$；（4）当负载 $R_L$ 加重（即 $I_o$ 增加）时，试说明稳压过程。

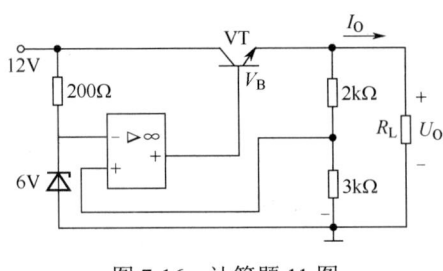

图 7-16  计算题 11 图

## 六、综合题

1. 在桥式整流电容滤波电路中，负载电阻为 150Ω，输出直流电压为 15V，试确定电源变压器次级电压，并选择二极管和滤波电容。（变压器初级电源频率为 50Hz）

2. 设计一个电源电路，要求单相桥式整流，电容滤波后的电压为 18V，采用稳压管稳压电路。负载 $R_L=600\Omega$，输出直流电压 $U_O=6V$。
（1）画出此桥式整流、电容滤波、稳压管稳压电路图。
（2）若稳压管稳定电流 $I_Z=10mA$，求限流电阻 $R$ 的大小？
（3）求整流元件的整流电流 $I_D$ 及最高反向电压 $U_{RM}$ 各为多少？

3. 有人设计了两种直流稳压电源电路如图 7-17（a）、（b）所示。试问在这些电路中有哪些错误？并画出改错后的正确电路连接图。

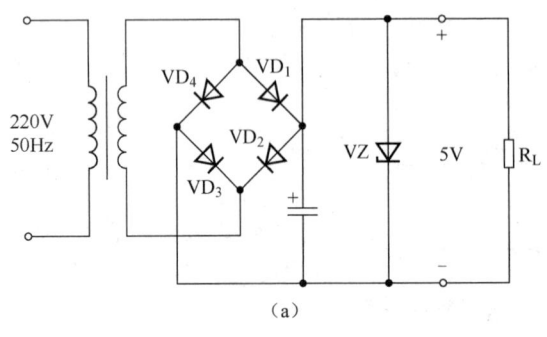
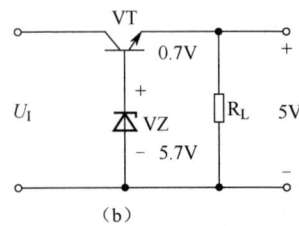

图 7-17  综合题 3 图

4. 如图 7-18 所示电路，试合理连线，构成 12V 的直流电源。

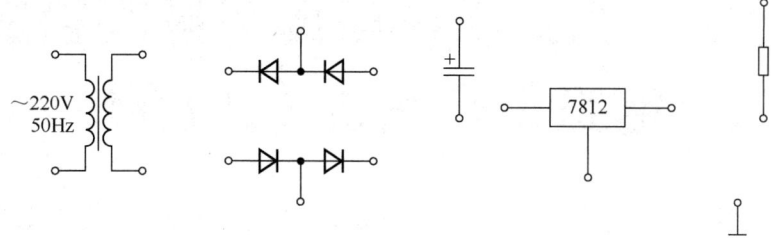

图 7-18　综合题 4 图

# 第七章 直流稳压电源与晶闸管应用电路单元测试（B）卷

时量：90 分钟　　总分：100 分　　难度等级：【中】

## 一、填空题（每空 1 分，共计 30 分）

1．整流是利用二极管的_____特性将交流电变为直流电。
2．稳压二极管工作在_____状态，动态电阻 $r_Z$ 越大，说明稳压性能越_____。
3．直流稳压电路中滤波电路主要由电容、电感等储能元件组成，其中，_____滤波适合于大电流（大功率）电路，而_____滤波适用于小电流电路。
4．一个全波整流电路，当输入 50Hz 的正弦信号时，输出信号的纹波电压频率是_____。
5．CW7805 的输出电压为_____V，额定输出电流为_____A；CW79M24 的输出电压为_____，额定输出电流为_____A。
6．在图 7B-1 所示电路中，设二极管都是理想的，，当开关 $S_1$、$S_2$ 均闭合时，$U_O$=_____V；当开关 $S_1$、$S_2$ 均断开时，$U_O$=_____V；当开关 $S_1$ 闭合，$S_2$ 断开时，$U_O$=_____V；当开关 $S_1$ 断开，$S_2$ 闭合时，$U_O$=_____V。
7．如图 7B-2 所示串联型直流稳压电路，$VT_2$ 和 $VT_3$ 特性完全相同，$VT_2$ 基极电流可忽略不计，稳压管的稳定电压为 $U_Z$。则调整管为_____，输出电压采样电阻由_____组成，基准电压电路由_____组成，比较放大电路由_____组成；输出电压调节范围的表达式为_____。

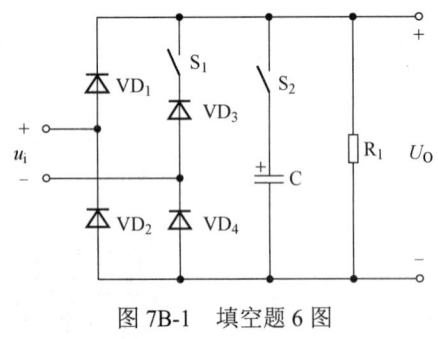

图 7B-1　填空题 6 图

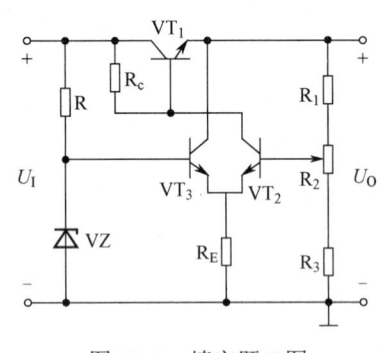

图 7B-2　填空题 7 图

8．一种并联型稳压电源如图 7B-3 所示，若 VZ 的工作电压 $U_Z$=5.3V，$U_{BE}$=0.7V，则输出电压 $U_O$=_____V。
9．三端集成稳压器的三端是指_____、_____、_____；CW7812 型号中的 C 表示_____，7812 表示_____，W 表示_____。

10．开关稳压电源的调整管工作在_____状态，脉冲宽度调制型开关稳压电源依靠调节调整管_____的比例来实现稳压。

11．触发电路送出的触发脉冲信号必须与晶闸管阳极电压_____，保证在管子阳极电压每个正半周内以相同的时刻_____，才能得到稳定的直流电压。

图 7B-3　填空题 8 图

## 二、判断题（每小题 1 分，共计 10 分）

1．稳压二极管稳压时，其工作在反向截止区。（　　）

2．当输入电压 $U_I$ 和负载电流 $I_L$ 变化时，稳压电路的输出电压是绝对不变的。（　　）

3．对于理想的稳压电路，$\Delta U_O/\Delta U_I=0$，$R_O=0$，而且，其最大稳定电流与最小稳定电流之差应大于负载电流的变化范围。（　　）

4．稳压二极管是利用二极管的反向击穿特性进行稳压的。（　　）

5．比较放大器的放大倍数越大，则稳压效果越好。（　　）

6．开关稳压电源的调整管主要工作在截止和饱和两种状态，因此管耗很小。（　　）

7．三端可调输出集成稳压器可用于构成可调稳压电路，而三端固定输出集成稳压器则不能。（　　）

8．线性稳压电源中的调整管工作在放大状态，开关型稳压电源中的调整管工作在开关状态。（　　）

9．在电路中接入单结晶体管时，若把 $b_1$、$b_2$ 接反了，就会烧坏管子。（　　）

10．普通晶闸管外部有三个电极，分别是基极、发射极和集电极。（　　）

## 三、单项选择题（每小题 2 分，共计 30 分）

1．两个硅稳压管，$U_{Z1}=6V$，$U_{Z2}=9V$，以下不是两者串联时可能得到的稳压值为（　　）。
　　A．15V　　　　B．6.7V　　　　C．9.7V　　　　D．3V

2．串联型稳压电源正常工作时，其调整管必须工作于放大状态，即必须满足（　　）。
　　A．$U_I=U_O+U_{CES}$　　　　　　B．$U_I<U_O+U_{CES}$
　　C．$U_I\neq U_O+U_{CES}$　　　　　D．$U_I>U_O+U_{CES}$

3．三端集成稳压器 W79L18 的输出电压、电流等级为（　　）。
　　A．18V/500mA　　　　　　　B．18V/100mA
　　C．-18V/500mA　　　　　　D．-18V/100mA

4．带有放大环节的串联型稳压电源，若电路的输出电压在 13～18V 可调，则比较放大管的基极电流（　　）。
　　A．在 $U_O=13V$ 时最小　　　　B．在 $U_O=15V$ 时最小
　　C．在 $U_O=18V$ 时最小　　　　D．与 $U_O$ 基本无关

5．温度稳定性最好的稳压管是（　　）。
　　A．稳定电压 $U_Z=6V$ 的管子　　B．稳定电压 $U_Z>6V$ 的管子
　　C．稳定电压 $U_Z<6V$ 的管子　　D．无法确定

6．理想二极管在半波整流电路中，承受的最大反向电压是（　　）。
　　A．等于 $\sqrt{2}U_2$　　B．小于 $\sqrt{2}U_2$　　C．大于 $\sqrt{2}U_2$　　D．小于 $2\sqrt{2}U_2$

7. 具有放大环节的串联型稳压电路在正常工作时，若要求输出电压为18V，调整管压降为6V，整流电路采用电容滤波，则电源变压器次级电压有效值应为（　　）。

  A．12V    B．18V    C．20V    D．24V

8. 直流稳压电源中滤波电路的目的是（　　）。

  A．将交流变为直流

  B．将高频变为低频

  C．将交、直流混合量中的交流成分滤掉

  D．保护电源

9. W78XX系列和W79XX系列引脚对应关系为（　　）。

  A．一致        B．1脚与3脚对调，2脚不变

  C．1脚、2脚对调     D．以上均不对

10. 在半波整流电路中，变压器副边电压有效值 $U_2$ 为25V，输出电流的平均值 $I_O$=12mA，则二极管应选择图7B-4中的（　　）。

| 序号 | 型号 | 整流电流平均值 | 反向峰值电压 |
|---|---|---|---|
| A | 2AP2 | 16mA | 30V |
| B | 2AP3 | 25mA | 30V |
| C | 2AP4 | 16mA | 50V |
| D | 2AP6 | 12mA | 100V |

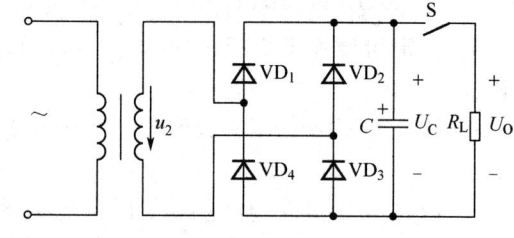

图7B-4　单选题10图    图7B-5　单选题11图

11. 如图7B-5所示整流滤波电路，变压器副边电压有效值是10V，开关S打开后，电容器两端电压的平均值 $U_C$ 是（　　）。

  A．12 V    B．20 V    C．14.14 V    D．28.28 V

12. 如图7B-6所示稳压电路，稳压管的稳定电压是5.4V，正向压降是0.6V，输出电压 $U_O$=6V 的电路是（　　）。

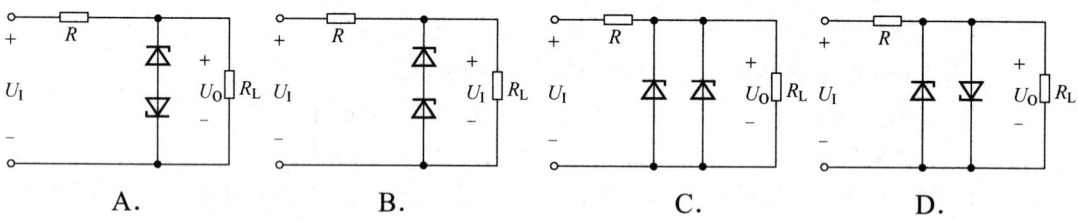

图7B-6　单选题12图

13. 关于双向晶闸管的导通条件叙述完整的是（　　）。

  A．主电极加正或负电压，控制极加正电压

  B．主电极加正电压，控制极加正或负电压

  C．主电极加负电压，控制极加正或负电压

  D．主电极加正或负电压，控制极加正或负电压

14. 为了让晶闸管可控整流电感性负载电路正常工作，应在电路中接入（    ）。

   A．三极管  B．续流二极管
   C．保险丝  D．以上均不对

15. 晶闸管的主要参数之一是正向平均电流 $I_F$，现通过晶闸管的是正弦半波电流，该正弦半波电流已达到该管正常工作允许的最大电流，那么该正弦半波电流最大值 $I_m$ 与 $I_F$ 之间的关系是（    ）。

   A．$I_F = \dfrac{I_m}{\sqrt{2}}$   B．$I_F = \dfrac{I_m}{\pi}$   C．$I_F = 1.57 I_m$   D．以上均不对

## 四、计算题或综合题（共 30 分）

1. 如图 7B-7（a）所示电路，变压器副边电压 $u_2$ 的波形如图 7B-7（b）所示，试定性在图 7B-7（c）中画出下列各种情况下 $U_I$ 和 $U_O$ 波形图。

   ① 开关 $S_1$、$S_2$ 均断开；（3 分）
   ② 开关 $S_1$、$S_2$ 均闭合；（3 分）
   ③ 开关 $S_1$ 断开，$S_2$ 闭合。（4 分）

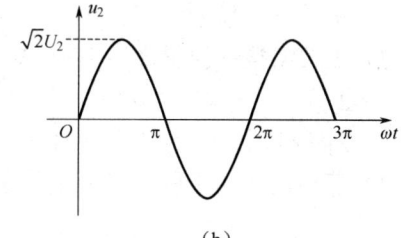

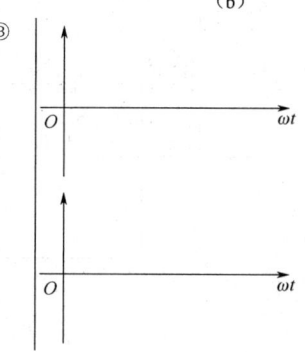

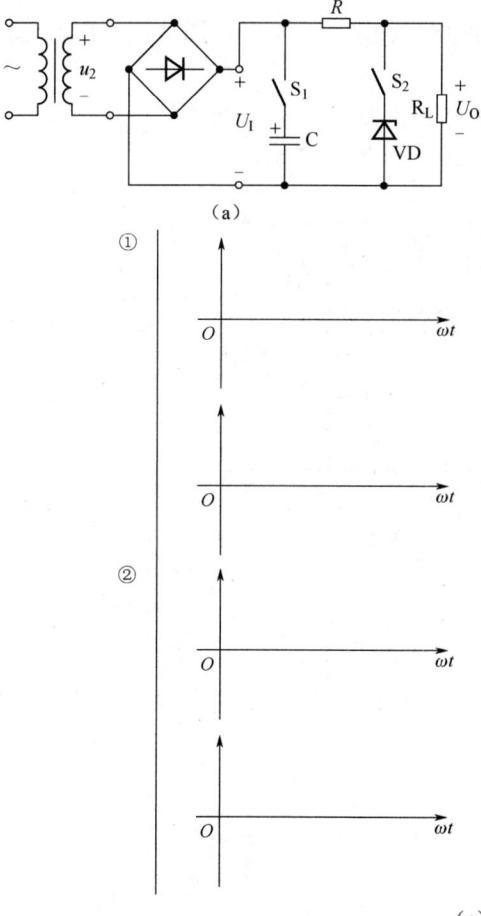

图 7B-7  综合题 1 图

2．如图 7B-8 所示串联型稳压电路，已知 $U_I=30V$，$U_Z=6V$，$R_1=4kΩ$，$R_2=2kΩ$，$R_3=2kΩ$，调整管 VT 的电流放大系数 $β=50$。试求：

（1）输出电压 $U_O$ 的范围；（4 分）

（2）$U_O=15V$，$R_L=100Ω$ 时调整管 VT 的管耗以及运算放大器的输出电流。（6 分）

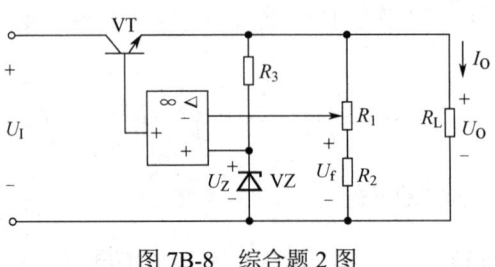

图 7B-8　综合题 2 图

3．如图 7B-9 所示串联型稳压电路，$U_Z=5.3V$，$U_{BE}=0.7V$，$U_2=20V$，$R_1=300Ω$，$R_2=R_P=600Ω$。

（1）求输出电压的可调范围。（2 分）

（2）要求调整管的压降不小于 2V，则电网电压波动±10%时，调整管 $VT_1$ 能否起调整作用？（2 分）

（3）$R_P$ 调到中点，估算 A、B、C、D、P 各点对地电位。（4 分）

（4）若电网电压下降，说明电路是如何实现稳压的。（2 分）

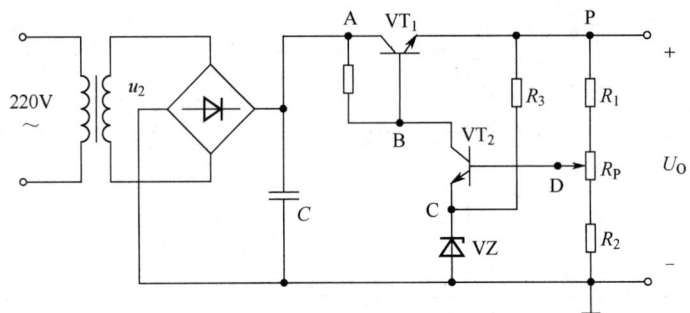

图 7B-9　综合题 3 图

**参考答案**

# 第八章 脉冲基础知识、数制与码制

## 一、填空题

1. （365）$_{10}$=（_____）$_2$=（_____）$_8$=（_____）$_{16}$
2. ①（101010）$_2$=（_____）$_{10}$ ②（_____）$_8$=（111100）$_2$ ③（D7）$_{16}$=（_____）$_2$
3. （1011101）$_2$=（_____）$_{10}$=（_____）$_8$=（_____）$_{16}$
4. ①（10.125）$_{10}$=（_____）$_2$ ②（4F）$_{16}$=（_____）$_{10}$=（_____）$_2$
5. （10010111）$_{8421BCD}$=（_____）$_{10}$=（_____）$_2$=（_____）$_8$
6. ①（_____）$_{8421BCD}$=（93）$_{10}$ ②（01110010）$_{8421BCD}$=（_____）$_{16}$
7. 十进制小数 0.0625，换算成二进制小数为_____。
8. 有一数码 10010011，作为自然二进制数时，它相当于十进制数_____，作为 8421BCD 码时，它相当于十进制数_____。
9. 十进制整数转换成二进制时采用_____法；十进制小数转换成二进制时采用_____法。
10. 常用的二进制代码有_____码、_____码和_____码等。
11. 二极管_____时，相当于短路；_____时，相当于开路。
12. 数字信号的数值相对于时间的变化过程是_____的、_____的，对数字信号进行传输、处理的电子线路称为_____电路。
13. 数字量取值是离散的，常用_____和_____两个数字来表示输入和输出信号的状态。
14. 二极管从正向导通转换为反向截止，需要一个_____过程，所需时间称为_____时间。

## 二、判断题

1. 二进制数的进位规则是"逢二进一"。　　　　　　　　　　　　　　（　　）
2. 5421 码 1001 对应的数值比 0001 大。　　　　　　　　　　　　　　（　　）
3. 微分电路的条件是它的时间常数远比矩形脉冲的宽度大。　　　　　（　　）

## 三、单项选择题

1. 三位二进制数可以表示的状态数是（　　）。
   A．2　　　　　　　　　　　　　　B．4
   C．6　　　　　　　　　　　　　　D．8
2. 和二进制数（1100110111.001）$_2$ 等值的十六进制数是（　　）。
   A．（337.2）$_{16}$　　　　　　　　B．（637.1）$_{16}$
   C．（1467.1）$_{16}$　　　　　　　D．（C37.4）$_{16}$
3. 十进制数"122"转换成二进制数是（　　）。

A. 01111010 B. 11111010
C. 01000101 D. 1000101

4. 十进制数 118 对应的二进制数为（　　）。
   A. （1010110）$_2$ B. （1111000）$_2$
   C. （1110111）$_2$ D. （1110110）$_2$

5. 与二进制数 01100110 相对应的十进制数是（　　）。
   A. 102　　　B. 66　　　C. 54

6. 十进制数 100 对应的二进制数为（　　）。
   A. 1011110 B. 1100010
   C. 1100100 D. 11000100

7. 用二进制数表示十进制数的编码方法称为（　　）。
   A. ABC 码 B. CAB 码
   C. BCD 码 D. BAC 码

8. 十进制数 1000 对应二进制数为 A 中（　　），对应十六进制数为 B 中（　　）。
   A. ① 1111101010　② 1111101000　③ 1111101100　④ 1111101110
   B. ① 3C8　② 3D8　③ 3E8　④ 3F8

9. 在答案群 A 给出的关系式中正确的是（　　），在答案群 B 给出的等式中不正确的是（　　）。
   A. ① $0.111_2 < 0.75_{10}$　② $0.78_{10} > 0.C_{16}$　③ $0.6_{10} > 0.AB_{16}$　④ $0.101_2 < 0.A_{16}$
   B. ① $0.875_{10} = 0.E_{16}$　② $0.74_8 = 0.9375_{10}$　③ $0.101_2 = 0.A_{16}$　④ $0.31_{16} = 0.1418_{10}$

10. 十进制数 160.5 对应十六进制数为 A 中（　　），十六进制数 10.8 对应十进制数为 B 中（　　）；二进制数 0.100111001 对应十六进制数为 C 中（　　）；十六进制数 100.001 对应二进制数为 D 中（　　）。
    A. ① 100.5　② 10.5　③ 10.8　④ A0.8
    B. ① 16.8　② 10.5　③ 16.5　④ 16.4
    C. ① 0.139　② 0.9C1　③ 0.9C4　④ 0.9C8
    D. ① $2^8+2^{-8}$　② $2^8+2^{-9}$　③ $2^8+2^{-10}$　④ $2^8+2^{-12}$

11. 将代码（10000011）$_{8421BCD}$ 转换成二进制数为（　　）。
    A. （1000011）$_2$ B. （1010011）$_2$
    C. （10000011）$_2$ D. （100110001）$_2$

12. 下列 BCD 码中，不会发现的编码是（　　）。
    A. 1001 B. 01001001
    C. 01011010 D. 01010100

13. 十进制数（96）$_{10}$ 表示为 8421BCD 码应为（　　）。
    A. （01010110）$_{8421BCD}$ B. （10110110）$_{8421BCD}$
    C. （10010110）$_{8421BCD}$ D. （10000110）$_{8421BCD}$

14. 数字电路中的工作信号为（　　）。
    A. 随时间连续变化的电信号 B. 脉冲信号
    C. 直流信号

15. 数字电路中的三极管工作在（　　）。
   A．饱和区　　　　　　　　　B．截止区
   C．饱和区或截止区　　　　　D．放大区

## 四、简答题

试述补码转换为原码应遵循的原则及转换步骤。

## 五、计算题

1．将下列十六进制数转换成等效的二进制数和十进制数。
（1）$(BCD)_{16}$　　（2）$(F7)_{16}$　　（3）$(1001)_{16}$　　（4）$(8F)_{16}$

2．将下列十进制数转换成等效的二进制数和等效的十六进制数。要求二进制数保留小数点以后4位有效数字。
（1）$(17)_{10}$；（2）$(127)_{10}$；（3）$(0.39)_{10}$；（4）$(25.7)_{10}$

3．完成下列二进制数的算术运算。
（1）1011+111；（2）1000−11；（3）1101×101；（4）1100÷100

参考答案

# 第八章 脉冲基础知识、数制与码制
## 单元测试（B）卷

时量：90 分钟　　总分：100 分　　难度等级：【中】

## 一、填空题（每空 1 分，共计 30 分）

1. 完成数制或码制转换：
   ① （365）$_8$ =（_____）$_2$ =（_____）$_{16}$ =（_____）$_{10}$
   ② （7A.4）$_{16}$ =（_____）$_2$ =（_____）$_8$ =（_____）$_{10}$ =（_____）$_{7421BCD}$
   ③ （AE.C）$_{16}$ =（_____）$_2$ =（_____）$_8$ =（_____）$_{10}$ =（_____）$_{余3码}$
   ④ （01111001）$_{8421BCD}$ =（_____）$_2$ =（_____）$_8$ =（_____）$_{10}$ =（_____）$_{16}$

2. 三极管的截止相当于开关的_____，三极管的导通相当于开关的_____，也就是说，三极管相当于一个由基极电流控制的_____开关。

3. RC 积分电路的工作特点：输出信号取自 RC 电路的_____两端，能将矩形波变成_____波。

4. 三极管反相器在基极加负电源，主要是为了使三极管可靠_____，同时提高_____能力。

5. 二极管从反向截止到正向导通和从正向导通到反向截止转换时都要花一定时间，其中_____所需时间很短，可以忽略不计。

6. 在数字电路中，按负逻辑体系，以"0"表示_____电平；以"1"表示_____电平。

7. 在数字电路中，输入信号和输出信号之间的关系称为_____关系，所以数字电路也称为_____电路，最基本的关系是：_____、_____和_____。

## 二、判断题（每小题 1 分，共计 10 分）

1. 在数字电路中用"1"和"0"分别表示两种状态，二者无大小之分。（　　）
2. 格雷码具有任何相邻码只有一位码元不同的特性。（　　）
3. 二进制数 1000 和二进制代码 1000 都表示十进制数 8。（　　）
4. 在数字电路中，高电平和低电平是指一定的电压范围，并不是一个固定不变的数值。（　　）
5. 矩形波含有众多的谐波成分，所以又叫多谐波。（　　）
6. RC 电路是利用电容器两端电压不能突变的特性和电容器充放电特性而工作的。（　　）
7. 微分电路中输入信号的波形变化越陡直，输出脉冲的幅值越小。（　　）
8. 数字电路与模拟电路相比，其抗干扰能力强，功耗低，速度快。（　　）

9. 二极管、三极管、MOS 管在数字电路中均可以作为开关元件来使用。（　　）

10. 反相器基极电阻两端并联一加速电容，只能缩短关闭时间 $t_{\text{off}}$，不影响开通时间 $t_{\text{on}}$。
（　　）

## 三、单项选择题（每小题 2 分，共计 30 分）

1. 在图 8B-1 所示三幅波形图中，（　　）正确表达了脉冲信号的前沿。
   A．（a） B．（b）
   C．（c） D．均不对

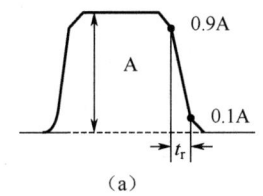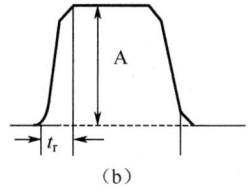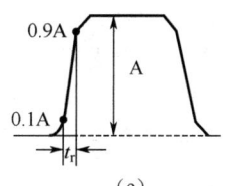

图 8B-1　单选题 1 图

2. 在下列 8421BCD 码中，不会出现的编码是（　　）。
   A．1001 B．01001001
   C．00101101 D．00010101

3. 十进制整数转换为二进制数一般采用（　　）
   A．除 2 取余法 B．除 2 取整法
   C．除 10 取余法 D．除 10 取整法

4. 十进制数 100.625 等值于二进制数（　　）。
   A．1001100.101 B．1100100.101
   C．1100100.011 D．1001100.11

5. 与十进制数 28.5625 相等的四进制数是（　　）
   A．123.21 B．131.22
   C．130.22 D．130.21

6. 运算式（2047）$_{10}$－（3FF）$_{16}$＋（2000）$_8$ 的结果是（　　）。
   A．（2048）$_{10}$ B．（2049）$_{10}$
   C．（3746）$_8$ D．（1AF7）$_{16}$

7. RC 积分电路的时间常数必须满足（　　）。
   A．$\tau \gg t_p$ B．$\tau > t_p$
   C．$\tau \ll t_p$ D．$\tau < t_p$

8. 下列四个数中，最小的数是（　　）。
   A．（AF）$_{16}$ B．（001010000010）$_{8421BCD}$
   C．（10100000）$_2$ D．（198）$_{10}$

9. 下列四个数中与十进制数（163）$_{10}$ 不相等的是（　　）。
   A．（A3）$_{16}$ B．（10100011）$_2$
   C．（000101100011）$_{8421BCD}$ D．（100100011）$_8$

10. 和八进制数（166）$_8$ 等值的十六进制数和十进制数分别为（　　）。

A．（76）$_{16}$，（118）$_{10}$ B．（76）$_{16}$，（142）$_{10}$
C．（E6）$_{16}$，（230）$_{10}$ D．（74）$_{16}$，（116）$_{10}$

11．三极管作为开关使用时，要提高开关速度，不可（ ）。
A．降低饱和深度 B．增加饱和深度
C．采用有源泄放回路 D．采用抗饱和三极管

12．与模拟电路相比，数字电路主要的优点有（ ）。
A．容易设计 B．通用性强
C．保密性好 D．抗干扰能力强

13．有关积分电路的应用，下列说法错误的是（ ）。
A．能把矩形波变成三角波
B．能从宽窄不同的脉冲序列中选出窄脉冲
C．有缓冲延时作用
D．能把矩形波变成锯齿波

14．数字电路中机器识别和常用的数制是（ ）。
A．二进制 B．八进制
C．十进制 D．十六进制

15．如果采用偶校验方式，下列接收端收到的校验码中，（ ）是不正确的。
A．00100 B．10100
C．11011 D．11110

## 四、计算题或综合题（共 30 分）

1．在 RC 电路中，若 $C=0.1\mu F$，输入脉冲宽度 $t_p=5ms$，要构成积分电路，电阻 $R$ 至少应为多少？（5 分）

2．如图 8B-2 所示为示波器探头等效电路，已知 $R_1=90k\Omega$，$R_2=10k\Omega$，$C_0=20PF$，问：
（1）探头对输入信号的衰减比为多少？（4 分）
（2）$C_1$ 调至何值能恰好实现正补偿？（6 分）

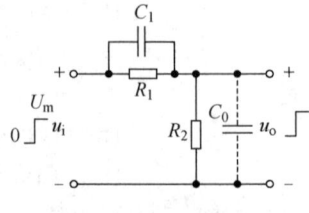

图 8B-2 综合题 2 图

3. 设三极管饱和压降 $U_{CES}=0.3V$，试通过计算判断图 8B-3 所示各电路中三极管工作处在什么状态。（3×5=15 分）

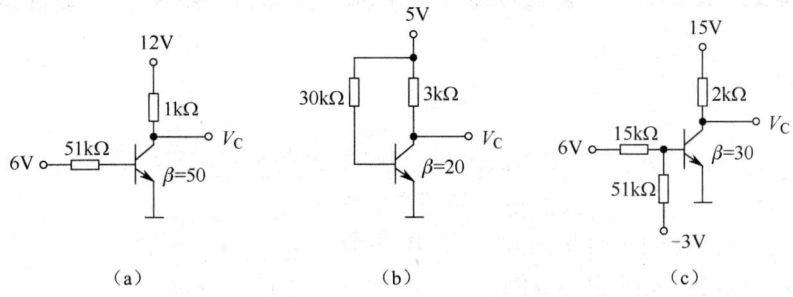

图 8B-3　综合题 3 图

# 第九章 逻辑代数与逻辑门电路

## 一、填空题

1. 数字电路中，输入信号和输出信号之间的关系是_____关系，所以数字电路也称为_____电路。在_____关系中，最基本的关系是_____、_____和_____。
2. 功能为"有 0 出 1、全 1 出 0"的门电路是_____门；具有"_____"功能的门电路是或门；实际中集成的_____门应用的最为普遍。
3. 与门电路和或门电路具有_____个输入端和_____个输出端。
4. 能够实现 F=A·B 逻辑关系的电路称为_____门；能够实现 F=A+B 逻辑关系的电路称为_____门；能够实现 F=$\overline{A}$B+A$\overline{B}$ 逻辑关系的电路称为_____门。
5. 正逻辑体制规定高电平用_____表示，低电平用_____表示；而负逻辑体制规定高电平用_____表示，低电平用_____表示。
6. 逻辑变量和逻辑函数只有_____和_____两种取值，而且它们只是表示两种不同的逻辑状态。
7. 真值表是将_____的各种可能取值和对应的_____排列在一起的表格。
8. 当 A=1，B=1，C=0 时，A⊕B⊕C=_____，A+(B⊕C)=_____。
9. Y=(A+B+C)ABC 的对偶式 Y′=_____，反函数式 $\overline{Y}$=_____。
10. 逻辑函数 F=A+$\overline{B}$+C 的对偶式为_____，反函数式为 $\overline{Y}$=_____。
11. 已知某函数，Y=$\overline{A}$B+AC+$\overline{B}$C 该函数的反函数为_____。
12. 函数 Y=ABC+$\overline{B}$D 的最小项表达式为_____。
13. n 个变量的全部最小项相或的值为_____。
14. 一个四输入端或非门，使其输出为 1 的输入变量取值组合有_____种。
15. 逻辑函数 F(A,B,C)=$\overline{(A\overline{B}+\overline{C})\cdot BC}$ 的最简与或式为_____。
16. n 个变量的卡诺图是由_____个小方格构成的，四个逻辑相邻的最小项合并，可以消去_____个因子；_____个逻辑相邻的最小项合并，可以消去 n 个因子。
17. TTL 集成逻辑门电路的全称是_____逻辑门电路。
18. TTL 与非门空载时输出高电平为_____V，输出低电平为_____V，阈值电平 $U_{th}$ 约为_____V。
19. TTL 与非门输出只有_____和_____两种状态；经过改造后的三态门除了具有_____态和_____态，还有第三种状态即_____态。
20. 门电路输出为_____电平时的负载为拉电流负载，输出为_____电平时的负载为灌电流负载。
21. _____门电路的输入电流始终为零。
22. CMOS 集成逻辑门是_____极型集成电路，由_____管组成，电路工作在_____状态。
23. 由真值表图 9-1 得到的 F 的逻辑表达式是_____。

| A | B | C | F |
|---|---|---|---|
| 0 | 0 | 0 | 0 |
| 0 | 0 | 1 | 1 |
| 0 | 1 | 0 | 1 |
| 0 | 1 | 1 | 0 |
| 1 | 0 | 0 | 1 |
| 1 | 0 | 1 | 0 |
| 1 | 1 | 0 | 0 |
| 1 | 1 | 1 | 1 |

图 9-1　填空题 23 图

## 二、判断题

1．证明两个函数是否相等，只要比较它们的真值表是否相同即可。　　　　（　　）
2．对任意一个最小项，只有一组变量取值使得它的值为 1。　　　　　　　（　　）
3．$\overline{A+B} = \overline{A} \cdot \overline{B}$ 是逻辑代数的非非律。　　　　　　　　　　　　　　　（　　）
4．$n$ 变量的卡诺图共有 $2n$ 个最小项。　　　　　　　　　　　　　　　　（　　）
5．与非门可以当作非门用，非门也可以当作与非门用。　　　　　　　　　（　　）
6．或非门的逻辑功能：输入端全是低电平时，输出端是高电平；输入端只要有一个是高电平，输出端即为低电平。　　　　　　　　　　　　　　　　　　　　　　（　　）
7．任何一个逻辑函数式的卡诺图也是唯一的。　　　　　　　　　　　　　（　　）
8．LS 集成逻辑门电路属于 TTL 系列。　　　　　　　　　　　　　　　　（　　）
9．将两个或两个以上的普通 TTL 与非门的输出端直接相连，可实现线与。（　　）
10．TTL 集电极开路门输出为 1 时由外接电源和电阻提供输出电流。　　　（　　）
11．集电极开路的 TTL 与非门（OC 门）主要应用于总线结构。　　　　　（　　）
12．三态门输出为高阻时，其输出线上电压为高电平。　　　　　　　　　（　　）
13．与 CMOS 电路相比，TTL 电路的主要优点是速度快。　　　　　　　（　　）
14．CMOS 门电路的输入端在使用中不允许悬空。　　　　　　　　　　　（　　）

## 三、单项选择题

1．当决定一个事件的所有条件中的某一条件具备时，该事件就能发生，将这种因果关系称为（　　）。
　　A．与逻辑　　　　　　　　　　B．非逻辑
　　C．或逻辑　　　　　　　　　　D．与非逻辑
2．若逻辑表达式 $Y = \overline{A+B}$，则下列表达式中与 Y 相同的是（　　）。
　　A．$Y = \overline{A}\,\overline{B}$　　　　　　　　　　　B．$Y = \overline{AB}$
　　C．$Y = \overline{A}+\overline{B}$　　　　　　　　　　D．以上答案均不对
3．已知 $F = \overline{ABC + CD}$，下列可以肯定使 F=0 的情况是（　　）。
　　A．A=0，BC=1　　　　　　　　B．B=1，C=1
　　C．C=1，D=0　　　　　　　　　D．BC=1，D=1
4．下列逻辑表达式中与 $Y = AB + \overline{A}C$ 逻辑功能相同的是（　　）。

A. $Y = AB + \overline{A}C + BC$  B. $Y = AB + \overline{A} + BC$
C. $Y = AB + \overline{A}C + A\overline{B}$

5. 连续异或 1885 个 1 的结果是（    ）。
   A. 0  B. 1
   C. 不确定  D. 逻辑概念错误

6. 变量 A、B、C、D 在（    ）组合后，$Y = ABD + \overline{B}CD + ABC\overline{D} + \overline{BC} = 1$。
   A. 0101  B. 1011
   C. 0110  D. 1100

7. 逻辑表达式 Y=AB 可以用（    ）实现。
   A. 正或门  B. 正非门
   C. 负与门  D. 负或门

8. 下列四种类型的逻辑门中，可以用（    ）实现与、或、非三种基本运算。
   A. 与门  B. 或门
   C. 非门  D. 与非门

9. 逻辑函数 $F = AB + B\overline{C}$ 的对偶式 F'=（    ）。
   A. $(\overline{A} + \overline{B})(\overline{B} + C)$  B. $(A + B)(B + \overline{C})$
   C. $\overline{A} + \overline{B} + C$  D. $\overline{A}\overline{B} + \overline{B}C$

10. 在（    ）情况下，函数 Y=A+B 运算的结果是逻辑"0"。
    A. 全部输入 0  B. 任一输入是 0
    C. 任一输入是 1  D. 全部输入是 1

11. 在（    ）情况下，函数 $F = \overline{ABCD}$ 运算的结果是逻辑"0"。
    A. 全部输入是"0"  B. 任一输入是"0"
    C. 仅一输入是"0"  D. 全部输入是"1"

12. $n$ 个变量可构成（    ）个最大项。
    A. $n$  B. $2n$
    C. $2^n$  D. $2^n-1$

13. 逻辑函数 $F = (\overline{A} + B)(B + \overline{C})(\overline{A} + C)$ 的最小项标准形式为（    ）。
    A. $F(A,B,C) = \sum m(0,2,3)$  B. $F(A,B,C) = \sum m(1,4,5,6,7)$
    C. $F(A,B,C) = \sum m(0,2,3,5)$  D. $F(A,B,C) = \sum m(0,1,5,7)$

14. 下列门电路中，不能实现逻辑非的是（    ）。
    A. 与非门  B. 或非门
    C. 异或门  D. 与门

15. 下列逻辑表达式中，具有最小项表达式形式的是（    ）。
    A. $Y = A + BC$  B. $Y = ABC + ACD$
    C. $Y = AB\overline{C} + \overline{AB}C$  D. $Y = A + BC$

16. 已知逻辑表达式 $F = AB + \overline{A}C + \overline{B}C$，与它功能相等的逻辑表达式是（    ）。
    A. $F = AB$  B. $F = AB + C$
    C. $F = AB + \overline{A}C$  D. $F = AB + \overline{B}C$

17. 最小项 $AB\bar{C}D$ 的逻辑相邻项为（　　）。

   A. $ABCD$　　　　　　　　　　B. $\bar{A}BCD$

   C. $\bar{A}\bar{B}\bar{C}\bar{D}$　　　　　　　　　　D. $A\bar{B}C\bar{D}$

18. 已知某电路的真值表如图 9-2 所示，该电路的逻辑表达式为（　　）。

   A. F=C　　　　　　　　　　　B. F=ABC

   C. $F = A\bar{B} + C$　　　　　　　　D. 都不是

| A | B | C | Y | A | B | C | Y |
|---|---|---|---|---|---|---|---|
| 0 | 0 | 0 | 0 | 1 | 0 | 0 | 0 |
| 0 | 0 | 1 | 1 | 1 | 0 | 1 | 1 |
| 0 | 1 | 0 | 1 | 1 | 1 | 0 | 0 |
| 0 | 1 | 1 | 1 | 1 | 1 | 1 | 1 |

图 9-2　单选题 18 图

19. 将 $Y = A\bar{B} + B + \bar{A}B$ 化简为最简与或式为（　　）。

   A. $A\bar{B} + \bar{A}$　　　　　　　　B. $A\bar{B} + B$

   C. $A + B$　　　　　　　　　　D. $A\bar{B} + \bar{A}B$

20. 逻辑表达式 $F = A\bar{B} + AB + \bar{A}C + ACDEF$ 的最简与或式为（　　）。

   A. $F = A + \bar{A}C$　　　　　　　B. $F = A + C$

   C. $F = A$　　　　　　　　　　D. $F = AB$

21. 与 $AB + \bar{A}C + BC$ 相等的表达式是（　　）。

   A. $AB + \bar{A}C$　　　　　　　　B. $AB + \bar{B}C$

   C. $AB + C$　　　　　　　　　D. $\bar{A}C + \bar{B}C$

22. $AB\bar{C} + A\bar{D}$ 在四变量卡诺图中有（　　）个小方格是"1"。

   A. 13　　　　　　　　　　　　B. 12

   C. 6　　　　　　　　　　　　D. 5

23. 一个四输入端或非门，使其输出为 1 的输入变量取值组合有（　　）种。

   A. 15　　　　　　　　　　　　B. 8

   C. 7　　　　　　　　　　　　D. 1

24. 逻辑表达式 $F = ABC + \bar{A} + \bar{B} + \bar{C}$，化简后为（　　）。

   A. F=1　　　　　　　　　　　B. F=0

   C. $F = A + B + C + \bar{A} \cdot \bar{B} \cdot \bar{C}$

25. 在图 9-3 所示电路中，$V_A$=3V，$V_B$=0V，若二极管的正向压降忽略不计，则 $V_F$ 为（　　）。

   A. -12V　　　　　　　　　　　B. -9V

   C. 0V　　　　　　　　　　　　D. 3V

26. 如图 9-4 所示电路，若规定开关 A、B 断开为逻辑 1，闭合为逻辑 0，灯 L 亮为逻辑 1，灭为逻辑 0，则 A、B 与 L 状态间的逻辑关系为（　　）。

   A. 与　　　　　　　　　　　　B. 与非

   C. 或　　　　　　　　　　　　D. 或非

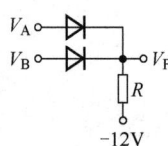

图 9-3 单选题 25 图

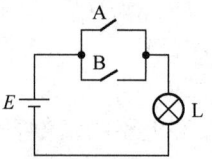

图 9-4 单选题 26 图

27. 已知输入 A、B 和输出 Y 的波形如图 9-5 所示，则对应的逻辑门电路是（　　）。
    A．与门　　　　　　　　　　B．与非门
    C．或非门　　　　　　　　　D．异或门

28. 图 9-6 所示电路的输出端 F=1 时，ABCD 的取值组合为（　　）。
    A．0000　　　　　　　　　　B．0101
    C．1110　　　　　　　　　　D．1111

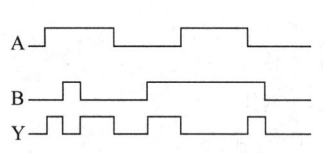

图 9-5 单选题 27 图

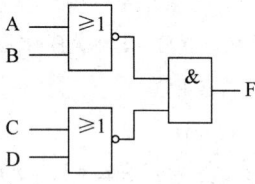

图 9-6 单选题 28 图

29. 如图 9-7 所示逻辑电路，输出 F 的逻辑表达式为（　　）。
    A．$F = \overline{A + B}$　　　　　　　　B．$F = \overline{AB}$
    C．$F = \overline{A} + \overline{B}$　　　　　　　　D．$F = A + B$

30. 图 9-8 所示逻辑电路的输出状态为（　　）。
    A．高电平（1）　　　　　　　B．低电平（0）
    C．高阻　　　　　　　　　　D．不能确定

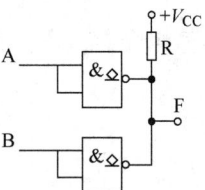

图 9-7 单选题 29 图

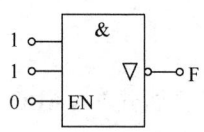

图 9-8 单选题 30 图

31. 能控制数据进行单向、双向传递的电路是（　　）。
    A．与非门　　　　　　　　　B．CMOS 传输门
    C．三态门　　　　　　　　　D．OC 门

32. 以下电路中常用于总线应用的是（　　）。
    A．TSL 门　　　　　　　　　B．OC 门
    C．漏极开路门　　　　　　　D．CMOS 与非门

33. CMOS 数字集成电路与 TTL 数字集成电路相比处于劣势的性能指标是（　　）。
    A．微功耗　　　　　　　　　B．高速度
    C．高抗干扰能力　　　　　　D．电源范围宽

34. 多个门的输出端可以无条件的连接在一起的是（　　）。
    A．三态门　　　　　　　　　　B．OC 门
    C．与非门　　　　　　　　　　D．异或门
35. TTL 与非门电路多余输入端的处理最不正确的是（　　）。
    A．悬空　　　　　　　　　　　B．接地
    C．接电源　　　　　　　　　　D．与其他输入端并联
36. 对于 CMOS 或非门闲置输入端的处理，可以（　　）。
    A．接电源　　　　　　　　　　B．通过电阻 3kΩ 接电源
    C．接地　　　　　　　　　　　D．悬空

## 四、简答题

1. 布尔量 A、B、C 存在下列关系吗？
（1）已知 A+B=A+C，问 B=C 吗？为什么？
（2）已知 AB=AC，问 B=C 吗？为什么？
（3）已知 A+B=A+C 且 AB=AC，问 B=C 吗？为什么？
（4）最小项 $m_{115}$ 与 $m_{116}$ 可合并。

2. 试比较 TTL 电路和 CMOS 电路的优、缺点。

3. 试判断图 9-9（a）、（b）所示 TTL 电路能否按各图要求的逻辑关系正常工作？若电路的接法有错，则修改电路。

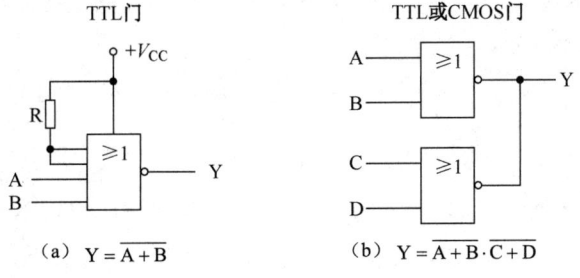

图 9-9　简答题 3 图

4. 如图 9-10 所示逻辑电路，图中 $D_1$ 是 TTL 三态输出与非门，$D_2$ 是 74 系列 TTL 与非门，电压表的量程为 5V，内阻为 100kΩ。试问，在下列情况下电压表的读数以及 $D_2$ 的输出电压 $U_{O2}$ 各为多少？（1）$U_A$=0.3V，开关 S 打开；（2）$U_A$=0.3V，开关 S 闭合；（3）$U_A$=3.6V，开关 S 打开；（4）$U_A$=3.6V，开关 S 闭合。

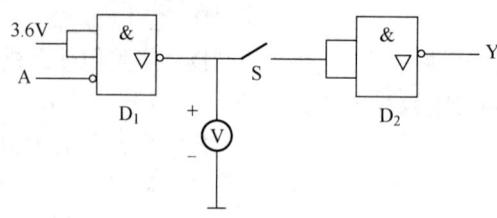

图 9-10　简答题 4 图

## 五、逻辑代数题

1. 利用与非门实现逻辑表达式 $L = AB + AC$。

2. 将逻辑表达式 $L = A \oplus B = \overline{A}B + A\overline{B}$ 按要求进行变换：（1）变成与非-与非的式；（2）变成或非-或非式。

3. 将下列各逻辑表达式化为最小项之和的形式。
   （1）$Y = \overline{A}BC + AC + \overline{B}C$
   （2）$Y = A\overline{B}CD + BCD + \overline{A}D$
   （3）$Y = A + B + CD$
   （4）$Y = AB + BC + CD$
   （5）$Y = L\overline{M} + M\overline{N} + N\overline{L}$

4. 有两个函数 $F = AB + CD$、$G = ACD + BC$，求 $M = F \cdot G$、$N = F + G$ 和 $J = F \oplus G$ 的最简与或表达式。

5. 将下列函数化为最简与或式。

$F_1 = A(\overline{A} + B) + B(B + C + D)$  $\qquad F_2 = A\overline{B} + BC\overline{D} + \overline{C}\overline{D} + AB\overline{C} + ACD$

$F_3 = A\overline{B} + B\overline{C} + A\overline{BC} + AB\overline{CD}$  $\qquad F_4 = ABC + BD + \overline{AD} + 1$

6. 用公式法化简下列函数为最简与或式。

（1） $Y_1 = AB + AC + \overline{A}BC$

（2） $Y_2(A,B,C) = \sum m(0,2,3,4,5,7)$

（3） $Y_3 = \overline{A}B + \overline{A}C + A\overline{B} + \overline{B}C$

（4） $Y_4 = AB + \overline{A}C + BC + \overline{A}C$

（5） $Y_5 = ABD + \overline{A} \cdot \overline{B}D + \overline{A} \cdot \overline{C}D + \overline{A} \cdot CD + \overline{B}C$

（6） $Y_6 = AB + A\overline{C} + \overline{B}C + B\overline{C} + \overline{B}D + B\overline{D}$

7. 用公式法化简以下函数。

（1） $Y = A\overline{B} + B + \overline{A}B$

（2） $Y = \overline{ABC} + A + \overline{B} + C$

（3） $Y = \overline{A + B + C} + A\overline{BC}$

（4） $Y = A\overline{B}CD + ABD + AC\overline{D}$

（5） $Y = A\overline{C} + ABC + AC\overline{D} + CD$

（6） $Y = \overline{ABC} + A + B + C$

（7） $Y = AD + A\overline{D} + \overline{A}B + \overline{A}C + BFE + CEFG$

（8） $Y(A,B,C) = \sum m(0,1,2,3,4,5,6,7)$

（9） $Y(A,B,C) = \sum m(0,1,2,3,4,6,7)$

（10） $Y(A,B,C) = \sum m(0,2,3,4,6) \cdot \sum m(4,5,6,7)$

（11） $Y = ABC + A\overline{B}C + BC + \overline{B}C + A$

（12） $Y = MNP + \overline{M} + N + \overline{P}$

（13） $Y = (A + B + C)(A + B + \overline{C})$

（14） $Y = A\overline{B} + B\overline{C} + \overline{B}C + \overline{A}B$

8. 用卡诺图法化简下列函数为最简与或式。

（1） $Y = \overline{ABC} + \overline{ABC} + \overline{AC}$

（2） $Y = \overline{A\overline{B} + B\overline{C}} + \overline{\overline{ABC}} + \overline{AB}\overline{C}$

（3） $Y = \overline{A}B + \overline{A}C + \overline{BC} + AD$

9. 用卡诺图法将下列函数化简为最简与或式。

(1) $F(A,B,C) = \sum m(0,2,3,7) + \sum d(4,6)$

(2) $F(A,B,C,D) = \sum m(0,1,2,3,5,7)$

(3) $F(A,B,C,D) = A\overline{CD} + BC + \overline{B}D + A\overline{B} + \overline{A}C + \overline{B}C$

(4) $F = \overline{(A \oplus C) \cdot \overline{B(A\overline{CD} + \overline{A}\overline{CD})}}$

(5) $Y = ABC + ABD + \overline{C}D + A\overline{B}C + \overline{A}CD + AC\overline{D}$

10. 用卡诺图法化简以下函数。

(1) $Y_1(A,B,C) = \sum m(1,5,6,7)$

(2) $Y_2(A,B,C,D) = \sum m(1,3,4,5,6,7,9,11,12,13,14,15)$

(3) $Y_3(A,B,C,D) = \overline{A}B + A\overline{B} + \overline{C}D + C\overline{D}$

(4) $Y_4(A,B,C,D) = \overline{A}BD + \overline{A}B\overline{C} + A\overline{B}C + \overline{A}CD$

(5) $Y_5(A,B,C,D) = \sum m(1,6,7,9,12) + \sum d(8,11,15)$

(6) $Y_6(A,B,C,D) = \sum m(1,3,6,7) + \sum d(4,9,11)$

(7) $Y_7(A,B,C,D) = \overline{A}BD + A\overline{C}D + \overline{A}B\overline{C}\overline{D}$    约束条件：$\overline{A}BD + \overline{A}BC\overline{D} = 0$

(8) $Y_8(A,B,C,D) = \overline{A}\overline{B}\overline{C}D + \overline{A}B\overline{C}\overline{D} + \overline{A}BCD + A\overline{B}C\overline{D}$

约束条件 $\overline{A}\overline{B}CD + ABC = 0$

(9) $Y_9(A,B,C,D) = \sum m(0,2,4,6,9,13) + \sum d(1,3,5,7,11,15)$

### 六、综合题

1. 输入波形如图 9-11（b）所示，试画出图 9-11（a）所示逻辑门的输出波形。

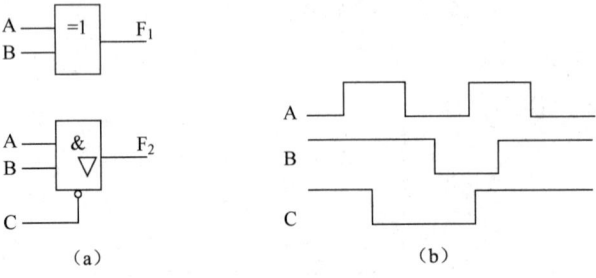

图 9-11　综合题 1 图

2. 已知两个逻辑图和输入 A、B、C 的波形如图 9-12 所示，试画出输出 $F_1$ 及 $F_2$ 的波形。

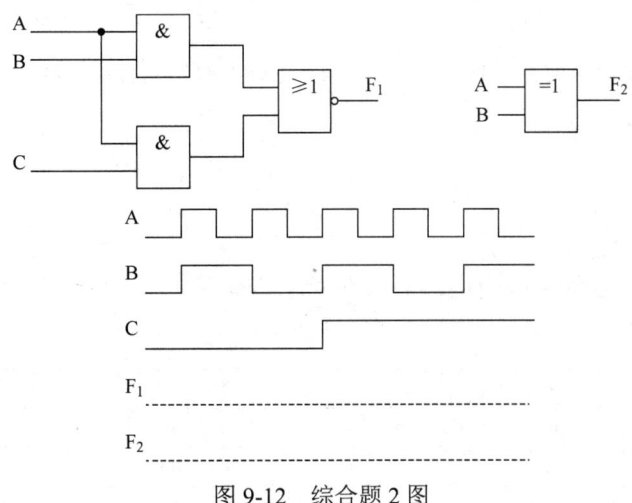

图 9-12　综合题 2 图

3. 几个与非门串联的逻辑图如图 9-13（a）所示，输入 A 的波形如图 9-13（b）所示，其余不用的与非门输入端均悬空。要求：（1）画出 $n=5$ 时输出 $F_1$ 的波形；（2）画出 $n=6$ 时输出 $F_2$ 的波形。

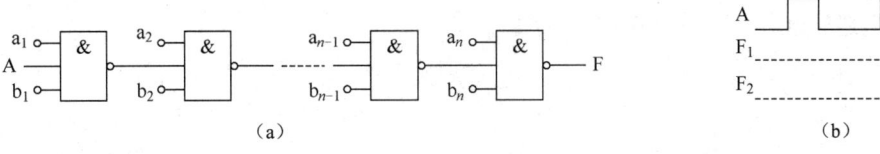

图 9-13　综合题 3 图

4. 逻辑门电路及输入信号波形如图 9-14 所示，画出 G、H、F 的波形。

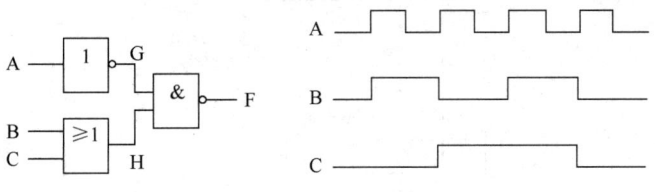

图 9-14　综合题 4 图

5. 试画出用与非门和反相器实现下列函数的最简逻辑图。

（1） $F = AB + BC + AC$

（2） $F = \overline{AB\overline{C} + A\overline{B}C + \overline{A}BC}$

（3） $F = (\overline{A} + B)(A + \overline{B})C + \overline{BC}$

（4） $F = A\overline{BC} + \overline{(A\overline{\overline{B}} + \overline{A}B + BC)}$

6. 如图 9-15 所示为某逻辑电路的状态表，其输入变量为 A、B、C，输出为 F，试写出 F 的逻辑表达式。

| A | B | C | F | A | B | C | F |
|---|---|---|---|---|---|---|---|
| 0 | 0 | 0 | 0 | 1 | 0 | 0 | 0 |
| 0 | 0 | 1 | 0 | 1 | 0 | 1 | 0 |
| 0 | 1 | 0 | 0 | 1 | 1 | 0 | 0 |
| 0 | 1 | 1 | 0 | 1 | 1 | 1 | 1 |

图 9-15　综合题 6 图

7. 列出逻辑表达式 $Y = \overline{\overline{AB} + BC}$ 的真值表。

8. 如图 9-16 所示逻辑电路，试写出函数 F 的逻辑表达式。

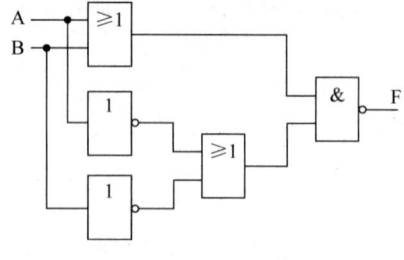

图 9-16　综合题 8 图

9. 如图 9-17 所示逻辑电路，写出逻辑表达式，并用与门、非门及或门实现之，写出其逻辑表达式，画出逻辑图。

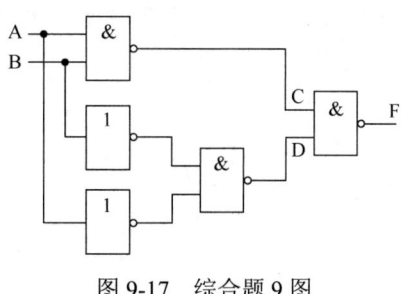

图 9-17　综合题 9 图

10. 写出图 9-18 中各逻辑图的逻辑表达式，并化简为最简与或式。

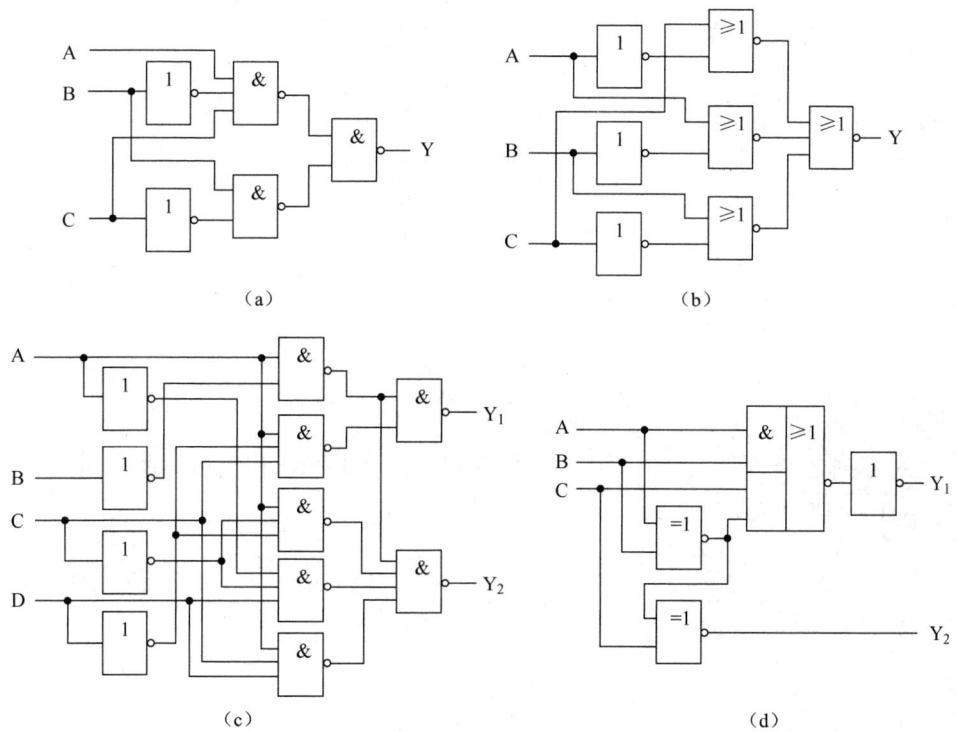

图 9-18　综合题 10 图

11. 如图 9-19 所示电路：（1）无论开关接于"1"还是"0"，或非门的输出端引脚 1 始终输出低电平。该电路是否存在问题，如有问题，问题是出在反相器还是出在或非门上？（2）当开关接于"0"时，如果或非门的引脚 2 和引脚 3 状态均为低电平，则电路是否正常？如不正常，故障出现在哪里？

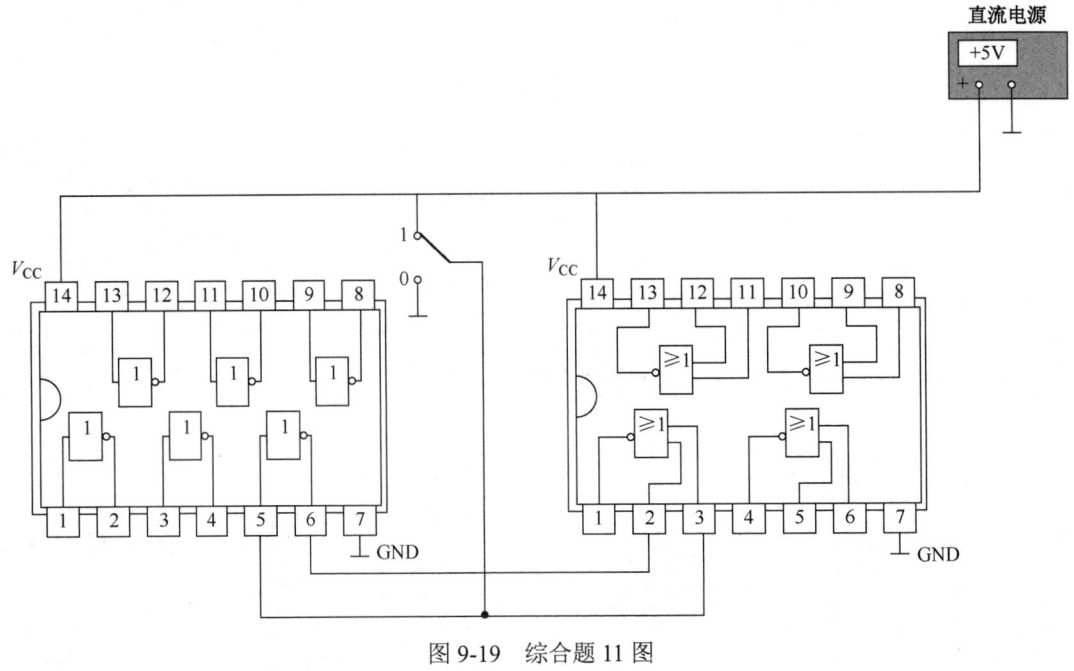

图 9-19　综合题 11 图

12. 对下列 Z 函数要求：（1）用卡诺图法化简；（2）画出化简后的逻辑图。
$Z = A\overline{B} + \overline{AB}C + \overline{ABC}$　　约束条件：BC=0

参考答案

# 第九章 逻辑代数与逻辑门电路
# 单元测试（B）卷

时量：90 分钟　　总分：100 分　　难度等级：【中】

## 一、填空题（每空 1 分，共计 20 分）

1. 数字电路的研究对象是电路的输入与输出之间的_____，分析数字电路的工具是_____，表达电路的功能主要有_____、_____、_____等。
2. 逻辑函数 $F = (A + B)(\bar{A} + C) + D\bar{E}$ 的反函数 $\bar{F} =$ _____，对偶函数 $F' =$ _____。
3. 化简逻辑表达式：$L = AB + A(B + C) + B(B + C) =$ _____。
4. 用卡诺图法化简逻辑表达式 $Y = \overline{ABC} + \overline{ABD} + \overline{ACD} + ABCD + \overline{BD}$ （$ABC + AB\bar{C} \cdot \bar{D} = 0$）的最简与或表达式 $Y =$ _____。
5. 如图 9B-1 所示电路实现的是_____逻辑功能。
6. 写出图 9B-2 所表示的逻辑表达式_____。

图 9B-1　填空题 5 图　　　　图 9B-2　填空题 6 图

7. 典型的 TTL 与非门电路使用的电源电压为_____V，其输出高电平为_____V，输出低电平为_____V，其扇出系数 $N$ 为_____；CMOS 电路的电源电压为_____。
8. OC 门能实现_____逻辑运算的电路连接，采用总线结构，分时传输数据时，应选用_____。
9. TTL 与非门电压传输特性曲线分为_____区、_____区等四个工作区。

## 二、判断题（每小题 1 分，共计 10 分）

1. 逻辑函数两次求反则还原，逻辑函数的对偶式再作对偶变换也还原为它本身。（　　）
2. 逻辑表达式 $Y = A\bar{B} + \overline{AB} + B\bar{C} + \overline{BC}$ 已是最简与或表达式。（　　）
3. 由分立元件组成的三极管"非"门电路，实际上是一个三极管反相器。（　　）
4. 将与门的输出端和非门的输入端连在一起，可以实现与非门的功能。（　　）
5. 卡诺图是最小项方块图，所以卡诺图的方格数等于最小项的数量。（　　）
6. CMOS 或非门与 TTL 或非门的逻辑功能完全相同。（　　）

7. 逻辑函数 $Y(A,B,C)=\sum m(0,2,4)$ 时，$Y(A,B,C)=\prod M(1,3,5,6,7)$。（    ）

8. CMOS 门电路的输入端不允许悬空，是因为其输入阻抗很高，容易引起干扰。（    ）

9. 若两个函数具有不同的逻辑表达式，则两个逻辑函数必然不相等。（    ）

10. TTL 门电路具有负载能力强、抗干扰能力强和转换速度高等特点。（    ）

## 三、单项选择题（每小题 2 分，共计 30 分）

1. $n$ 个变量的最小项是（    ）。
   A. $n$ 个变量的积项，它包含全部 $n$ 个变量，每个变量可用原变量或非变量
   B. $n$ 个变量的和项，它包含全部 $n$ 个变量，每个变量可用原变量或非变量
   C. $n$ 个变量的积项，它包含全部 $n$ 个变量，每个变量仅为原变量
   D. $n$ 个变量的和项，它包含全部 $n$ 个变量，每个变量仅为原变量

2. 设 $F=\overline{A}B+CD$，则它的非函数为（    ）。
   A. $\overline{F}=(A+B)\cdot(\overline{C}+\overline{D})$  
   B. $\overline{F}=\overline{A}+B\cdot\overline{C}+\overline{D}$
   C. $\overline{F}=(\overline{A}+\overline{B})\cdot(C+D)$  
   D. $\overline{F}=\overline{A+B}\cdot\overline{CD}$

3. 一个四输入端或非门，使其输出为 1 的输入变量取值组合有（    ）种。
   A. 15  B. 8
   C. 7   D. 1

4. $F=AB+BC+AC$ 的"与非"逻辑表达式为（    ）。
   A. $F=\overline{AB}+\overline{BC}+\overline{AC}$  
   B. $F=\overline{\overline{AB}\,\overline{BC}\,\overline{CA}}$
   C. $F=\overline{AB}+\overline{BC}+\overline{CA}$

5. 如图 9B-3 所示逻辑电路，输入 A=1，B=1，C=1，则输出 $F_1$ 和 $F_2$ 分别为（    ）。
   A. $F_1=0$  $F_2=0$  
   B. $F_1=0$  $F_2=1$
   C. $F_1=1$  $F_2=0$  
   D. $F_1=1$  $F_2=1$

6. 如图 9B-4 所示逻辑电路，当输入 A="0"，输入 B 为正弦波时，则输出 F 应为（    ）。
   A. 1  B. 0
   C. 正弦波  D. 不能确定

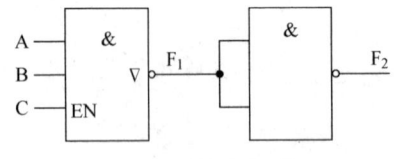

图 9B-3  单选题 5 图

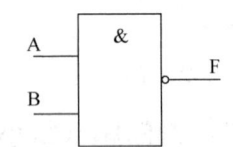

图 9B-4  单选题 6 图

7. 与逻辑函数 $\overline{A+B+C+D}$ 功能相等的表达式为（    ）。
   A. $F=\overline{A}+\overline{B}+\overline{C}+\overline{D}$  
   B. $F=\overline{A+B}+\overline{C+D}$
   C. $F=\overline{ABCD}$  
   D. $F=\overline{AB}+\overline{C}+\overline{D}$

8. $F_1=A\overline{B}+C+\overline{B}D$ 与 $F_2=(\overline{A}+B)\overline{C}(B+\overline{D})$ 两函数的关系为（    ）。
   A. 相同  B. 对偶
   C. 反函数  D. 无关系

9. 逻辑函数 $F(A,B,C) = \sum m(0,1,4,6)$ 的最简与非-与非式为（　　）。

A. $F = \overline{\overline{AB} \cdot \overline{AC}}$  B. $F = \overline{\overline{AB} \cdot \overline{A\overline{C}}}$

C. $F = \overline{\overline{A\overline{B}} \cdot \overline{AC}}$  D. $F = \overline{\overline{A\overline{B}} \cdot \overline{A\overline{C}}}$

10. 如图 9B-5 所示为由开关组成的逻辑电路，设开关接通为"1"，断开为"0"，电灯亮为"1"，电灯灭为"0"，则该电路为（　　）。

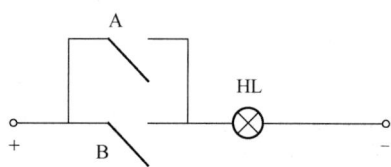

图 9B-5　单选题 10 图

A. 与门  B. 或门
C. 非门  D. 与非门

11. 如图 9B-6 所示逻辑电路，已知 F=1，则 ABCD 的值为（　　）。

A. 0101  B. 1010
C. 1110  D. 1101

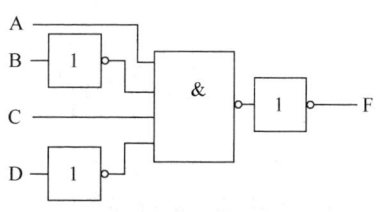

图 9B-6　单选题 11 图

12. 某 TTL 反相器的主要参数为 $I_{IH}$=20μA，$I_{IL}$=1.4mA，$I_{OH}$=400μA，$I_{OL}$=14mA，能驱动同样的门的个数为（　　）。

A. 20  B. 200
C. 10  D. 100

13. 三极管作为开关使用时，要提高开关速度，不可（　　）。

A. 降低饱和深度  B. 增加饱和深度
C. 采用有源泄放回路  D. 采用抗饱和三极管

14. 下列不是三态门主要用途的是（　　）。

A. 构成数据总线  B. 用作多路开关
C. 输出端并联输出  D. 用于双向传输

15. 典型的五管 TTL 与非门，当输入端为低电平时，多发射极管处于（　　）。

A. 截止状态  B. 放大状态
C. 深度饱和状态  D. 无法确定

## 四、计算题或综合题（共 40 分）

1. 利用公式法化简逻辑函数 Y；用卡诺图法化简逻辑函数 F。

   （1） $Y = B\overline{C} + AB\overline{C}E + \overline{B(\overline{A \cdot D} + AD)} + B(A\overline{D} + \overline{A}D)$ （5 分）

   （2） $F(A,B,C,D) = \sum m(2,3,7,10,11,14) + \sum d(5,15)$ （5 分）

2. 将逻辑函数 Y 分别化简成最简与非-与非式和最简或非-或非式。（5 分）

   $Y = \overline{B}C + (A + \overline{B})(\overline{A} + B)C$

3. 如图 9B-7 所示逻辑电路，写出 $Y_1$ 与 A、B、C 的逻辑关系，并画出逻辑图。（5 分）

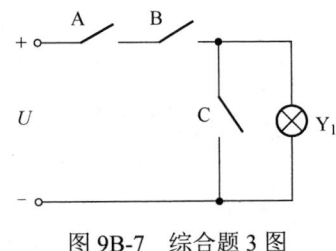

图 9B-7　综合题 3 图

4. 如图 9B-8（a）所示 CMOS 电路，已知输入 A、B 及控制端 C 的波形如图 9B-8（b）所示，试画出 Y 端的波形。（10 分）

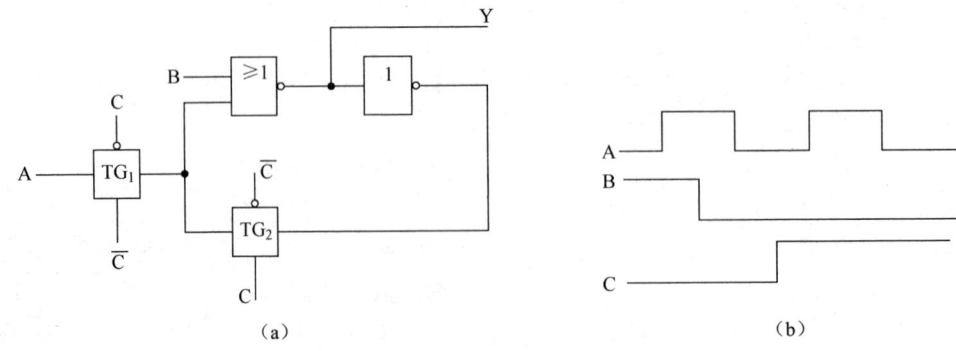

图 9B-8　综合题 4 图

5. 如图 9B-9 所示为由与非门组成的电路：
（1）写出函数 Y 的逻辑表达式；（4 分）
（2）将函数 Y 化简为最简与或式；（4 分）
（3）用与非门画出其简化后的电路。（2 分）

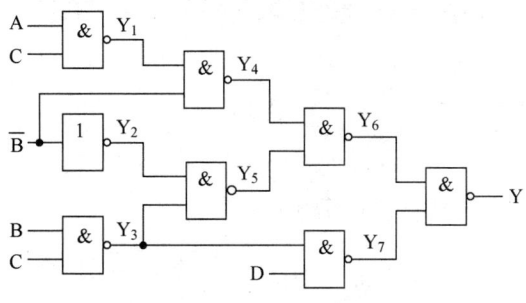

图 9B-9　综合题 5 图

# 第九章 逻辑代数与逻辑门电路
## 单元测试（C）卷

时量：90 分钟　　　总分：100 分　　　难度等级：【中】

## 一、填空题（每空 1 分，共计 20 分）

1. 分析和设计数字电路的数学工具为_____。
2. 任何一个逻辑函数的_____是唯一的，但是它的_____可有不同的形式，逻辑函数的各种表示方法在本质上是_____的，可以互换。
3. 化简逻辑表达式 $A\overline{C}+\overline{B}C+ABD$，得到的最简与或式为_____；最简与非-与非表达式为_____；最简或非-或非表达式为_____；
4. $F = \overline{A}BCD + A\overline{B}C + AB\overline{C} + ABC = \sum m$ _____。
5. 约束项是_____的变量取值所对应的最小项，其值总是等于 0。
6. 化简逻辑表达式 $Y = AB\overline{C} + \overline{AC} + \overline{\overline{A}BC} + \overline{\overline{B}C} =$ _____。
7. TTL 与非门的多余输入端悬空时，相当于输入_____电平；TTL 与门、与非门多余的输入端应接_____或_____；TTL 或门、或非门多余的输入端应接_____或_____。
8. CMOS 门输入端口为"与"逻辑关系时，多余的输入端应接_____电平，具有"或"逻辑端口的 CMOS 门多余的输入端应接_____电平；即 CMOS 门的输入端不允许_____。
9. 写出图 9C-1 所示逻辑图的逻辑表达式_____。
10. 根据图 9C-2 所示逻辑图，写出 Y 的最简单的逻辑表达式 Y=_____。

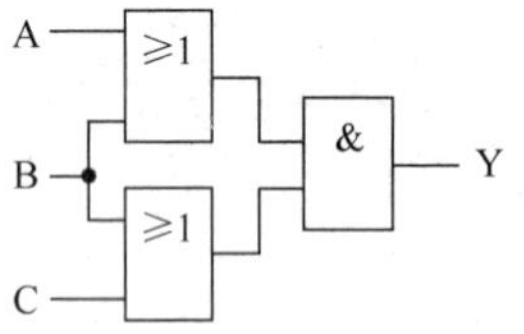

图 9C-1　填空题 9 图 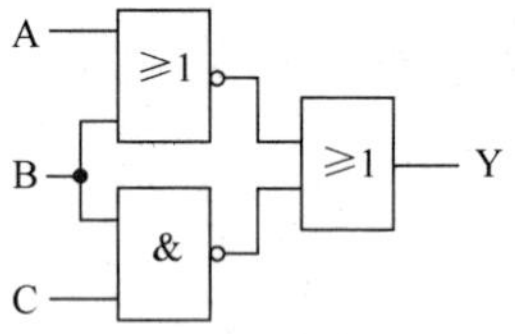　　　　图 9C-2　填空题 10 图

## 二、判断题（每小题 1 分，共计 10 分）

1. 与非门、或非门、异或门在不加任何附加门电路的情况下可以用作非门。（　　）
2. 因为逻辑表达式 $A\overline{B} + \overline{A}B + AB = A + B + AB$ 成立，所以 $A\overline{B} + \overline{A}B = A + B$ 成立。（　　）
3. 与门和非门通常有两个或两个以上的输入端，一个输出端。（　　）
4. 逻辑代数的"0"和"1"代表两种不同的逻辑状态，并不表示数值的大小。

5．普通的逻辑门电路的输出端不可以并联在一起，否则可能会损坏器件。（    ）
6．OD门（漏极开路门）的输出端可以直接相连，实现线与。（    ）
7．74系列集成芯片是双极型的，CC40系列集成芯片是单极型的。（    ）
8．若两个函数具有相同的真值表，则两个逻辑函数必然相等。（    ）
9．集成与非门的扇出系数反映了该与非门带同类负载的能力。（    ）
10．门电路的应用日益广泛，利用它的组合产生新逻辑功能，组成触发器、振荡器，并实现各种控制功能。（    ）

## 三、单项选择题（每小题2分，共计30分）

1．逻辑表达式 $A(B+C) = AB + AC$ 的对偶式是（    ）。
　　A．$\bar{A} + \bar{B}\bar{C} = (\bar{A} + \bar{B})(\bar{A} + \bar{C})$　　B．$A + BC = (A+B)(A+C)$
　　C．$AB + AC = A(B+C)$　　D．$A + BC = A + B \cdot A + C$

2．最小项 $\bar{A}B\bar{C}\bar{D}$ 的逻辑相邻项为（    ）。
　　A．ABCD　　B．$A\bar{B}\bar{C}\bar{D}$
　　C．$\bar{A}\bar{B}\bar{C}\bar{D}$　　D．$AB\bar{C}\bar{D}$

3．逻辑函数 $F = \bar{A}B + A\bar{B} + BC$ 的标准与或式为（    ）。
　　A．$\sum m(2,3,4,5,7)$　　B．$\sum m(1,2,3,4,6)$
　　C．$\sum m(0,1,2,3,5)$　　D．$\sum m(3,4,5,6,7)$

4．如图9C-3所示逻辑电路，其逻辑表达式为（    ）。
　　A．$F = A + \overline{\overline{BC}}$　　B．$F = A \cdot \overline{\bar{B} + \bar{C}}$
　　C．$F = A + \overline{\overline{\bar{B} + \bar{C}}}$　　D．不能确定

5．如图9C-4所示逻辑电路，当输入A=1，输入B为方波时，则输出F应为（    ）。
　　A．1　　B．0　　C．方波　　D．不能确定

图9C-3　单选题4图　　　　图9C-4　单选题5图

6．逻辑表达式 $Y = AC + \bar{A}BD + BCD(E+F)$ 的最简与或式为（    ）。
　　A．AC + BD　　B．$AC + \bar{A}BD$
　　C．AC + B　　D．A + BD

7．逻辑表达式 $Y = A + AB + C + ACDEF$ 的最简与或式为（    ）
　　A．Y = A + C　　B．Y = A + B
　　C．Y = AD　　D．Y = AB

8．已知逻辑函数 $L = A \cdot \overline{\bar{B} + C + \bar{D}}$，则其反函数 $\bar{L}$ 为（    ）。

A. $\overline{A} + \overline{BC\overline{D}}$  B. $\overline{A} + \overline{BCD}$
C. $\overline{A} + \overline{B} + \overline{C} + \overline{D}$  D. $\overline{A} + \overline{B} \cdot \overline{C} \cdot D$

9. 若 ABCDEFGH 为最小项,则它有逻辑相邻项个数为（   ）。
   A. 8   B. $8^2$   C. $2^8$   D. 16

10. 为不影响前级门的扇出系数,TTL 与非门多余的输入端正确的处理方法是（   ）。
    A. 悬空            B. 接地
    C. 接电源正极      D. 与其他端子并联使用

11. 如图 9C-5 所示电路,设开关闭合为 1、断开为 0；灯亮为 1、灯灭为 0。F 对开关 A、B、C 的逻辑表达式（   ）。
    A. $F_1 = AB\overline{C}$, $F_2 = (A+B)\overline{C}$   B. $F_1 = AB\overline{C}$, $F_2 = (\overline{A}+B)C$
    C. $F_1 = A\overline{B}C$, $F_2 = (A+B)\overline{C}$   D. 以上均不对

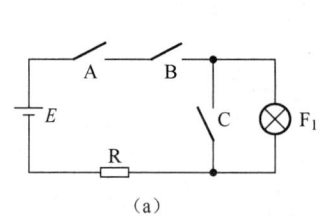
(a)

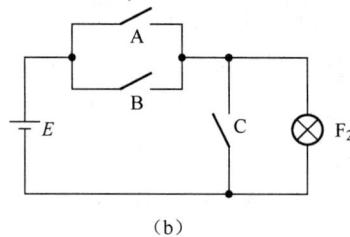
(b)

图 9C-5  单选题 11 图

12. TTL 电路在正逻辑系统中,下列输入中相当于输入逻辑 0 的是（   ）。
    A. 悬空                    B. 通过电阻 2.7kΩ 接电源
    C. 通过电阻 2.7kΩ 接地     D. 通过电阻 510Ω 接地

13. 函数 $F(A,B,C) = AB + BC + AC$ 的最小项表达式为（   ）。
    A. $F(A,B,C) = \sum m(0,2,4)$     B. $F(A,B,C) = \sum m(3,5,6,7)$
    C. $F(A,B,C) = \sum m(0,2,3,4)$   D. $F(A,B,C) = \sum m(2,4,6,7)$

14. 以下电路中能用于总线应用的有（   ）。
    A. TSL 门        B. OC 门
    C. 漏极开路门    D. CMOS 与非门

15. TTL 集成门电路是指（   ）。
    A. 二极管-三极管集成门电路
    B. 晶体管-晶体管集成门电路
    C. N 沟道场效应管集成门电路
    D. P 沟道场效应管集成门电路

## 四、计算题或综合题（共 30 分）

1. 利用公式化简逻辑函数 Y；用卡诺图化简逻辑函数 F。
（1）$Y = AC + A\overline{C}D + AB\overline{E}F + B(D \oplus E) + B\overline{C}D\overline{E} + \overline{BCDE} + AB\overline{E}F$ （5分）
（2）$F = (AB + \overline{AC} + \overline{B}D)(A\overline{B}\,\overline{C}D + \overline{A}CD + BCD + \overline{B}C)$ （5分）

2. 将逻辑函数 Y 分别化成最简与非-与非式和最简或非-或非式。（5分）
$Y = \overline{(AB\overline{C}+\overline{B}C)D + \overline{A}\,\overline{B}\,\overline{D}}$

3. 用四个二输入或非门 74LS02 实现 $F = (A+B)(\overline{C}+D)$ 的逻辑功能，请画出实验连线图。74LS02 的外部引线排列见图 9C-6（允许反变量输入）。（5分）

```
V_CC  4Y 4B 4A   3Y 3B 3A

1Y 1A 1B   2Y 2A 2B  GND
```

图 9C-6　综合题 3 图

4. 列出如图 9C-7 所示逻辑电路的真值表。（10分）

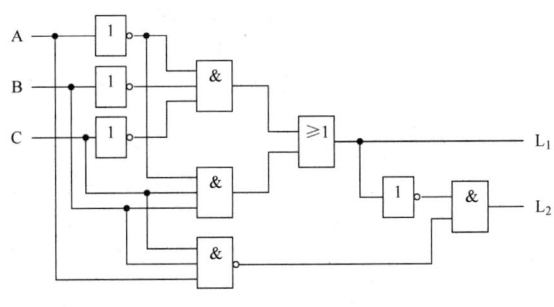

图 9C-7　综合题 4 图

5. 试判断图 9C-8 所示 TTL 电路能否按各图要求的逻辑关系正常工作？若电路的接法有错，则说明原因。（10分）

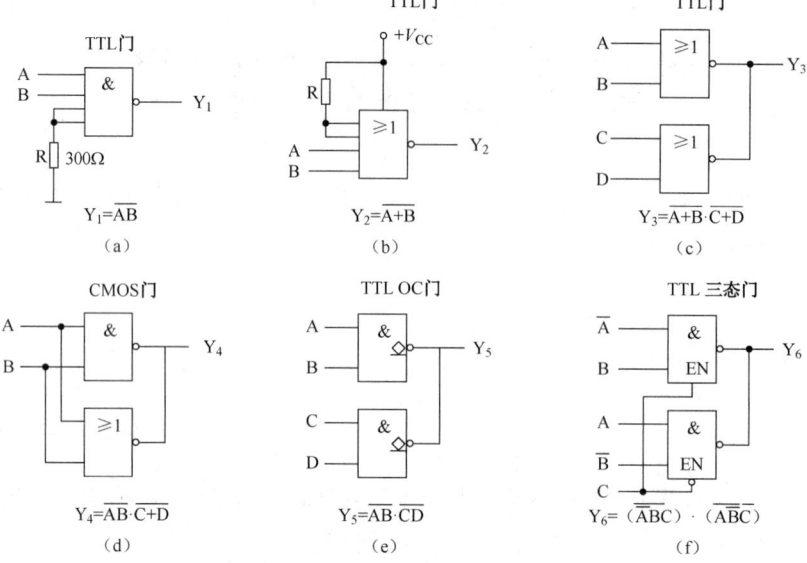

图 9C-8 综合题 5 图

参考答案

# 第十章  组合逻辑电路

## 一、填空题

1. 用_____组成的电路称为组合逻辑电路，组合逻辑电路不存在输出到输入的_____通路，因此其输出状态不影响输入状态。
2. 只考虑加数_____，而不考虑_____的运算电路，称为半加器。
3. 不仅考虑两个_____相加，而且还考虑来自_____相加的运算电路，称为全加器。
4. 编码是_____的逆过程。
5. $N$ 个输入端的二进制译码器，共有_____个输出端。对于每一组输入代码，有_____个输出端是有效电平。
6. 当七段显示译码器的输出为高电平有效时，应选用共_____极数码管；当七段显示译码器的输出为低电平有效时，应选用共_____极数码管。
7. 消除竞争-冒险的方法有_____、_____、_____等。
8. 当数据选择器的数据输入端的个数为 8 时，则其地址码选择端应有_____位。
9. 用 8 选 1 数据选择器（74LS151）构成图 10-1 电路，$Z$ 的最小项表达式 $Z(A,B,C) = $ _____，$\overline{Z}$ 的最小项表达式 $\overline{Z}(A,B,C) = $ _____。

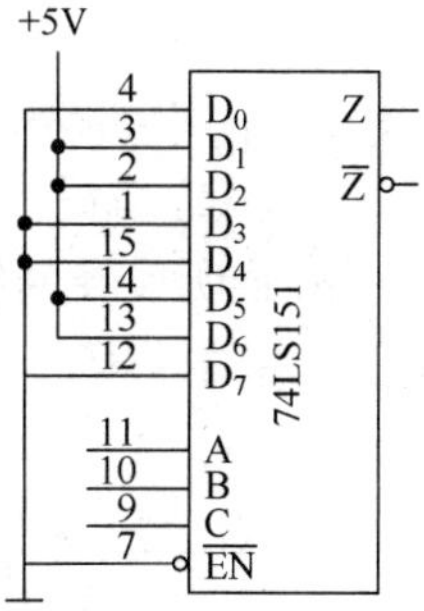

图 10-1  填空题 9 图

## 二、判断题

1. 组合逻辑电路的特点是电路没有记忆功能。（    ）
2. 编码是给每个代码赋予一定的含义。（    ）
3. 优先编码器的编码信号是相互排斥的，不允许多个编码信号同时有效。（    ）
4. 编码与译码是互逆的过程。（    ）
5. 显示译码器只有一种，就是发光二极管显示器（LED）。（    ）
6. 如果想实现并行-串行转换可以选择数据分配器。（    ）
7. 十六路数据选择器的地址输入端有四个。（    ）

## 三、单项选择题

1. 属于组合逻辑电路的是（    ）。
   A．触发器               B．全加器
   C．移位寄存器           D．计数器
2. 组合逻辑电路和时序逻辑电路的最大区别是（    ）。
   A．电路中三极管的工作状态     B．电路所处理的信号

C．构成电路的半导体器件　　　　D．电路是否有记忆能力

3．既考虑低位借位，又考虑向高位借位，应选用（　　）。
　　A．编码器　　　　　　　　　　B．半减器
　　C．全减器　　　　　　　　　　D．计数器

4．如图 10-2 所示逻辑电路，全加器为（　　）。
　　A．（a）　　　B．（b）　　　C．（c）

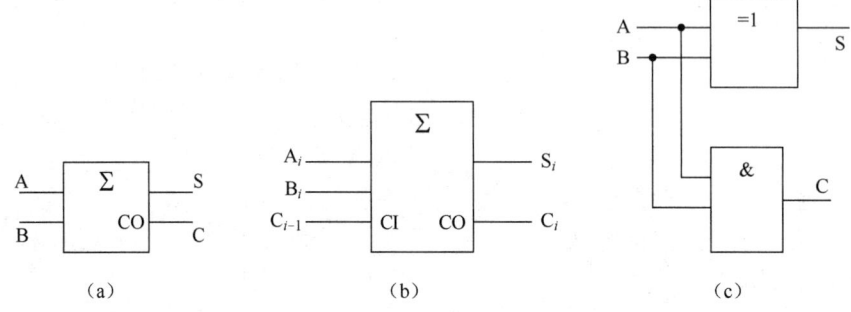

图 10-2　单选题 4 图

5．编码器译码器电路中，（　　）电路的输出是二进制代码。
　　A．编码　　　　B．译码　　　　C．编码和译码

6．若所设计的编码器是将 30 个一般信号转换成二进制代码，则输出应是一组 $N=$（　　）位的二进制代码。
　　A．3　　　　　　　　　　　　B．4
　　C．5　　　　　　　　　　　　D．6

7．优先编码器同时有两个输入信号时，是按（　　）的输入信号编码。
　　A．高电平　　　　　　　　　　B．低电平
　　C．优先级别　　　　　　　　　D．无法编码

8．通用译码器的主要任务是输入（　　）代码，输出与之对应的一组高低电平信号。
　　A．二进制　　　　　　　　　　B．八进制
　　C．十进制　　　　　　　　　　D．十六进制

9．用 74LS138 译码器实现多输出逻辑函数，需要增加若干个（　　）。
　　A．非门　　　　　　　　　　　B．与非门
　　C．或门　　　　　　　　　　　D．或非门

10．已知 74LS138 译码器的输入三个使能端（$G_1=1$，$\overline{G}_{2A}=\overline{G}_{2B}=0$）时，地址码 $A_2A_1A_0=111$，则对应的输出为 0 的是（　　）。
　　A．$\overline{Y}_0$　　　　　　　　　　　　B．$\overline{Y}_5$
　　C．$\overline{Y}_6$　　　　　　　　　　　　D．$\overline{Y}_7$

11．七段数码显示译码电路应有（　　）个输出端。
　　A．8　　　　　　　　　　　　B．7
　　C．16　　　　　　　　　　　　D．10

12．TTL 集成电路 74LS138 是 3 线-8 线译码器，译码器为输出低电平有效，若输入为 $A_2A_1A_0=101$ 时，输出 $\overline{Y}_7\overline{Y}_6\overline{Y}_5\overline{Y}_4\overline{Y}_3\overline{Y}_2\overline{Y}_1\overline{Y}_0$ 为（　　）。

A. 00100000 B. 11011111
C. 11110111 D. 00000100

13. 7447 是驱动共阳极数码管（如图 10-3 所示）的显示译码器，输出低电平有效。当输入 $A_3A_2A_1A_0$ 为 0100 时，输出 $y_a y_b y_c y_d y_e y_f y_g$ 为（　　）。

A. 1001100 B. 0110011
C. 1001010 D. 0110101

图 10-3　单选题 13 图

14. 一个 32 选 1 数据选择器的数据输入端有（　　）个。

A. 2 B. 3 C. 5 D. 4

15. 在某些情况下，使组合逻辑电路产生了竞争-冒险，这是由于信号的（　　）原因。

A. 延迟 B. 超前 C. 突变 D. 放大

16. 设计一个四位二进制代码的奇偶位发生器（假定采用偶检验码），需要（　　）个异或门。

A. 2 B. 3 C. 4 D. 5

## 四、简答题

何谓编码？二进制编码和二-十进制编码有何不同？

## 五、组合逻辑分析题

1. 如图 10-4（a）所示为一组合逻辑电路，其输入端 A、B 和输出端 F 的波形如图 10-4（b）所示。试用与非门和非门（不能用其他门）实现该组合逻辑电路，并写出逻辑表达式。

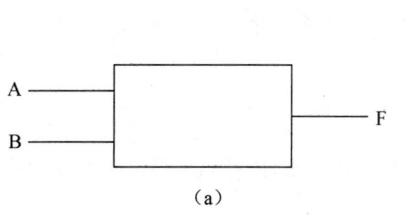
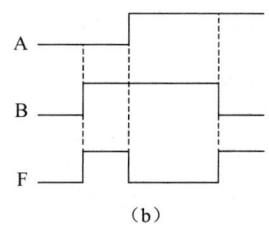

图 10-4　分析题 1 图

2. 图 10-5 所示为全加器的状态表，试画出其逻辑图。

| $A_i$ | $B_i$ | $C_{i-1}$ | $S_i$ | $C_i$ | $A_i$ | $B_i$ | $C_{i-1}$ | $S_i$ | $C_i$ |
|---|---|---|---|---|---|---|---|---|---|
| 0 | 0 | 0 | 0 | 0 | 1 | 0 | 0 | 1 | 0 |
| 0 | 0 | 1 | 1 | 0 | 1 | 0 | 1 | 0 | 1 |
| 0 | 1 | 0 | 1 | 0 | 1 | 1 | 0 | 0 | 1 |
| 0 | 1 | 1 | 0 | 1 | 1 | 1 | 1 | 1 | 1 |

图 10-5　分析题 2 图

3. 分析图 10-6 所示电路，说明电路实现的逻辑功能。

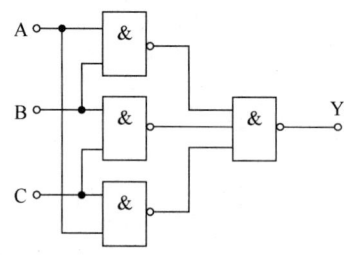

图 10-6　分析题 3 图

4. 写出图 10-7 所示电路输出信号的逻辑表达式，并说明电路的逻辑功能。

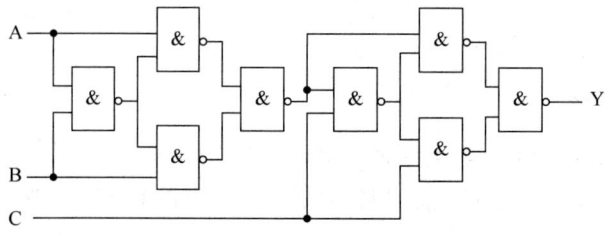

图 10-7　分析题 4 图

5. 分析图 10-8 所示的组合逻辑电路，写出其输出信号逻辑表达式并化简。

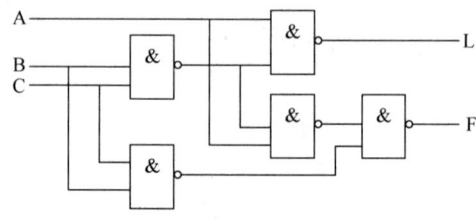

图 10-8　分析题 5 图

6. 如图 10-9 所示组合逻辑电路，分析该电路的逻辑功能。

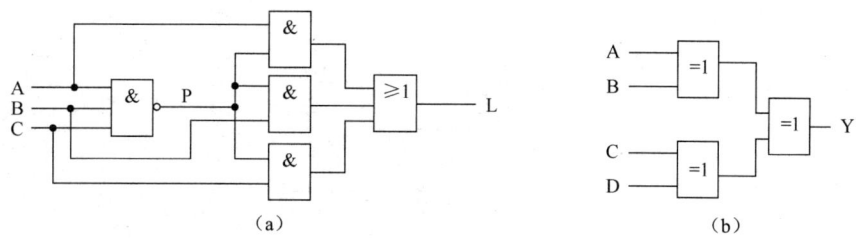

图 10-9　分析题 6 图

7. 分析图 10-10 所示逻辑电路，已知 $S_1$、$S_0$ 为功能控制输入，A、B 为输入信号，L 为输出，求电路所具有的功能。

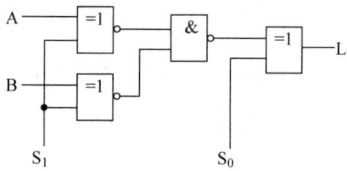

图 10-10　分析题 7 图

8. 已知七段译码器 T337 外引线的排列如图 10-11 所示，若把 T337 与共阴极 LED 数码管连接，则 LED 显示图形为 "4"，试问：DCBA 的状态及输出 a、b、c、d、e、f、g 的状态。

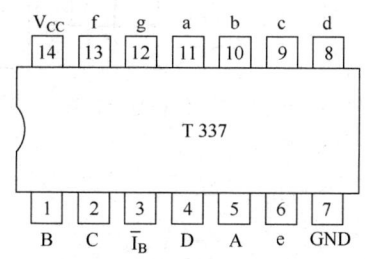

图 10-11　分析题 8 图

9. 如图 10-12 所示电路，问图中哪个发光二极管发光。

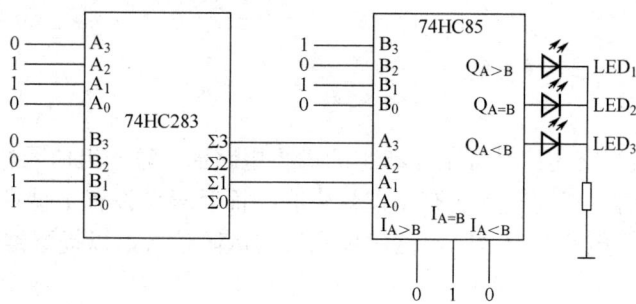

图 10-12　分析题 9 图

10. 如图 10-13 所示为由 3 线-8 线译码器 74LS138 连接电路，写出它实现的函数表达式 $F_1(A,B,C)$ 和 $F_2(A,B,C)$。

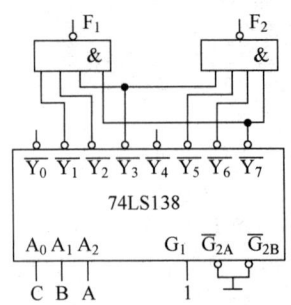

图 10-13　分析题 10 图

11. 双 4 选 1 数据选择器 CT4253 组成的电路和 CT4253 的功能表如图 10-14 所示，分析电路的功能，写出输出 $Y_1$、$Y_2$ 的表达式。

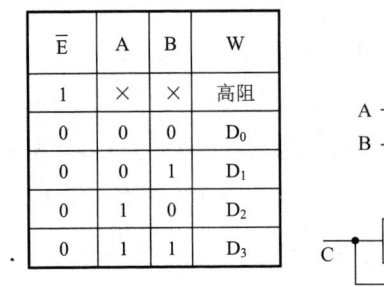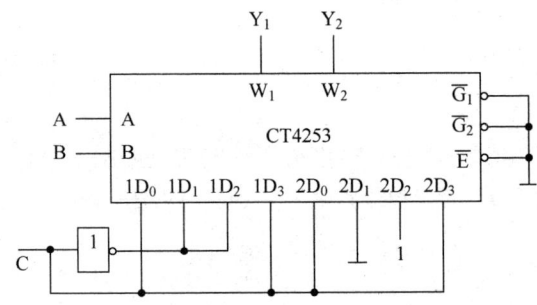

图 10-14　分析题 11 图

## 六、组合逻辑设计应用题

1. 某公司招聘人员，有一主管 A 和两名工作人员 B 与 C，只有当两名或两名以上的工作人员认为合格了才能录用 Y，但在这两名人员中其中必须有主管。试设计出这个录用显示逻辑电路。

2. 设计一个监视交通信号灯工作状态的逻辑电路图。每一组信号灯由红、黄、绿 3 盏灯组成。正常工作时，任何时刻必有 1 盏灯点亮，而且只允许有 1 盏灯点亮。而当出现其他 5 种点亮状态时，电路发生故障，这时要求发出故障信号，以提醒维护人员前去修理。

3. 某三层楼在各楼层均设一个开关对楼道灯进行控制，要求：①不去触摸各开关时（此时各开关均为低电平），灯熄灭；②当灯不亮时，触摸任一开关都可使灯亮；③当灯亮时，触摸任一开关都可使灯熄灭。（1）列出真值表；（2）写出相应的逻辑表达式；画出用与非门实现上述逻辑功能的逻辑图。

4. 某机床由 A、B、C 三台电动机拖动，加工要求为：（1）A 机必须开机运行；（2）如开 B 机，则必须开 C 机；（3）A 机运行后，C 机也可开机运行。

满足上述要求时，指示灯亮，否则指示灯熄灭。设开机信号为 1，指示灯亮为 1，写出灯亮的逻辑表达式并化简。

5. 设计一个路灯的控制电路（一盏灯），要求在 4 个不同的地方都能独立地控制灯的亮或灭。

6. 设计一位 8421BCD 码的判奇电路，当输入码含奇数个"1"时，输出为 1，否则为 0。要求用最少与非门实现，画出逻辑电路图。

7. 已知 LED 七段数码显示器的电路结构如图 10-15 所示，设计一个将 8421BCD 码转换成 LED 七段数字显示的数字译码电路。要求：（1）列出 8421BCD 码至七段显示真值表（七段显示器为共阴极电路）；（2）写出化简后的 a、b、c、…、g 各段或非逻辑表达式。

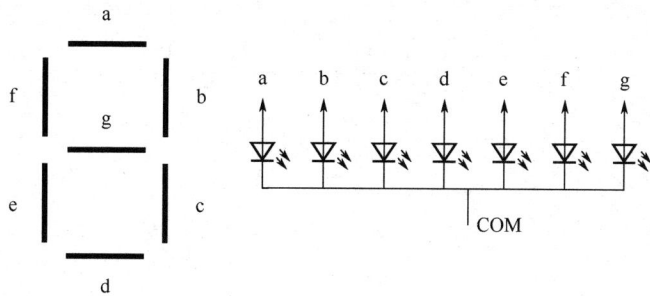

图 10-15　应用题 7 图

8. 如图 10-16 所示示意图，试用最少的与非门设计一个满足以下要求的译码电路：该电路输入信号 ABCD 为 4 位二进制代码，输出信号 $Y_1$、$Y_2$、$Y_3$ 在下列几种情况下有确定的状态：

① 当 ABCD 所对应的十进制数为 1～3 时，$Y_1=1$，$Y_2=Y_3=0$；

② 当 ABCD 所对应的十进制数为 6～8 时，$Y_2=1$，$Y_1=Y_3=0$；

③ 当 ABCD 所对应的十进制数为 11～13 时，$Y_3=1$，$Y_1=Y_2=0$。

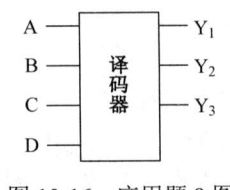

图 10-16　应用题 8 图

9. 三种载客列车分别为特快、直快和普快，它们的先后顺序为先特快，然后直快，最后普快。在同一时间里只能有一趟列车从车站开出，即只能给出一个开车信号，试完成上述要求的组合逻辑电路的设计。

10. 用全译码器 74LS138 实现逻辑函数 $F = \overline{C}\overline{B}A + \overline{C}B\overline{A} + C\overline{B}\overline{A} + CBA$。

11. 试在图 10-17 中用 74LS138 译码器实现逻辑函数：

（1） $Y_1(A,B,C) = \sum m(1,3,5,7)$　　（2） $Y_2 = \overline{A}BC + A\overline{B}C + AB\overline{C} + ABC$

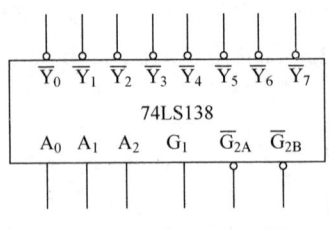

图 10-17　应用题 11 图

12. 有 A、B、C 三人对某项议案进行表决，表决规则为：A 具有否决权；在 A 同意的条件下，如果 B、C 两人中至少有一人也同意议案，则该议案获得通过；否则议案不能通过。逻辑设定值如下：A、B、C 取值为"1"，表示同意决议；A、B、C 取值为"0"，表示不同意决议；F=1，表示决议通过；F=0，表示决议不能通过。要求：（1）写出 F 的最简与或式；（2）用一块集成 3 线-8 线译码器 74LS138 和与非门在图 10-18 中实现逻辑函数。

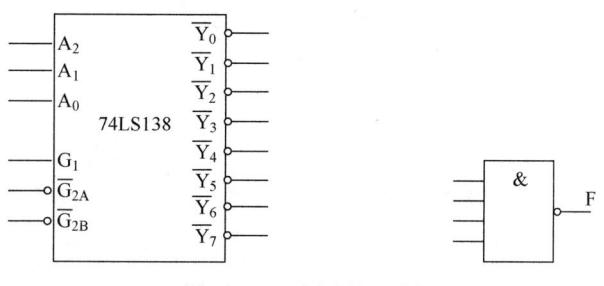

图 10-18　应用题 12 图

13. 试用图 10-19 中的 3 线-8 线译码器 74LS138 和必要的门电路产生如下多输出逻辑函数。要求：（1）写出表达式的转换过程；（2）在给定的逻辑符号图上完成最终电路图。

$Y_1 = AC + BC$；$Y_2 = \overline{A}\overline{B}C + A\overline{B}\overline{C} + BC$；$Y_3 = \overline{B}\overline{C} + A\overline{B}C$

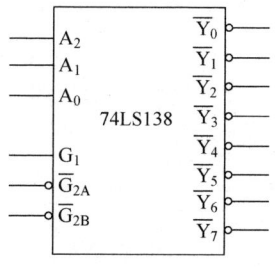

图 10-19　应用题 13 图

14. 用 4 选 1 数据选择器实现函数 $F = ABC + \overline{A}\overline{B}C + \overline{A}B\overline{C} + A\overline{B}\overline{C} + A\overline{B}C + \overline{A}\overline{B}\overline{C}$。

15. 已知 $F(A,B,C) = \sum m(1,2,4,7)$，试用 8 选 1 数据选择器 74LS151 实现该逻辑函数。

16. 试用 8 选 1 数据选择器 74HC151 分别实现下列逻辑函数。

（1） $Z = F(A,B,C) = \sum m(0,1,5,6)$ ；（2） $Z = A\overline{B}C + \overline{A}(\overline{B} + C)$。

17. 试用 4 选 1 数据选择器 74LS153（1/2）在图 10-20 中实现函数 $Y = AB\overline{C} + \overline{AC} + \overline{BC}$。

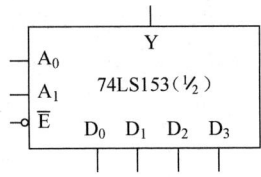

图 10-20　应用题 17 图

# 第十章　组合逻辑电路单元测试（B）卷

时量：90 分钟　　　　总分：100 分　　　　难度等级：【中】

## 一、填空题（每空 1 分，共计 20 分）

1. 将十进制数字 0～9 编成二进制代码的电路称为_____，又称为_____。
2. 对 30 个信号进行编码，采用二进制编码需_____位。
3. 如果对键盘上的 101 个按键进行二进制编码，则至少要_____位二进制代码。
4. 共阳极的数码管要显示数字"5"，则"abcdefg"输出为_____；要显示数字"6"，则"abcdefg"输出为_____。
5. 一位数值比较器，输入信号为两个要比较的一位二进制代码，用 A、B 表示，输出信号为比较结果：$Y_{(A>B)}$、$Y_{(A=B)}$ 和 $Y_{(A<B)}$，则 $Y_{(A>B)}$ 的逻辑表达式为_____；$Y_{(A=B)}$ 的逻辑表达式为_____；$Y_{(A<B)}$ 的逻辑表达式为_____。
6. 用二进制代码表示文字、符号等信息的过程称为_____。
7. 数据分配器的作用是将一个输入数据_____到多个输出端输出，也就是_____输入_____输出，又称为多路解调器。
8. 一个 16 选 1 的数据选择器，应具有_____个地址控制端，_____个数据输入端，当数据 $D_{12}$ 被选中输出时，地址控制自高而低输入分别为_____。
9. 在多路数据选送过程中，能够根据需要将其中任意一路挑选出来的电路，称为_____器，也称为_____开关。
10. 数据选择器是一种_____输入_____输出的中等规模器件。

## 二、判断题（每小题 1 分，共计 10 分）

1. 优先编码器中，输入信号总是级别高的排斥级别低的。（　　）
2. 用数据选择器可实现时序逻辑电路。（　　）
3. 多位加法器采用超前进位的目的是简化电路结构。（　　）
4. 逻辑函数 $Y = AB + \overline{A}C + \overline{B}D$ 满足一定条件时存在两处竞争-冒险。（　　）
5. 半导体数码显示器的工作电流大，约 10mA，因此，需要考虑电流驱动能力问题。（　　）
6. 八路数据分配器的地址输入（选择控制）端有 8 个。（　　）
7. 当门电路的两个输入端同时向相反方向的逻辑状态转换时，输出端一定会产生竞争-冒险现象。（　　）
8. 组合逻辑电路中的每一个门实际上都是一个存储单元。（　　）
9. 七段显示译码器数据输入是二进制代码。（　　）
10. 数据选择器和数据分配器的功能正好相反，互为逆过程。（　　）

## 三、单项选择题（每小题 2 分，共计 20 分）

1. 将给定的二进制代码翻译成编码时赋予的原意，完成这种功能的电路称为（    ）。
   A．编码器　　　　　　　　　　B．译码器
   C．寄存器　　　　　　　　　　D．数据选择器

2. 一个四位并行加法器 T693 的输入端输出端的个数为（    ）。
   A．4 入 4 出　　　　　　　　　B．8 入 4 出
   C．9 入 5 出　　　　　　　　　D．8 入 5 出

3. 一个四位全加器如图 10B-1 所示，当输入 $a_3a_2a_1a_0$=0101，$b_3b_2b_1b_0$=0011 时，则其输出的各进位 $c_3c_2c_1c_0$=（    ）。
   A．1100
   B．1110
   C．1111
   D．0111

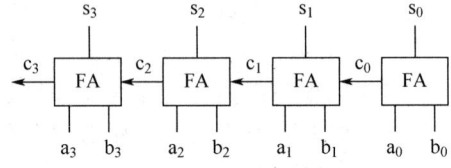

图 10B-1　单选题 3 图

4. 在下列逻辑电路中，不是组合逻辑电路的是（    ）
   A．译码器　　　　　　　　　　B．编码器
   C．全加器　　　　　　　　　　D．寄存器

5. 在 8 线-3 线优先编码器（74LS148）中，8 条输入线 $\overline{I_0} \sim \overline{I_7}$ 同时有效时，优先级最高为 $\overline{I_7}$ 线，则 $\overline{Y_2}\,\overline{Y_1}\,\overline{Y_0}$ 输出线的性质是（    ）。
   A．000　　　　　　　　　　　 B．010
   C．101　　　　　　　　　　　 D．111

6. 比较两位二进制数 $A=A_1A_0$ 和 $B=B_1B_0$，当 A>B 时输出 F=1，则 F 的逻辑表达式是（    ）。
   A．$F = A_1\overline{B_1}$　　　　　　　　　　B．$F = A_1\overline{A_0} + B_1 + \overline{B_0}$
   C．$F = A_1\overline{B_1} + \overline{A_1 \oplus B_1}A_0\overline{B_0}$　　D．$F = A_1\overline{B_1} + A_0 + \overline{B_0}$

7. 二位二进制编码器的逻辑式为 $B=\overline{\overline{Y_2}\cdot\overline{Y_3}}$，$A=\overline{\overline{Y_1}\cdot\overline{Y_3}}$，由逻辑式画出的逻辑图为（    ）。
   A．（a）　　　　　　　　　　　B．（b）
   C．（c）　　　　　　　　　　　D．无正确逻辑图

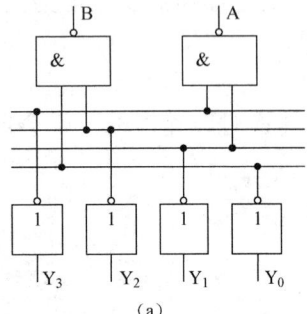
（a）

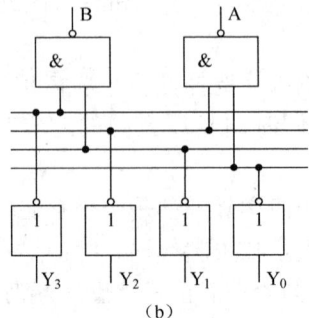
（b）

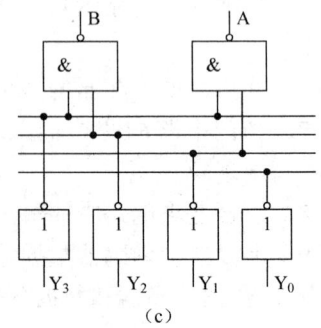
（c）

图 10B-2　单选题 7 图

8. 下列消除竞争-冒险的方法中错误的是（　　）。
   A．修改逻辑设计　　　　　　　　B．引入封锁脉冲
   C．加滤波电容　　　　　　　　　D．以上都不对
9. 对于 8 线-3 线优先编码器，下面说法正确的是（　　）
   A．有 3 根输入线，8 根输出线　　B．有 8 根输入线，3 根输出线
   C．有 8 根输入线，8 根输出线　　D．有 3 根输入线，3 根输出线
10. 计算机键盘上有 101 个键，若用二进制代码进行编码，至少应为（　　）位。
    A．6　　　　　　　　　　　　　B．7
    C．8　　　　　　　　　　　　　D．51

## 四、计算题或综合题（共 50 分）

1. 写出如图 10B-3（a）所示逻辑电路中 F 的逻辑表达式并化简，列出真值表。如果输入端 A、B、C 的波形如图 10B-3（b）所示，请画出输出端 F 的波形。（10 分）

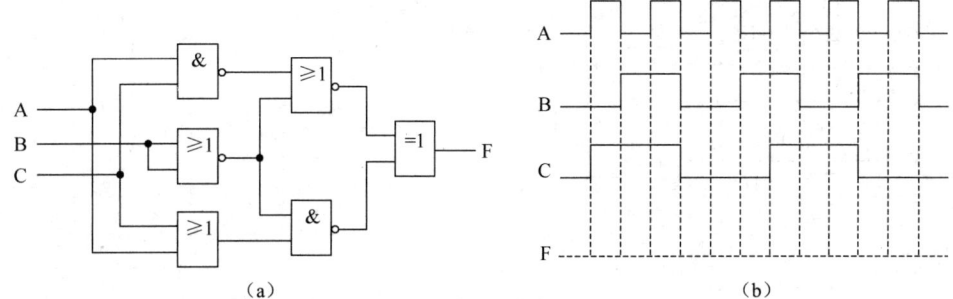

图 10B-3　综合题 1 图

2. 图 10B-4 所示是由 3 线-8 线译码器 74LS138 和与非门构成的电路，试写出 $P_1$ 和 $P_2$ 的逻辑表达式，列出真值表，说明其逻辑功能。（10 分）

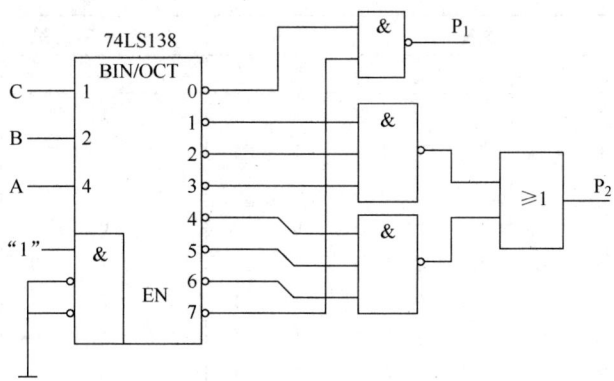

图 10B-4　综合题 2 图

3. 如图 10B-5（a）所示逻辑电路，其中当输入 A、B、C、D、E 所示波形后，相应的输出波形 X 是不正确的。

（1）请画出各测试点正确的输出波形；（5分）

（2）假设是由于电路中的某个门出现了故障，而输出如图 10B-5（b）所示波形，试确定出错门的位置及故障类型。（5分）

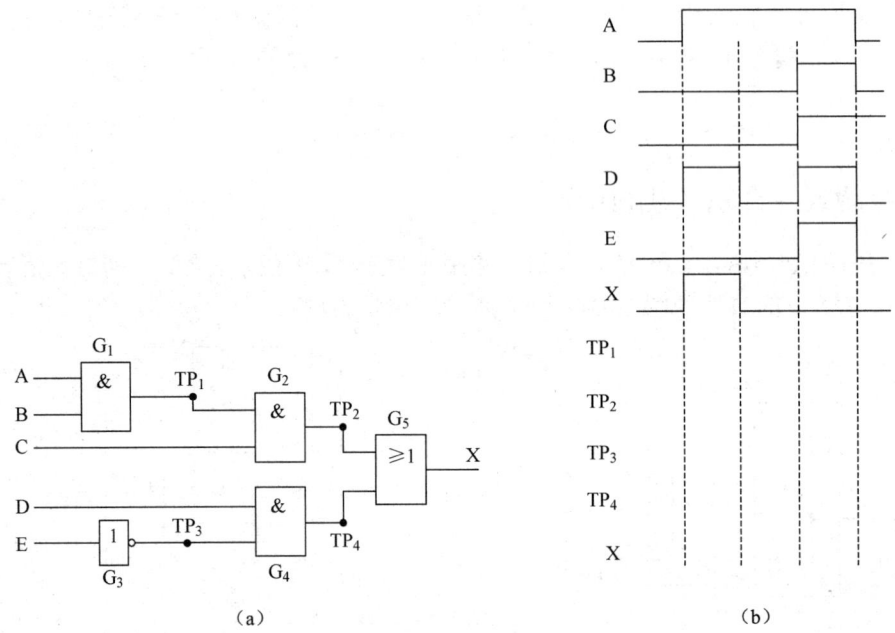

图 10B-5 综合题 3 图

4. 某医院有 7 间病房：1、2、…、7，1 号病房是最重的病员，2、3、…、7 依次减轻，试用 74LS148、74LS248（七段译码器，D 为最高位，输出高电平有效）、共阴数码管组成一个呼叫、显示电路，功能表和引脚图见图 10B-6（a）、（b）。要求：有病员压下呼叫开关时，显示电路显示病房号，请在图 10B-6（c）中正确连线，实现功能。（10分）

| 输入 | | | | | | | | | 输出 | | | | |
|---|---|---|---|---|---|---|---|---|---|---|---|---|---|
| $\bar{S}$ | $\bar{I}_0$ | $\bar{I}_1$ | $\bar{I}_2$ | $\bar{I}_3$ | $\bar{I}_4$ | $\bar{I}_5$ | $\bar{I}_6$ | $\bar{I}_7$ | $\bar{Y}_2$ | $\bar{Y}_1$ | $\bar{Y}_0$ | $Y_S$ | $\bar{Y}_{EX}$ |
| 1 | × | × | × | × | × | × | × | × | 1 | 1 | 1 | 1 | 1 |
| 0 | 1 | 1 | 1 | 1 | 1 | 1 | 1 | 1 | 1 | 1 | 1 | 0 | 1 |
| 0 | × | × | × | × | × | × | × | 0 | 0 | 0 | 0 | 1 | 0 |
| 0 | × | × | × | × | × | × | 0 | 1 | 0 | 0 | 1 | 1 | 0 |
| 0 | × | × | × | × | × | 0 | 1 | 1 | 0 | 1 | 0 | 1 | 0 |
| 0 | × | × | × | × | 0 | 1 | 1 | 1 | 0 | 1 | 1 | 1 | 0 |
| 0 | × | × | × | 0 | 1 | 1 | 1 | 1 | 1 | 0 | 0 | 1 | 0 |
| 0 | × | × | 0 | 1 | 1 | 1 | 1 | 1 | 1 | 0 | 1 | 1 | 0 |
| 0 | × | 0 | 1 | 1 | 1 | 1 | 1 | 1 | 1 | 1 | 0 | 1 | 0 |
| 0 | 0 | 1 | 1 | 1 | 1 | 1 | 1 | 1 | 1 | 1 | 1 | 1 | 0 |

(a) 74LS148 的功能表

图 10B-6 综合题 4 图

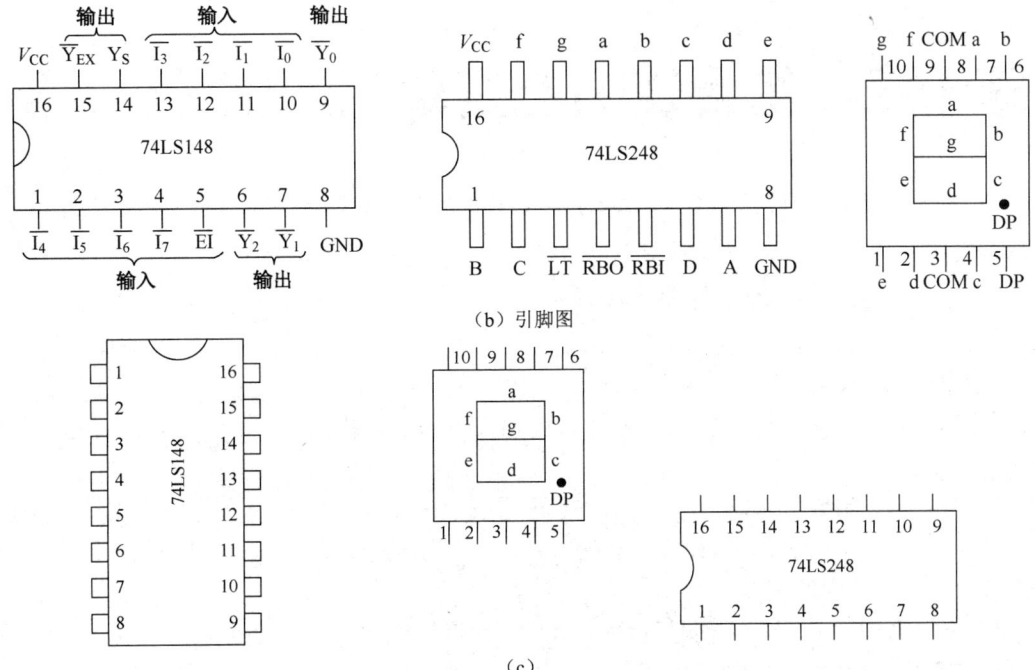

图 10B-6 综合题 4 图（续）

5. 用四位超前进位全加器 74LS283 组成如图 10B-7 所示电路，分析电路，说明在下述情况下电路输出 CO 和 $S_3S_2S_1S_0$ 的状态。

（1）K=0，$A_3A_2A_1A_0$=0101，$B_3B_2B_1B_0$=1001；（3 分）

（2）K=0，$A_3A_2A_1A_0$=0111，$B_3B_2B_1B_0$=1101；（2 分）

（3）K=1，$A_3A_2A_1A_0$=1011，$B_3B_2B_1B_0$=0110；（3 分）

（4）K=1，$A_3A_2A_1A_0$=0101，$B_3B_2B_1B_0$=1110。（2 分）

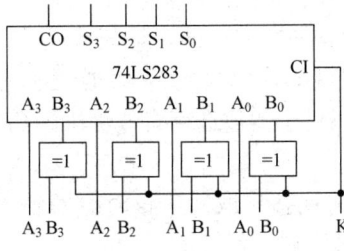

图 10B-7 综合题 5 图

参考答案

# 第十章 组合逻辑电路单元测试（C）卷

时量：90 分钟　　　总分：100 分　　　难度等级：【中】

## 一、填空题（每空 1 分，共计 20 分）

1. 逻辑电路按其输出信号对输入信号响应的不同，可以分为_____，_____两大类。
2. 把输入的各种信号转换成若干位二进制代码的过程称为_____，其逆过程常被称为_____。
3. 四位二进制数可以编成_____代码，用这些代码表示 0～9 十进制数的十个数码，必须去掉_____代码。8421BCD 码又称_____码，是一组_____代码表示一位十进制数字。
4. 不仅考虑_____，而且考虑_____的运算电路，称为全加器。
5. 实现将公共数据上的数字信号按要求分配到不同电路中去的电路称为_____。
6. 驱动共阳极七段数码管的译码器的输出电平为_____有效。
7. 数字显示电路通常由_____、_____和_____等部分组成。
8. 常用的译码器有_____、_____和_____。
9. 共阴极的数码管要显示数字"5"，则"abcdefg"输出为_____；要显示数字"6"，则"abcdefg"输出为_____。

## 二、判断题（每小题 1 分，共计 10 分）

1. 七段显示译码器是由七个共阴极的发光二极管组成的。（　　）
2. 译码时每次仅有一个输出端有效，即该输出端为 1，其余为 0。（　　）
3. 译码是编码的逆过程，编码是唯一的，译码也是唯一的。（　　）
4. 74 系列集成芯片是双极型的，CC40 系列集成芯片是单极型的。（　　）
5. 共阴接法发光二极管数码显示器需选用有效输出为高电平的七段显示译码器来驱动。（　　）
6. 在任何时刻，电路的输出状态只取决于该时刻的输入，而与该时刻之前的电路状态无关的逻辑电路，称为组合逻辑电路。（　　）
7. 在组合逻辑电路中，不带进位的加法称为半加，带进位的加法称为全加。（　　）
8. 超前进位加法器比串行进位加法器速度慢。（　　）
9. 二进制译码器相当于是一个最小项发生器，便于实现组合逻辑电路。（　　）
10. $A + \bar{A}$ 型竞争-冒险也称为 1 型竞争-冒险。（　　）

## 三、单项选择题（每小题 2 分，共计 20 分）

1. 要使一路数据分配到多路装置应选用带使能端的（　　）。
　　A．编码器　　　　　　　　　　B．选择器

C. 译码器 D. 比较器

2. 如图 10C-1 所示半加器逻辑符号，当 A=1，B=1 时，C 和 S 分别为（   ）。
   A. C=0   S=0
   B. C=1   S=0
   C. C=0   S=1
   D. C=1   S=1

3. 如图 10C-2 所示全加器的逻辑符号，当 $A_i=0$，$B_i=1$，$C_{i-1}=1$ 时，$C_i$ 和 $S_i$ 分别为（   ）。
   A. $C_i=1$，$S_i=0$
   B. $C_i=0$，$S_i=0$
   C. $C_i=1$，$S_i=1$
   D. $C_i=0$，$S_i=1$

4. 在图 10C-3 所示的组合逻辑门电路中实现的逻辑功能是（   ）。
   A. C=1，F=$\overline{B}$；C=0，F=A
   B. C=1，F=$\overline{A}$；C=0，F=$\overline{B}$
   C. C=1，F=B；C=0，F=$\overline{A}$
   D. C=1，F=$\overline{B}$；C=0，F=$\overline{A}$

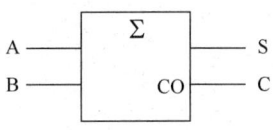
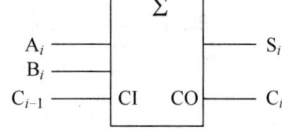
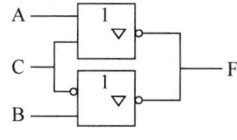

图 10C-1  单选题 2 图    图 10C-2  单选题 3 图    图 10C-3  单选题 4 图

5. 对于共阳极七段显示数码管，若要显示数字 "5"，则七段显示译码器输出 "abcdefg" 应该为（   ）。
   A. 0100100
   B. 0000101
   C. 1011011
   D. 1111010

6. 七段显示译码器是指（   ）的电路。
   A. 将二进制代码转换成 0~9 个数
   B. 将 BCD 码转换成七段显示字形信号
   C. 将 0~9 个数转换成 BCD 码
   D. 将七段显示字形信号转换成 BCD 码

7. 以下错误的是（   ）。
   A. 数值比较器可以比较数值大小
   B. 实现两个一位二进制数相加的电路叫全加器
   C. 实现两个一位二进制数和来自低位的进位相加的电路叫全加器
   D. 编码器可分为普通编码器和优先编码器

8. 函数 $F = \overline{A}C + AB + \overline{BC}$，当变量的取值为（   ）时，将不会出现冒险现象。
   A. B=C=1
   B. B=C=0
   C. A=1，C=0
   D. A=0，B=0

9. 当 74LS148 的输入端 $\overline{I}_0 \sim \overline{I}_7$ 按顺序输入 11011101 时，输出 $\overline{Y}_2 \sim \overline{Y}_0$ 为（   ）。
   A. 101
   B. 010
   C. 001
   D. 110

10. 用取样法消除两级与非门电路中可能出现的冒险，以下说法中（   ）是正确并优先考虑的。
    A. 在输出级加正取样脉冲
    B. 在输入级加正取样脉冲
    C. 在输出级加负取样脉冲
    D. 在输入级加负取样脉冲

## 四、计算题或综合题（共 50 分）

1. 如图 10C-4 所示为由 4 选 1 数据选择器和门电路构成的组合逻辑电路，试写出输出 E 的最简逻辑表达式。（10 分）

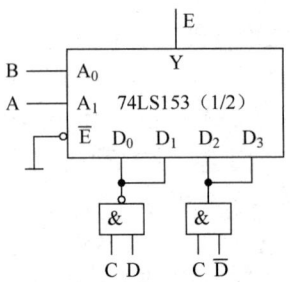

图 10C-4　综合题 1 图

2. 74LS138 芯片构成的数据分配器电路和脉冲分配器电路如图 10C-5 所示。
(1) 在图（a）中，数据从 $G_1$ 端输入，分配器的输出端得到的是什么信号；（5 分）
(2) 在图（b）中，$\overline{G}_{2A}$ 端加脉冲，芯片的输出端应得到什么信号。（5 分）

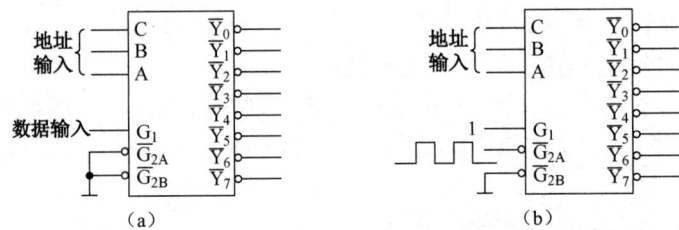

图 10C-5　综合题 2 图

3. 如图 10C-6 所示全加器逻辑图，请将表示十进制数的 8421BCD 码变换为余 3 码。
(1) 用全加器实现，画出电路图；（8 分）
(2) 请回答：你总共用了_____个全加器。（2 分）

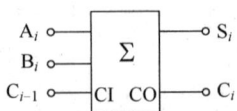

图 10C-6　综合题 3 图

4. 如图 10C-7（a）所示，A、B 为输入，X、Y 为输出，C 为控制端。设计一个逻辑电路并用 74LS138 和辅助与非门实现图 10C-7（b）所示的功能。（10 分）

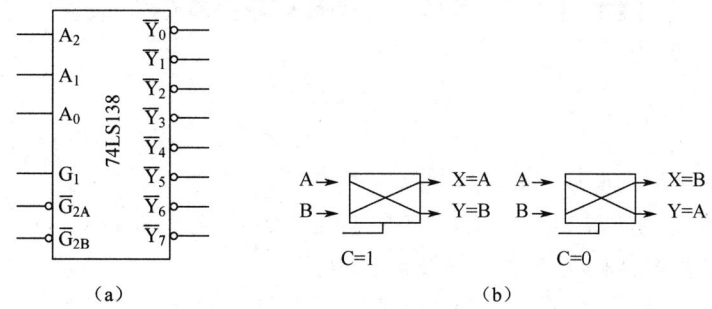

图 10C-7　综合题 4 图

5. 利用 74LS151 设计一个组合电路，使其输出信号与输入信号的关系满足图 10C-8 所示的波形图。（10 分）

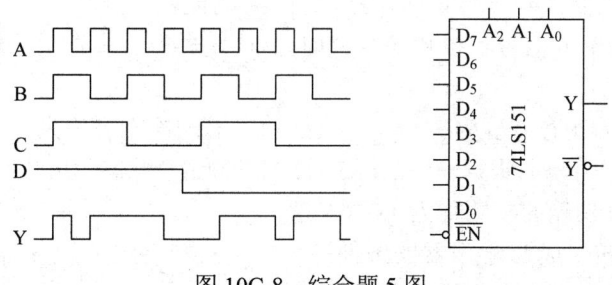

图 10C-8　综合题 5 图

# 第十一章　集成触发器

## 一、填空题

1. 请写出描述触发器逻辑功能的几种方式＿＿＿、＿＿＿、＿＿＿、＿＿＿。
2. 与非门构成的基本 RS 触发器，若现态为 1，S=R=0，则触发状态应为＿＿＿。
3. 两个与非门构成的基本 RS 触发器的功能有＿＿＿、＿＿＿和＿＿＿。电路中不允许两个输入端同时为＿＿＿，否则将出现逻辑混乱。
4. 双稳态触发器有两个稳态，它们是＿＿＿和＿＿＿，按逻辑功能分有＿＿＿、＿＿＿、＿＿＿、＿＿＿和 T′触发器。
5. 触发器按触发方式可分为＿＿＿触发、＿＿＿触发和边沿触发。
6. 通常把一个 CP 脉冲引起触发器多次翻转的现象称为＿＿＿，有这种现象的触发器是＿＿＿触发器。
7. 边沿型触发器的动作特点：＿＿＿。
8. 主从 RS 触发器 R=0、S=1 能实现＿＿＿功能。
9. JK 触发器的输入信号 J 与 K 不相同时，$Q^{n+1}$ 与＿＿＿端信号相同；若 J=K=1 时，触发器的状态将＿＿＿。
10. JK 触发器的次态方程为＿＿＿；D 触发器的次态方程为＿＿＿。
11. 在 CP 脉冲作用下，根据输入信号 J、K 的不同组合状态，凡具有＿＿＿、＿＿＿、＿＿＿和＿＿＿功能的电路称为 JK 触发器。
12. JK 触发器转化成 D 触发器的条件是＿＿＿，转化成 T 触发器的条件是＿＿＿。
13. D 触发器转换成 T 触发器，其转换逻辑为 D=＿＿＿。
14. 将 D 触发器的 D 端与 $\bar{Q}$ 端直接相连时，D 触发器可转换成＿＿＿触发器。

## 二、判断题

1. 触发器是一种具有记忆能力的基本逻辑单元。　　　　　　　　　　　（　）
2. $Q^{n+1}$ 表示触发器的原态，即现态。　　　　　　　　　　　　　（　）
3. 触发器有两个稳定状态，一个是现态，另一个是次态。　　　　　　（　）
4. 基本的 RS 触发器可以由二个与非门组成。　　　　　　　　　　　（　）
5. $\bar{R}_D=1$，$\bar{S}_D=1$ 是基本 RS 触发器允许的输入信号。　　　　　（　）
6. JK 触发器只要 J、K 端同时为 1，则一定引起状态翻转。　　　　　（　）
7. 主从型 JK 触发器的从触发器翻转时刻在 CP 下降沿到来时。　　　（　）
8. 对边沿 JK 触发器，在 CP 为高电平期间，当 J=K=1 时，状态会翻转一次。（　）
9. D 触发器的输出总是跟随其输入的变化而变化。　　　　　　　　　（　）
10. T′触发器具有置 0 和置 1 功能。　　　　　　　　　　　　　　　（　）

## 三、单项选择题

1. 时序逻辑电路中 CP 信号的作用是（　　）。
   A．指挥整个电路协同工作　　　　B．输入信号
   C．抗干扰信号　　　　　　　　　D．清零信号

2. 按逻辑功能的不同，双稳态触发器可分为（　　）。
   A．TTL 型和 MOS 型　　　　　　B．主从型和维持阻塞型
   C．RS、JK、D、T 等　　　　　　D．上述均包括

3. 抗干扰能力较差的触发方式是（　　）。
   A．同步触发　　　　　　　　　　B．主从触发
   C．上升沿触发　　　　　　　　　D．下降沿触发

4. 如果触发器的次态仅取决于 CP（　　）时输入信号的状态，就可以克服空翻。
   A．高电平　　　　　　　　　　　B．上升（下降）沿
   C．低电平　　　　　　　　　　　D．无法确定

5. 为了使时钟控制的 RS 触发器的次态为 1，RS 的取值应为（　　）。
   A．RS=00　　　　　　　　　　　B．RS=01
   C．RS=10　　　　　　　　　　　D．RS=11

6. 或非门构成的基本 RS 触发器的约束条件是（　　）。
   A．S=0，R=1　　　　　　　　　 B．S=1，R=0
   C．S=1，R=1　　　　　　　　　 D．S=0，R=0

7. 为了使同步 RS 触发器的次态为 0，RS 的取值应为（　　）。
   A．RS=00　　　　　　　　　　　B．RS=01
   C．RS=10　　　　　　　　　　　D．RS=11

8. 如图 11-1 所示电路，设初始状态为 Q=1，$\overline{Q}$=0，则当 $\overline{R}_D$ 和 $\overline{S}_D$ 同时为 1 时（　　）。
   A．Q=0，$\overline{Q}$=1
   B．Q=0，$\overline{Q}$=0
   C．Q=1，$\overline{Q}$=1
   D．以上答案都不对

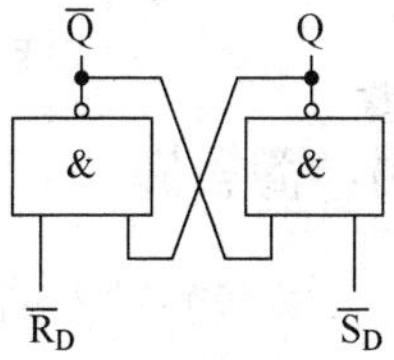

图 11-1　单选题 8 图

9. 在 CP（　　）时主从 RS 触发器的主触发器接收输入信号。
   A．0→1　　　　　　　　　　　　B．=1
   C．1→0　　　　　　　　　　　　D．=0

10. 边沿控制触发的触发器的触发方式为（　　）。
    A．上升沿触发
    B．可以是上升沿触发，也可以是下降沿触发
    C．下降沿触发
    D．可以是高电平触发，也可以是低电平触发

11. 假设 JK 触发器的现态 $Q^n$=0，要求 $Q^{n+1}$=0，则应使（　　）。
    A．J=×，K=0　　　　　　　　　B．J=0，K=任意

C. J=1，K=× D. J=K=1

12. JK 触发器在 CP 脉冲作用下，若使 $Q^{n+1}=1$，则必须使（　　）。

   A. J=0，K=0 B. J=0，K=1
   C. J=1，K=0 D. J=1，K=1

13. 对于 JK 触发器，若 J=K，则可完成（　　）触发器的逻辑功能。

   A. RS B. D
   C. T D. T′

14. （　　）触发器可以构成移位寄存器。

   A. 基本 RS 触发器 B. 主从 RS 触发器
   C. 同步 RS 触发器 D. 边沿 D 触发器

15. 如图 11-2 所示电路为同步 D 触发器，设初始状态为 0，则经过一个 CP 脉冲作用后，其 Q 端状态为（　　）。

   A. 1 B. 0
   C. $\overline{Q}^n$ D. $Q^n$

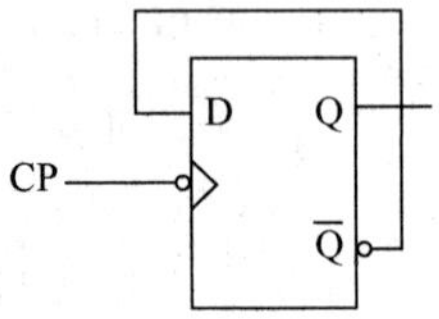

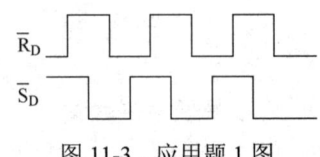

图 11-2　单选题 15 图

16. 对于 D 触发器，若使 $Q^{n+1}=Q^n$，则应使输入 D 为（　　）。

   A. 0 B. 1
   C. Q D. $\overline{Q}^n$

17. 对于 T 触发器，若原态 $Q^n=0$，要使新态 $Q^{n+1}=1$，则应使输入 T=（　　）。

   A. 0 B. 1
   C. Q D. $\overline{Q}^n$

18. 仅具有保持、计数功能的触发器称为（　　）。

   A. JK 触发器 B. 基本 RS 触发器
   C. D 触发器 D. T 触发器

## 四、简答题

何谓触发器的"空翻"？引起空翻的原因是什么？

## 五、触发器分析与应用题

1. 设用与非门组成的基本 RS 触发器初始输出状态为 0，已知输入 $\overline{R}_D$、$\overline{S}_D$ 的波形如图 11-3 所示，试画出输出 Q、$\overline{Q}$ 的波形图。（不考虑门电路的延迟时间情况）

图 11-3　应用题 1 图

2. 画出如图 11-4（a）所示由或非门组成的基本 RS 触发器输出端 Q、$\overline{Q}$ 的电压波形，输入端 $S_D$，$R_D$ 的电压波形如图 11-4（b）所示。

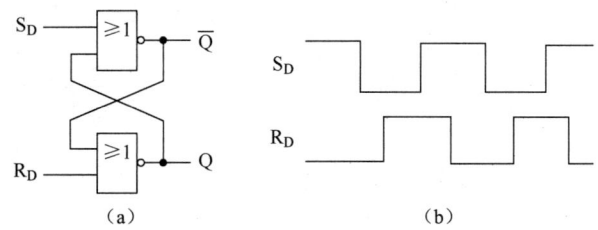

图 11-4　应用图 2 图

3. 如图 11-5（a）所示为同步 RS 触发器符号，设初始状态为 0，如果给定 CP、S、R 的波形如图 11-5（b）所示，试画出相应的输出 Q 波形。

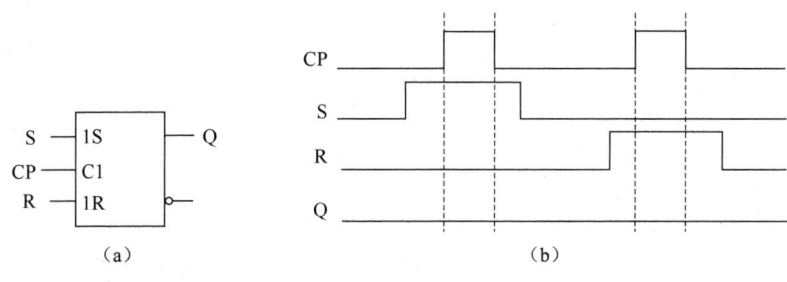

图 11-5　应用题 3 图

4. 设同步 D 触发器的初始状态为 0，已知输入信号 D 的波形如图 11-6 所示，试画出输出 Q 的波形图。

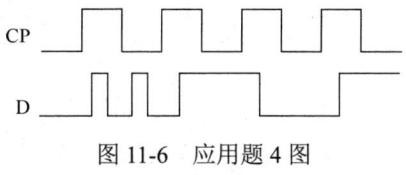

图 11-6　应用题 4 图

5. 设主从 JK 触发器的初始状态为 0，触发器的触发翻转发生在时钟脉冲的下降沿，已知输入 J、K 的波形如图 11-7 所示，画出输出 Q 的波形图。

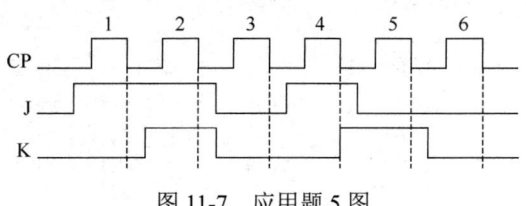

图 11-7　应用题 5 图

6. 如图 11-8 所示电路，满足 $Q^{n+1} = A + \overline{Q}^n$ 逻辑关系的电路是哪些？

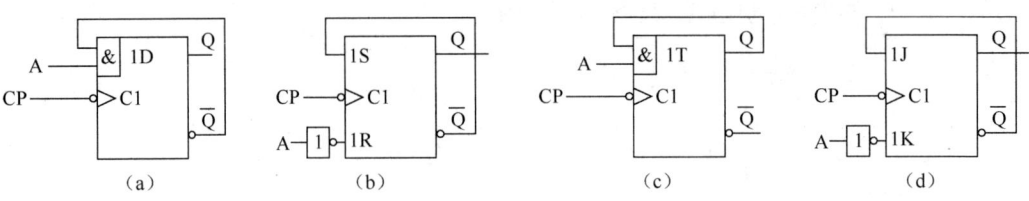

图 11-8　应用题 6 图

7. 边沿 JK 触发器的初态 Q=1，CP 脉冲上升沿触发有效，试根据图 11-9 中的输入波形，画出输出 Q 波形。

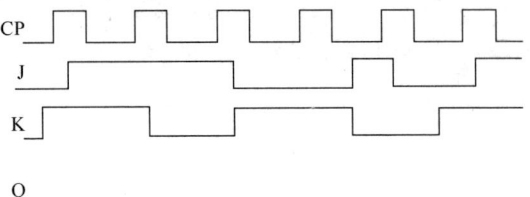

图 11-9　应用题 7 图

8. 如图 11-10（a）所示边沿 JK 触发器，设触发器的初始状态为 0。试根据图 11-10（b）中给出的输入波形，画出触发器的输出 Q、$\overline{Q}$ 的波形。

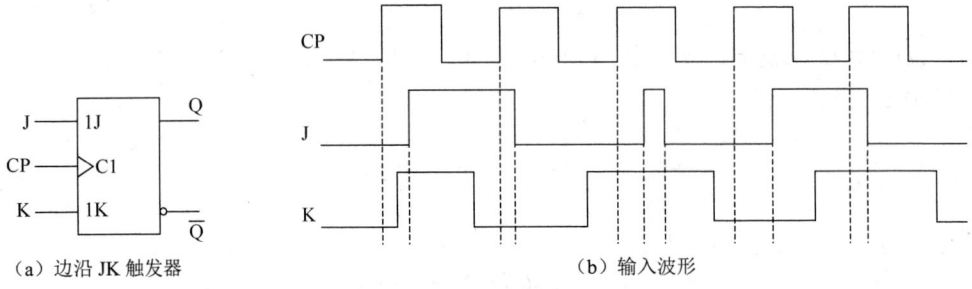

图 11-10　应用题 8 图

9. 如图 11-11 所示边沿 D 触发器，确定相关于时钟的输出 Q 是否正确，并分析其特殊功能。（设触发器的初始状态为 0）

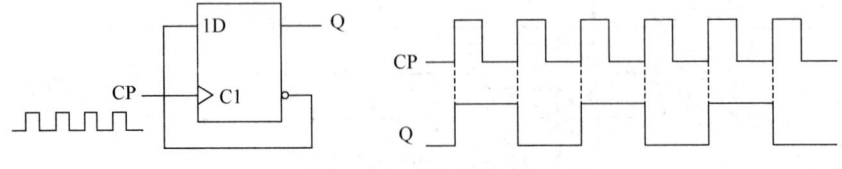

图 11-11　应用题 9 图

10. 如图 11-12 所示，各边沿触发器的初始状态都为 0，试对应 CP 波形画出各触发器输出 Q 的波形。

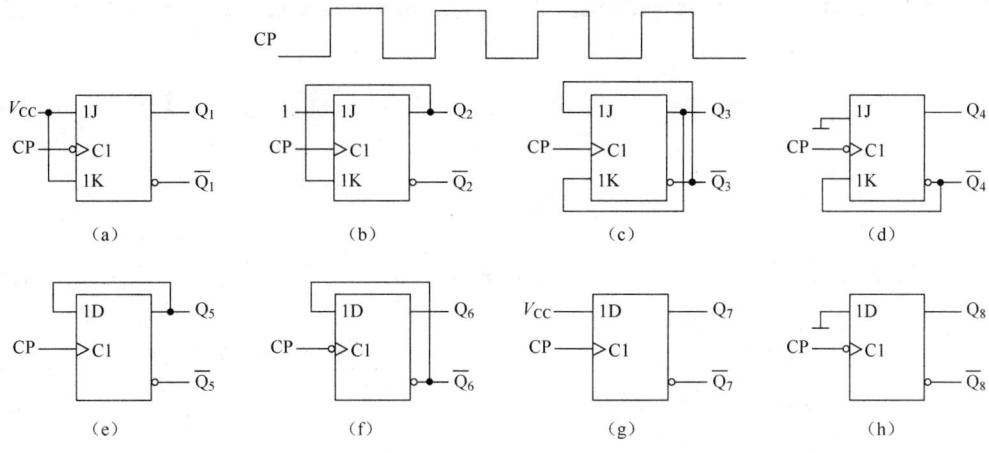

图 11-12　应用题 10 图

11. 如图 11-13 所示触发器电路，对应输入波形画出 Q、$\overline{Q}$ 波形（设 Q 初态为 0）。

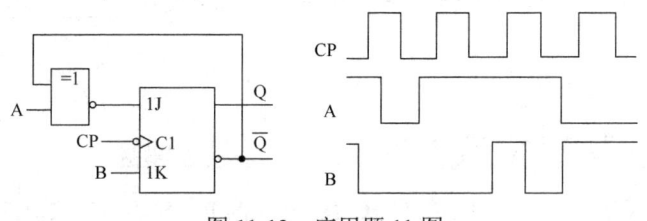

图 11-13　应用题 11 图

12. 如图 11-14 所示集成 JK 触发器的电路，试在 CP 作用下画出输出端 $Q_A$、$Q_B$ 的波形。（设两触发器的初始状态均为 0）

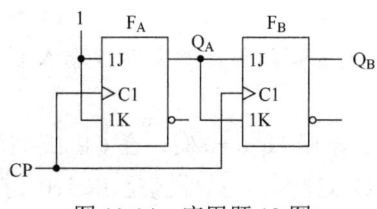

图 11-14　应用题 12 图

参考答案

# 第十一章 集成触发器单元测试（B）卷

时量：90 分钟　　　总分：100 分　　　难度等级：【中】

## 一、填空题（每空 1 分，共计 20 分）

1. 触发器有两个互补的输出端 Q、$\overline{Q}$，定义触发器的 1 状态为_____，0 状态为_____，可见触发器的状态指的是_____端的状态。
2. _____触发器具有空翻现象；_____触发器存在一次翻转现象；_____触发器具有置 0 和置 1 功能；JK 触发器具有_____、_____、_____和_____功能；仅具有翻转功能的是_____。
3. 主从 RS 触发器具有_____、_____和_____功能，但是也存在_____现象。
4. JK 触发器构成 T 触发器的方法为_____；JK 触发器构成 T′触发器的方法为_____。
5. 对于上升沿触发的 D 触发器，它的次态仅取决于 CP_____沿到达时_____的状态。
6. T 触发器的次态方程为_____。

## 二、判断题（每小题 1 分，共计 10 分）

1. 同步 RS 触发器只有在 CP 信号到来后，才依据 R、S 信号的变化来改变输出的状态。（　　）
2. 同步触发器存在空翻现象，而边沿触发器和主从触发器克服了空翻。（　　）
3. 时钟脉冲的作用主要是使触发器的输出状态稳定。（　　）
4. 触发器有两个稳定状态，在外界输入信号的作用下，可以从一个稳定状态转变为另一个稳定状态。（　　）
5. 触发器异步输入端为低电平有效时，如果异步输入端 $\overline{R}_D$=1，$\overline{S}_D$=0，则触发器直接置成 0 状态。（　　）
6. 同步 RS 触发器的输入信号 S=1、R=0 时，在 CP 脉冲的作用下输出 Q=0。（　　）
7. 对于 JK 触发器，无论 $Q^n$ 是什么，只要满足 JK=10（在 CP 有效的情况下），则 $Q^{n+1}$ 必等于 0。（　　）
8. 在图 11B-1 中，已知时钟脉冲 CP 和输入信号 J、K 的波形，则边沿 JK 触发器的输出波形如图中所示。（　　）
9. 在图 11B-2 中，D 触发器输入波形如图所示，由图可知，Q 的输出波形是正确的。（　　）
10. D 触发器的特征方程为 $Q^{n+1}$ = D，与 $\overline{Q}^n$ 无关，所以它没有记忆功能。（　　）

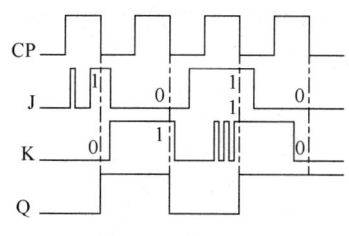

图 11B-1 判断题 8 图

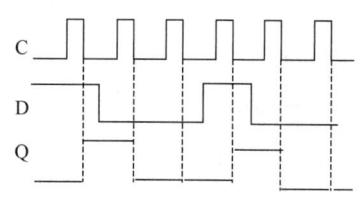

图 11B-2 判断题 9 图

## 三、单项选择题（每小题 2 分，共计 20 分）

1. 如图 11B-3 所示为由两个 TTL 或非门构成的基本 RS 触发器，如果 S=R=0，则触发器的状态应为（ ）。

   A．置 0  B．置 1
   C．$Q^{n+1}=Q^n$  D．$Q^{n+1}=\overline{Q}^n$

2. 如图 11B-4 所示电路，时钟脉冲 CP 的频率为 1kHz，则 $Q_2$ 的频率为（ ）。

   A．1kHz  B．500Hz
   C．250Hz  D．125Hz

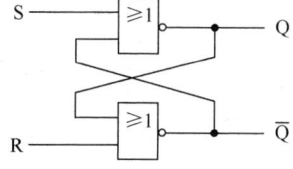

图 11B-3 单选题 1 图

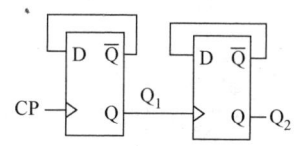

图 11B-4 单选题 2 图

3. 主从 RS 触发器，当 CP=1，RS=10，则触发器的状态将（ ）。

   A．保持  B．置 0
   C．置 1  D．翻转

4. 当由或非门构成的基本 RS 触发器的输入 S=1，R=1 时，其输出状态为（ ）。

   A．Q=0，$\overline{Q}$=1  B．Q=1，$\overline{Q}$=0
   C．状态不确定  D．Q=0，$\overline{Q}$=0

5. RS 触发器的状态由 0→1 时，其输入信号为（ ）。

   A．RS=01  B．RS=×1
   C．RS=×0  D．RS=10

6. 图 11B-5 中是主从型 JK 触发器的状态表为（ ）。

| J | K | $Q^{n+1}$ |
|---|---|---|
| 0 | 0 | $Q^n$ |
| 0 | 1 | 0 |
| 1 | 0 | 1 |
| 1 | 1 | $\overline{Q}^n$ |

A.

| J | K | $Q^{n+1}$ |
|---|---|---|
| 1 | 0 | 0 |
| 0 | 1 | 1 |
| 1 | 1 | 不变 |
| 0 | 0 | 不定 |

B.

| J | K | $Q^{n+1}$ |
|---|---|---|
| 0 | 0 | $Q^n$ |
| 0 | 1 | 0 |
| 1 | 0 | 1 |
| 1 | 1 | 不定 |

C.

图 11B-5 单选题 6 图

7. 如图 11B-6 所示电路，输出端 Q 所得波形的频率为 CP 信号二分频的电路为（    ）。

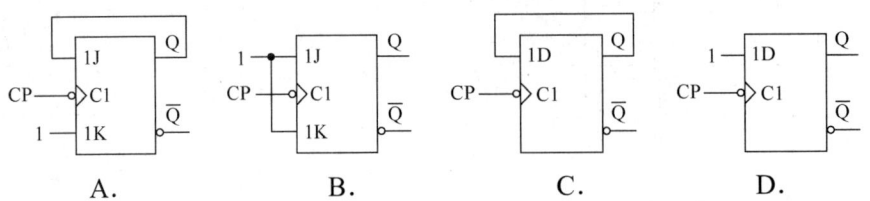

图 11B-6　单选题 7 图

8. 主从 JK 触发器相比主从 RS 触发器而言，突出的优点是（    ）。
   A．边沿触发　　　　　　　　B．防止空翻
   C．对输入端状态无限制　　　D．输入端直接控制

9. 如图 11B-7 所示逻辑电路，A=0 时，CP 脉冲到来后 D 触发器（    ）。
   A．具有计数器功能　　　　　B．置 0
   C．置 1　　　　　　　　　　D．不一定

10. 如图 11B-8 所示触发器电路，当 A=1 时，其次态方程为（    ）。
    A．$Q^{n+1}=1$　　　　　　　　B．$Q^{n+1}=0$
    C．$Q^{n+1}=Q^n$　　　　　　　D．$Q^{n+1}=\overline{Q}^n$

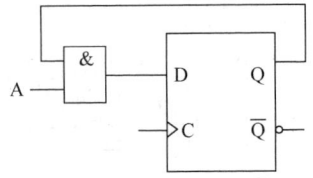

图 11B-7　单选题 9 图

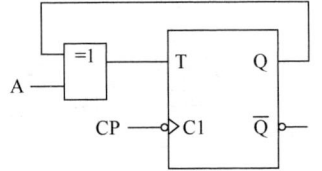

图 11B-8　单选题 10 图

## 四、计算题或综合题（共 50 分）

1．已知上升沿 D 触发器各输入端的波形如图 11B-9 所示，试画出 Q 和 $\overline{Q}$ 端的波形。（10 分）

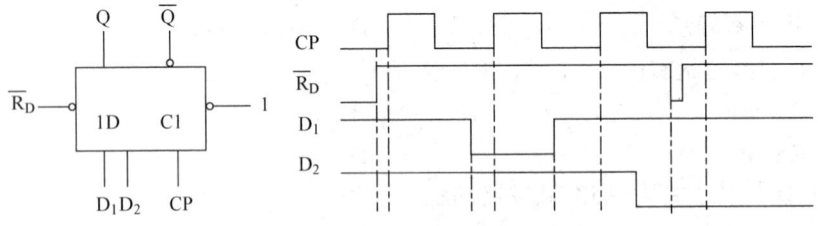

图 11B-9　综合题 1 图

2. 如图 11B-10 所示电路，已知 $R=100\text{k}\Omega$，$C=40\text{pF}$，输入信号 $u_\text{i}$ 的频率分别为 20kHz 和 20MHz，试画出输出 Q、$u_\text{o}$ 的波形，并说明原因。（10 分）

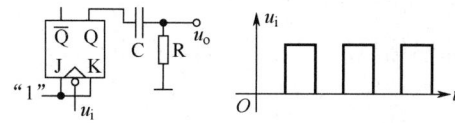

图 11B-10　综合题 2 图

3. 在图 11B-11 所示电路中，触发器的初态 Q=0，输入端 A、B、CP 的信号波形如图所示，试求：
（1）在 CP 作用下，输出 Q 与输入 A、B 的逻辑关系；（4 分）
（2）根据 A、B、CP 的信号波形，画出对应输出 Q 波形。（6 分）

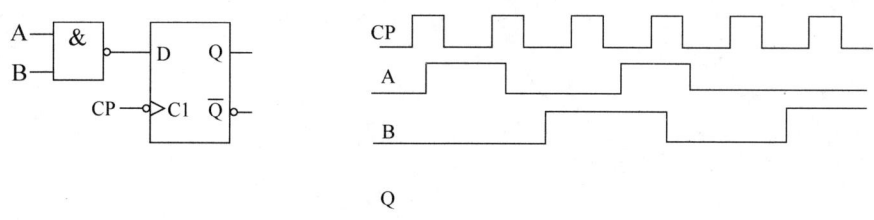

图 11B-11　综合题 3 图

4. 如图 11B-12（a）所示逻辑电路，设电路的初始状态为 Q=0。
（1）写出 Q 的次态方程；（4 分）
（2）试根据如图 11B-12（b）所示的输入波形，画出输出 Q 端的波形。（6 分）

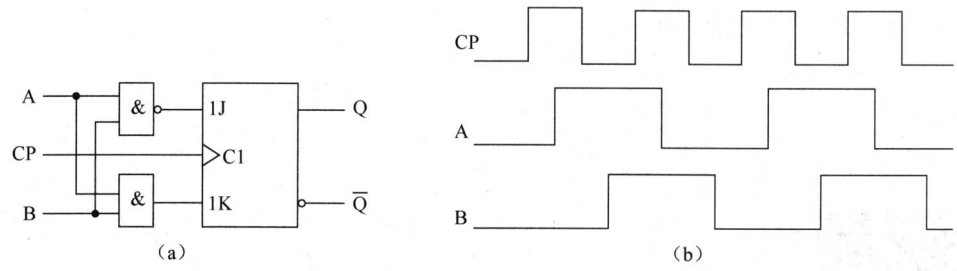

图 11B-12　综合题 4 图

5. 在图 11B-13 所示电路中，触发器为维持阻塞结构，初始状态为 Q=0。（提示：应考虑触发器和异或门的传输延迟时间）已知输入信号 $u_I$ 的电压波形如图 11B-13（b）所示：

（1）写出 $u_O$ 的输出方程；（4分）

（2）试画出与之对应的输出电压 $u_O$ 的波形。（6分）

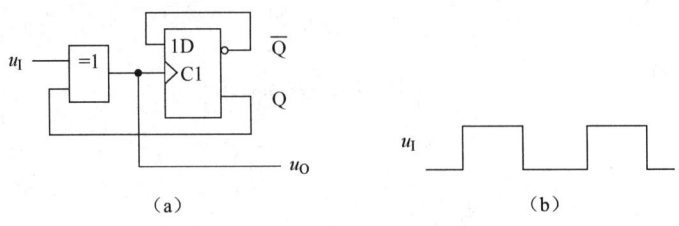

图 11B-13　综合题 5 图

**参考答案**

# 第十一章 集成触发器单元测试（C）卷

时量：90 分钟　　　总分：100 分　　　难度等级：【中】

## 一、填空题（每空 1 分，共计 20 分）

1. 主从型 JK 触发器状态跳变发生在_____时刻。
2. 集成触发器是一种具有_____功能的电路，它是存储_____位二进制代码的最常用的单元电路，也是构成_____电路不可缺少的重要部件。
3. 与非门构成的基本 RS 触发器特征方程为_____，约束条件是_____；或非门构成的基本 RS 触发器特征方程为_____，约束条件是_____。
4. 钟控的 RS 触发器，在正常工作时，不允许输入端 R=S=_____，其特征方程为_____，约束条件是_____。
5. 欲使 JK 触发器实现 $Q^{n+1} = Q^n$ 的功能，则输入端 J 应接_____，K 应接_____。
6. 要用边沿触发的 D 触发器构成一个二分频电路，将频率为 100Hz 的脉冲信号转换为 50Hz 的脉冲信号，其电路连接形式为_____。
7. 触发器根据逻辑功能的不同，可分为_____、_____、_____、_____等。
8. T 触发器具有_____和_____的逻辑功能。

## 二、判断题（每小题 1 分，共计 10 分）

1. 基本 RS 触发器不仅具有对脉冲的记忆和存储能力，而且还具有计数的功能。（　　）
2. 若要实现一个可暂停的一位二进制计数器，控制信号 A=0 计数，A=1 保持，可选用 T 触发器，且令 T=A。（　　）
3. 从电路结构来看，各类触发器是构成时序电路的基本单元。（　　）
4. 触发器的逻辑功能可以用真值表、卡诺图、特征方程、状态图和波形图五种方式描述。（　　）
5. 同步 RS 触发器的同步是指触发器状态的改变是在时钟脉冲 CP 作用下进行的。（　　）
6. 主从 RS 触发器能够避免空翻现象。（　　）
7. 对于 JK 触发器，无论 $Q^n$ 是什么，只要满足 JK=11（在 CP 有效的情况下），则 $Q^{n+1}$ 必等于 1。（　　）
8. JK 触发器都是采用下降沿触发的。（　　）
9. D 触发器的特征方程 $Q^{n+1}$=D，而与 $Q^n$ 无关，所以，D 触发器不是时序电路。（　　）
10. 凡是 D 触发器都是 CP 上升沿触发的。（　　）

## 三、单项选择题（每小题2分，共计20分）

1. 对于 T 触发器，若原态 $Q^n=1$，要使新态 $Q^{n+1}=1$，则应使输入 T=（　　）。
   A. 0　　　　　B. 1　　　　　C. Q　　　　　D. $\overline{Q}$

2. 图 11C-1 所示为由或非门构成的基本 RS 触发器，输入 S、R 的约束条件是（　　）。
   A. RS=0　　　B. SR=1　　　C. S+R=0　　　D. S+R=1

3. 如图 11C-2 所示逻辑电路，当 A=0，B=1 时，脉冲到来后触发器（　　）。
   A. 置 0　　　B. 置 1　　　C. 具有计数功能　　D. 保持原状态

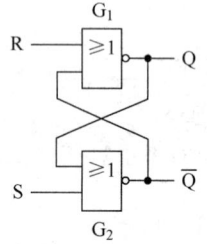

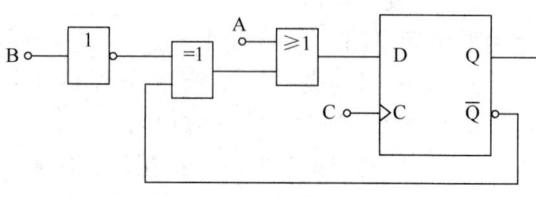

图 11C-1　单选题 2 图　　　　　图 11C-2　单选题 3 图

4. 与非门构成的基本 RS 触发器的输入 S=0、R=0 时，其输出状态为（　　）。
   A. Q=1，$\overline{Q}$=1　　B. Q=0，$\overline{Q}$=1　　C. Q=1，$\overline{Q}$=0　　D. 状态不确定

5. CP 有效期间，同步 RS 触发器的特征方程是（　　）。
   A. $Q^{n+1}=\overline{S}+RQ^n$　　　　　　B. $Q^{n+1}=\overline{S}+RQ^n$（RS=0）
   C. $Q^{n+1}=S+\overline{R}Q^n$　　　　　　D. $Q^{n+1}=S+\overline{R}Q^n$（RS=0）

6. 触发器接法如图 11C-3 所示，能实现 $Q^{n+1}=\overline{Q}^n$ 的电路是（　　）。

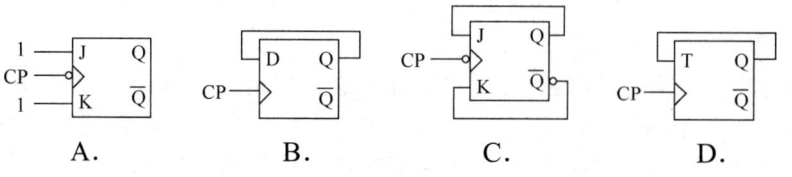

　A.　　　　　　B.　　　　　　C.　　　　　　D.

图 11C-3　单选题 6 图

7. 要求 JK 触发器状态由 0→1，其激励输入端 JK 应为（　　）。
   A. JK=0×　　B. JK=×0　　C. JK=1×　　D. JK=×1

8. 对于 JK 触发器，若 J=K，则可完成（　　）触发器的逻辑功能。
   A. RS　　　　B. D　　　　C. T　　　　D. T′

9. CP 有效期间，同步 D 触发器特征方程是（　　）。
   A. $Q^{n+1}=D$　　　　　　　B. $Q^{n+1}=DQ^n$
   C. $Q^{n+1}=D\oplus Q^n$　　　　D. $Q^{n+1}=\overline{D}\oplus Q^n$

10. 仅具有翻转功能的触发器称为（　　）。
    A. JK 触发器　　B. T 触发器　　C. D 触发器　　D. T′触发器

## 四、计算题或综合题（共 50 分）

1. 已知下降沿有效的 JK 触发器的 CP、J、K 及异步置 1 端 $\overline{S_D}$、异步置 0 端 $\overline{R_D}$ 的波形如图 11C-4 所示，试画出 Q 的波形（设 Q 的初态为 0）。（10 分）

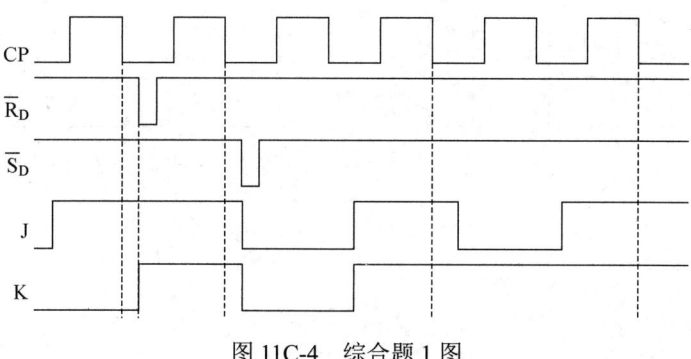

图 11C-4　综合题 1 图

2. 图 11C-5（a）中 CP 的波形如图 11C-5（b）所示。要求：
（1）写出触发器次态 $Q^{n+1}$ 的最简函数表达式和 $Y_1$、$Y_2$ 的输出方程。（4 分）
（2）在图 11C-5（b）中画出 Q、$Y_1$ 和 $Y_2$ 的波形（设 $Q^n=0$）（6 分）

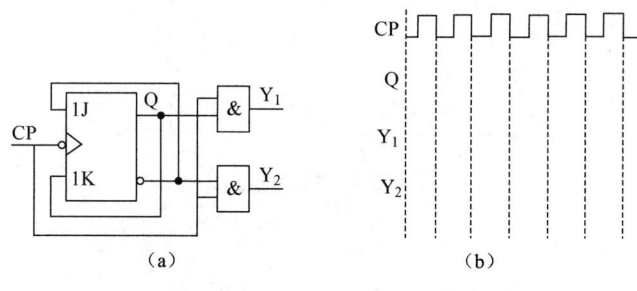

图 11C-5　综合题 2 图

3. 如图 11C-6 所示为由维持-阻塞型 D 触发器组成的电路，设电路的初始状态为 0。
（1）写出触发器次态 $Q^{n+1}$ 的方程。（4 分）
（2）已知 A、B、CP 端的电压波形，试画出 Q 端对应的电压波形。（6 分）

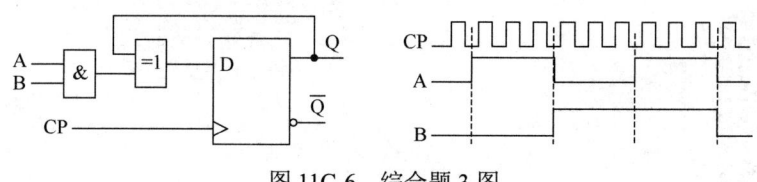

图 11C-6　综合题 3 图

4. 如图 11C-7（a）所示逻辑电路，设电路的初始状态为 Q=0。

（1）写出触发器次态 $Q^{n+1}$ 的方程。（4 分）

（2）试根据图 11C-7（b）中对应给出的输入波形，画出输出 Q 端的波形。（6 分）

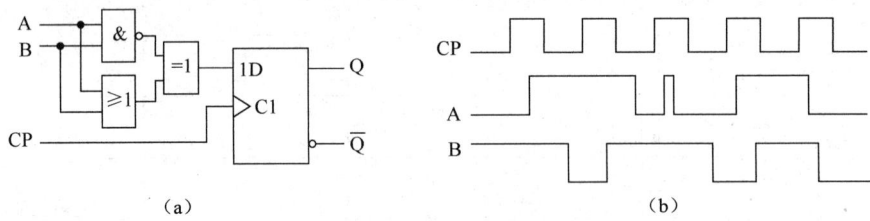

图 11C-7　综合题 4 图

5. 如图 11C-8 所示电路，设各触发器初始状态均为 0：

（1）写出触发器 $Q_1^{n+1}$、$Q_2^{n+1}$ 的次态方程；（4 分）

（2）试画出在 CP 作用下 $Q_1$、$Q_2$ 的波形。（6 分）

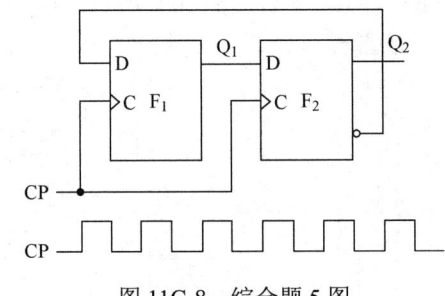

图 11C-8　综合题 5 图

**参考答案**

# 第十二章　时序逻辑电路

## 一、填空题

1. 时序逻辑电路在某一时刻的状态不仅取决于_____的输入状态，还与电路_____有关。
2. 时序逻辑电路按各位触发器接受_____信号的不同，可分为_____步时序逻辑电路和_____步时序逻辑电路两大类。在_____步时序逻辑电路中，各位触发器无统一的_____信号，输出状态的变化通常不是_____发生的。
3. 用来累计和寄存输入脉冲数目的器件称为_____。
4. 构成一个 $2^N$ 进制计数器，共需要_____个触发器，六位二进制加法计数器所累计的输入脉冲数最大为_____。
5. 四个触发器最大可组成_____进制计数器，也可组成四位_____进制计数器。
6. 8421 BCD 码的二-十进制计数器，当状态为_____时，再来一个 CP 脉冲，则计数状态为 0000，并向高位发出进位信号。
7. 一个五位二进制加法计数器，由 00000 状态开始，经过 75 个计数脉冲输入后，此计数器的状态为_____。
8. 两片中规模集成电路十进制计数器串联后，最大计数容量时模为_____。
9. 寄存器按照功能不同可分为两类，分别是_____寄存器和_____寄存器。
10. 八位移位寄存器，串行输入时需经过_____CP 脉冲作用后，八位数码才能全部移入寄存器中。
11. 74LS194 是典型的四位_____型集成双向移位寄存器芯片，具有_____、_____、_____、_____和_____等功能。

## 二、判断题

1. 时序逻辑电路在任意时刻的输出信号只取决于输入信号，与前一状态无关。（　　）
2. 时序逻辑电路由组合逻辑电路和记忆单元电路组成。（　　）
3. 组成异步时序电路的各级触发器类型不同。（　　）
4. 移位寄存器只能串行输出。（　　）
5. 三位二进制加法计数器，最多能计 6 个脉冲信号。（　　）
6. 移位寄存器就是数码寄存器，它们没有区别。（　　）
7. 五进制计数器的有效状态为五个。（　　）
8. 同步时序逻辑电路中各触发器的时钟脉冲 CP 不一定相同。（　　）

## 三、单项选择题

1. 组合逻辑电路和时序逻辑电路的最大区别是（　　）。
   A．电路中晶体管的工作状态　　B．电路所处理的信号
   C．构成电路的半导体器件　　　D．电路是否有记忆能力

2. 时钟脉冲，在数字系统中是（　　）。
   A．清零信号
   B．指挥整个系统协同工作的主控脉冲信号
   C．输入信号
   D．抗干扰信号

3. 若三位异步二进制减法计数器的初始状态为 $Q_2Q_1Q_0=000$，接收一个计数脉冲后 $Q_2Q_1Q_0$ 应为（　　）。
   A．111　　　　　　　　　　　　B．001
   C．010　　　　　　　　　　　　D．100

4. 要设计状态能在 000～111 之间循环的计数器，如果设计合理，采用同步二进制计数器，最少应使用（　　）级触发器。
   A．2　　　　B．3　　　　C．4　　　　D．8

5. 由 $n$ 个触发器构成的计数器，最多计数个数为（　　）。
   A．$n$ 个　　　B．$2n$ 个　　　C．$n^2$ 个　　　D．$2^n$ 个

6. 按各触发器的状态转换与时钟输入 CP 的关系分类，计数器可分（　　）计数器。
   A．同步和异步　　　　　　　　B．加计数和减计数
   C．二进制和十进制

7. 用 4 级触发器组成十进制计数器，其无效状态个数为（　　）。
   A．不能确定　　B．10 个　　C．8 个　　D．6 个

8. 存储八位二进制信息要（　　）个触发器。
   A．2　　　　B．3　　　　C．4　　　　D．8

9. 清零后的四位移位寄存器，如果要将四位数码全部串行输入，需配合的 CP 脉冲个数为（　　）。
   A．2　　　　B．8　　　　C．4　　　　D．6

10. 5 个 D 触发器构成环形计数器，其计数长度为（　　）。
    A．5　　　　B．10　　　C．25　　　D．32

11. 通常寄存器应具有（　　）功能。
    A．存数和取数　　　　　　　　B．清零和置数
    C．A 和 B 都有　　　　　　　　D．只有存数、取数和清零，没有置数

## 四、分析题

1. 试分析图 12-1 所示时序电路，列出它的状态转换真值表，画出状态转换图及相应的输出波形 $Q_1$ 及 $Q_2$，并说明电路的功能。

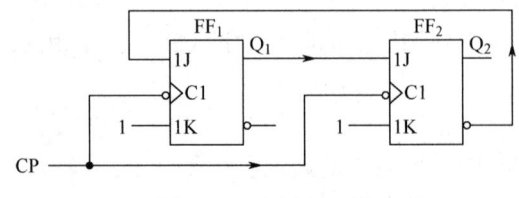

图 12-1　分析题 1 图

2. 已知计数器的输出端 $Q_2$、$Q_1$、$Q_0$ 的波形如图 12-2 所示，试画出对应的状态转换图，并分析该计数器为几进制计数器，是异步还是同步？

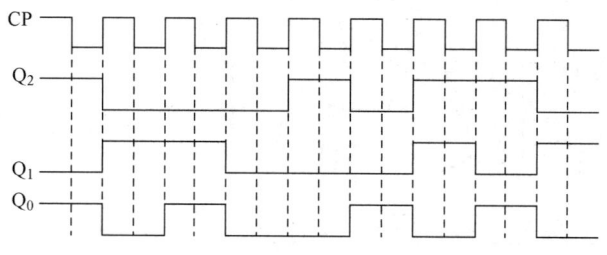

图 12-2　分析题 2 图

3. 分析图 12-3 所示时序电路：（1）列出驱动方程、状态方程、输出方程；（2）假定初始状态 $Q_2Q_1Q_0=000$，列出状态转换真值表；（3）归纳其逻辑功能。

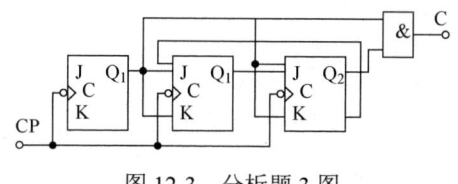

图 12-3　分析题 3 图

4. 分析图 12-4 所示时序电路：（1）列出驱动方程、状态方程、输出方程；（2）列出状态转换真值表；（3）归纳其逻辑功能。

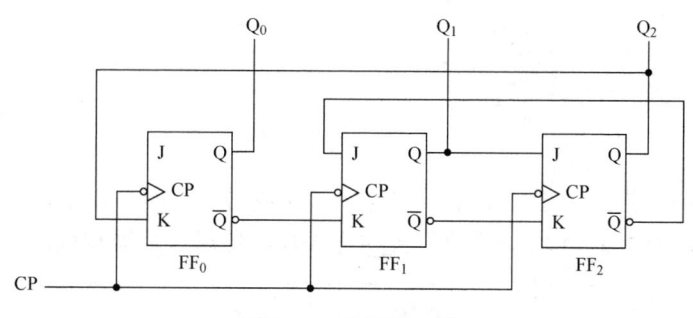

图 12-4　分析题 4 图

5. 电路及时钟脉冲、输入端 D 的波形如图 12-5 所示，设初始状态为"000"。试画出各触发器的输出时序图，并说明电路的功能。

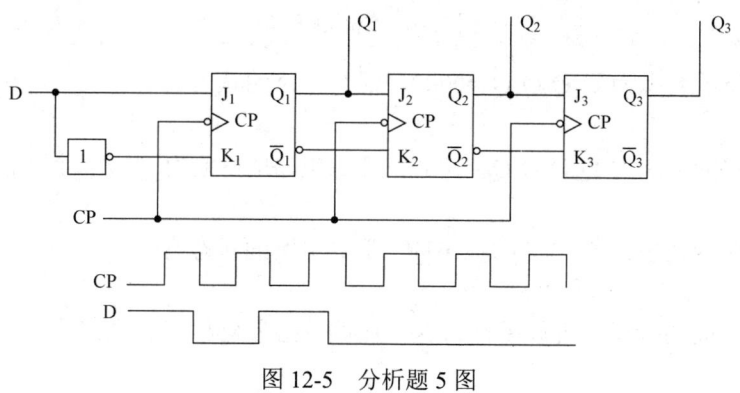

图 12-5　分析题 5 图

6．已知图 12-6（a）所示为异步二进制计数器，各触发器的初态均为 0，根据输入的波形在图 12-6（b）中画出各输出端 $Q_0Q_1Q_2$ 的波形，并说明它是加法计数器还是减法计数器。

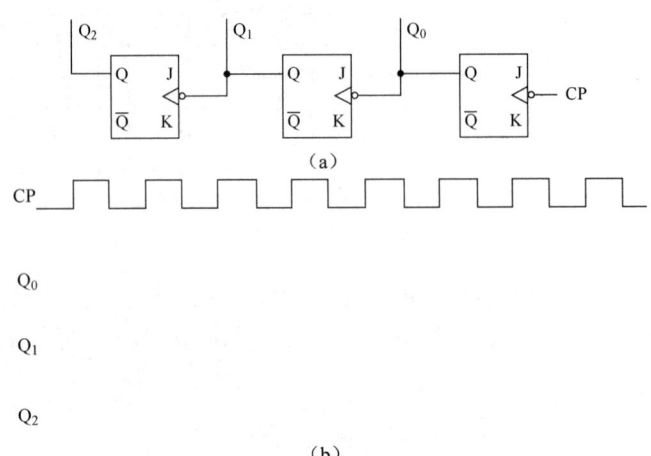

图 12-6　分析题 6 图

7．试分析图 12-7 所示电路的逻辑功能，并画出 $Q_0$、$Q_1$、$Q_2$ 的波形。（设各触发器的初始状态均为 0）

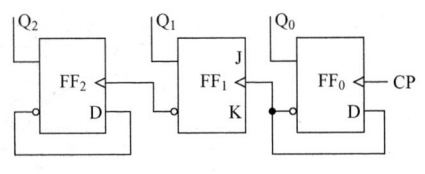

图 12-7　分析题 7 图

8．图 12-8 所示为扭环形计数器，它与环形计数器的不同只在于最末级触发器与最前级连接的是 $\overline{Q}$ 端，而不是 Q 端，其他位置的连接都与环形计数器相同。

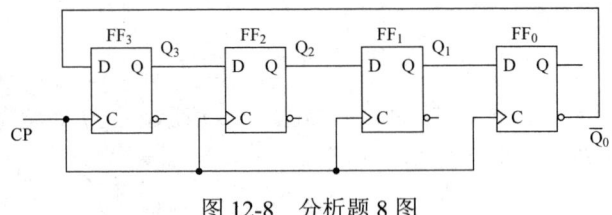

图 12-8　分析题 8 图

（1）若电路的初态为 $Q_3Q_2Q_1Q_0=0000$，那么电路的状态有_____个，试画出电路的状态图；

（2）若电路的初态为 $Q_3Q_2Q_1Q_0=1000$，那么电路的状态有_____个，试画出电路的状态图；

（3）若电路的初态为 $Q_3Q_2Q_1Q_0=1011$，那么电路的状态有_____个。试画出电路的状态图；

（4）经过上面的分析，可以得知，这个由四位触发器构成的电路，共有_____个电路状态；

（5）自行分析由三位触发器构成的扭环形计数器，它有_____个电路状态；如果是由五位触发器构成的呢，它有_____个电路状态；

（6）结论：由 n 位触发器构成的扭环形计数器，有_____个状态；扭环形计数器的状态利用率是环形计数器的_____倍。

9．分析图 12-9 所示由 74LS160（十进制同步加法计数器，异步清 0，同步预置数）构成的计数器为几进制计数器。

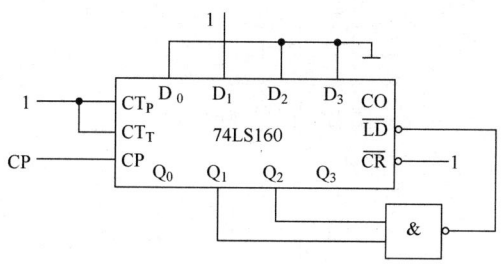

图 12-9　分析题 9 图

10．分析图 12-10 所示的计数器为几进制。（74LS160 为十进制同步加法计数器，异步清 0，同步预置数）

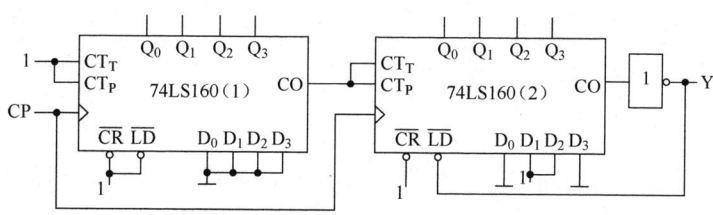

图 12-10　分析题 10 图

11．分析图 12-11 所示为几进制计数器？

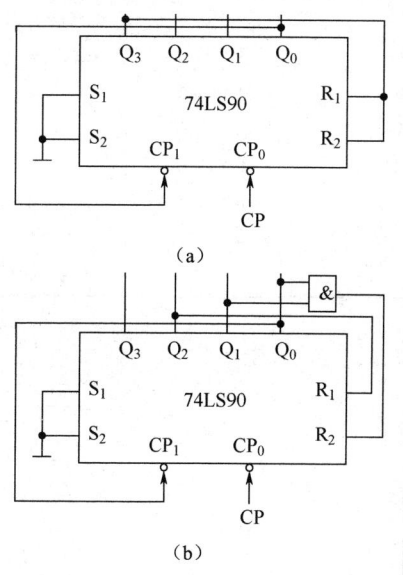

| 输入 | | | | 输出 | | | |
|---|---|---|---|---|---|---|---|
| $R_1$ | $R_2$ | $S_1$ | $S_2$ | $Q_3$ | $Q_2$ | $Q_1$ | $Q_0$ |
| 1 | 1 | 0 | × | 0 | 0 | 0 | 0 |
| 1 | 1 | × | 0 | 0 | 0 | 0 | 0 |
| ○ | × | 1 | 1 | 1 | 0 | 0 | 0 |
| × | ○ | 1 | 1 | 1 | 0 | 0 | 1 |
| × | 0 | × | 0 | 计数 | | | |
| × | 0 | 0 | × | 计数 | | | |
| 0 | × | × | 0 | 计数 | | | |
| 0 | × | 0 | × | 计数 | | | |

注：将 $Q_0$ 与 $CP_1$ 连接，从 $CP_0$ 送 CP 为 8421 码；将 $Q_3$ 与 $CP_0$ 连接，从 $CP_1$ 送 CP 为 5421 码。

图 12-11　分析题 11 图

12. 图 12-12 所示是可变进制计数器。试分析当控制变量 M 为 1 和 0 时电路各为几进制计数器。（74LS161 为四位二进制同步加法计数器，异步清 0，同步预置数）

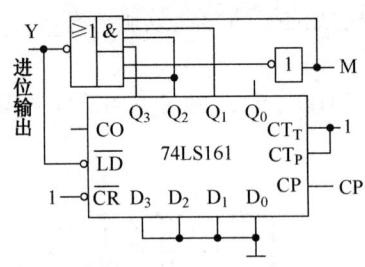

图 12-12　分析题 12 图

## 五、综合题

1. 用 D 触发器设计异步十一进制加法计数器，并检查设计的电路能否自启动。

2. 用 JK 触发器和门电路设计一个四位循环码计数器，它的状态转换表应如图 12-13 所示。

| 计数顺序 | 电路状态 $Q_4\ Q_3\ Q_2\ Q_1$ | 进位输出 C | 计数顺序 | 电路状态 $Q_4\ Q_3\ Q_2\ Q_1$ | 进位输出 C |
| --- | --- | --- | --- | --- | --- |
| 0 | 0 0 0 0 | 0 | 8 | 1 1 0 0 | 0 |
| 1 | 0 0 0 1 | 0 | 9 | 1 1 0 1 | 0 |
| 2 | 0 0 1 1 | 0 | 10 | 1 1 1 1 | 0 |
| 3 | 0 0 1 0 | 0 | 11 | 1 1 1 0 | 0 |
| 4 | 0 1 1 0 | 0 | 12 | 1 0 1 0 | 0 |
| 5 | 0 1 1 1 | 0 | 13 | 1 0 1 1 | 0 |
| 6 | 0 1 0 1 | 0 | 14 | 1 0 0 1 | 0 |
| 7 | 0 1 0 0 | 0 | 15 | 1 0 0 0 | 1 |

图 12-13　综合题 2 图

3．请用 74LS161（四位二进制同步加法计数器，异步清 0，同步预置数）在图 12-14 中设计一个分频器，要求输出信号周期是 CP 端输入脉冲的 9 倍。

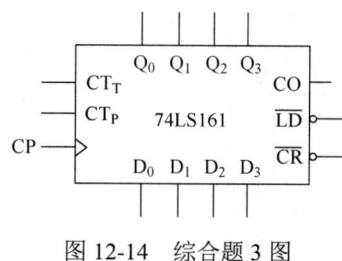

图 12-14　综合题 3 图

4．试用 74LS161（四位二进制同步加法计数器，异步清 0，同步预置数）在图 12-15 中分别用清零法（a）图和置数法（b）图接成十三进制计数器，标出输入、输出端，可以附加必要的门电路。

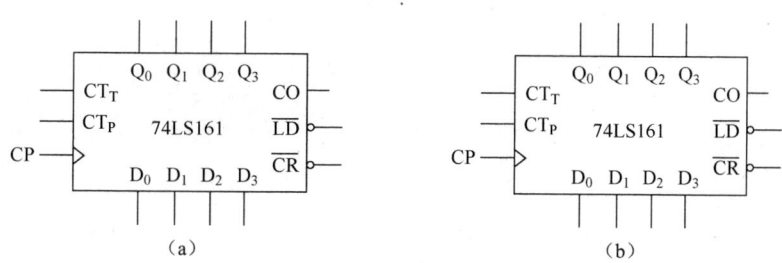

图 12-15　综合题 4 图

5．使用 74LS161（74LS161 为四位二进制同步加法计数器，异步清 0，同步预置数）和 74LS151 数据选择器设计一个序列信号发生器，在图 12-16 中产生的八位序列信号为 01010101（时间顺序自左向右）。

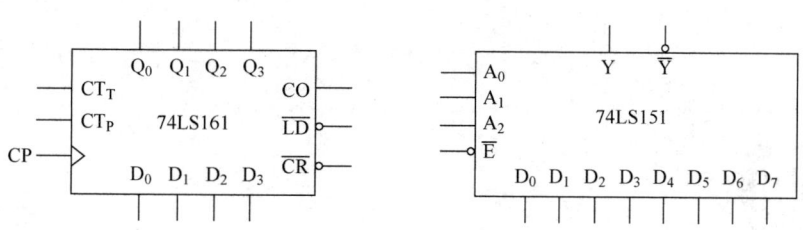

图 12-16　综合题 5 图

6. 已知 74LS290 的功能表如图 12-17（a）所示，试在（b）图中用两片异步二～五～十进制计数器 74LS290 组成二十四进制计数器。

| 输入 | | | | 输出 | | | |
|---|---|---|---|---|---|---|---|
| $R_1$ | $R_2$ | $S_1$ | $S_2$ | $Q_3$ | $Q_2$ | $Q_1$ | $Q_0$ |
| 1 | 1 | 0 | × | 0 | 0 | 0 | 0 |
| 1 | 1 | × | 0 | 0 | 0 | 0 | 0 |
| ○ | × | 1 | 1 | 1 | 0 | 0 | 1 |
| × | ○ | 1 | 1 | 1 | 0 | 0 | 1 |
| × | 0 | × | 0 | 计数 | | | |
| × | 0 | 0 | × | 计数 | | | |
| 0 | × | × | 0 | 计数 | | | |
| 0 | × | 0 | × | 计数 | | | |

注：将 $Q_0$ 与 $CP_1$ 连接，从 $CP_0$ 送 CP 为 8421 码；
将 $Q_3$ 与 $CP_0$ 连接，从 $CP_1$ 送 CP 为 5421 码。

(a)

(b)

图 12-17　综合题 6 图

参考答案

# 第十二章 时序逻辑电路单元测试（B）卷

时量：90 分钟　　总分：100 分　　难度等级：【中】

## 一、填空题（每空 1 分，共计 20 分）

1．计数器按 CP 脉冲的输入方式可分为_____和_____。
2．时序逻辑电路逻辑功能的表示方法有_____、_____、_____和_____四种。
3．寄存器存放数码的方式有_____和_____两种，从寄存器取出数码的方式有_____和_____两种。
4．图 12B-1 所示的数码寄存器，若原来状态 $Q_2Q_1Q_0$ =101，现输入数码 $D_2D_1D_0$ =011，CP 来到后，$Q_2Q_1Q_0$ 等于_____。
5．连接一个十进制的异步加法计数器，需要_____个触发器，该计数器的进位 $C_o$ 的频率与计数器时钟脉冲 CP 的频率之间的比例关系是_____。
6．利用各种不同的集成计数器构成 N 进制计数器的方法有多种，通常采用反馈法，如果要得到计数容量较大的计数器，就必须采用_____法。
7．时序逻辑电路中某计数器中的_____码，若在开机时出现，不用人工或其他设备的干预，计数器能够很快自行进入_____，使_____码不再出现的能力称为_____能力。
8．74LS160 是一块同步十进制加法计数器集成电路，它采用_____清 0，_____置数。

图 12B-1　填空题 4 图

## 二、判断题（每小题 1 分，共计 10 分）

1．为了记忆电路的状态，时序电路必须包含存储电路，存储电路通常是以触发器为基本单元电路组成的。　　　　　　　　　　　　　　　　　　　　（　）
2．把一个五进制计数器与一个十进制计数器串联可得到十五进制计数器。（　）
3．同步时序电路由组合电路和存储器两部分组成。　　　　　　　　　（　）
4．时序电路中存在反馈，组合电路中不存在反馈。　　　　　　　　　（　）
5．同步时序电路和异步时序电路的最主要区别是，前者的所有触发器受同一时钟脉冲控制，后者的各触发器不受同一时钟脉冲控制。　　　　　　　　　　（　）
6．利用集成计数器芯片的预置数功能可获得任意进制的计数器。　　　（　）
7．环形计数器在每个时钟脉冲 CP 作用时，仅有一位触发器发生状态更新。（　）
8．移位寄存器既可串行输入数据又可并行输入数据。　　　　　　　　（　）

9．计数器除了能对输入脉冲进行计数，还能作为分频器用。　　　　　　（　　）

10．时钟脉冲的主要作用是使触发器的输出状态稳定。　　　　　　　　（　　）

## 三、单项选择题（每小题 2 分，共计 20 分）

1．为组成十八进制计数器，至少应有（　　）。
　　A．4 级触发器　　　B．3 级触发器　　　C．5 级触发器　　　D．6 级触发器

2．寄存器的功能为（　　）。
　　A．接收信息、存放信息、传递信息
　　B．存放信息、传递信息、计数
　　C．接收信息、存放信息、传递信息、计数
　　D．接收信息、存放信息、计数

3．同步时序电路和异步时序电路比较，其差异在于后者（　　）。
　　A．没有触发器　　　　　　　　　　B．没有统一的时钟脉冲
　　C．没有稳定状态　　　　　　　　　D．输出只与内部状态有关

4．触发器连接成计数状态时，产生空翻的触发器是（　　）。
　　A．JK 触发器　　　　　　　　　　　B．同步 RS 触发器
　　C．边沿型触发器　　　　　　　　　D．主从型触发器

5．要将方波脉冲的周期扩展 10 倍，可采用（　　）。
　　A．10 级施密特触发器　　　　　　　B．10 位二进制计数器
　　C．十进制计数器　　　　　　　　　D．10 位 D/A 转换器

6．下列逻辑电路中为时序逻辑电路的是（　　）。
　　A．变量译码器　　B．加法器　　　C．数码寄存器　　D．数据选择器

7．一个 5 位的二进制加计数器，由 00000 状态开始，经过 75 个时钟脉冲后，此计数器的状态为（　　）。
　　A．01011　　　　B．01100　　　　C．01010　　　　D．00111

8．在图 12B-2 所示各逻辑电路中，为一位二进制计数器的是图（　　）。

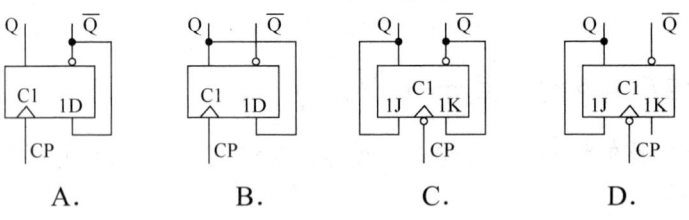

　　　A．　　　　　　B．　　　　　　C．　　　　　　D．

图 12B-2　单选题 8 图

9．在下列触发器中，（　　）可以用来构成计数器。
　　A．基本 RS 触发器　　　　　　　　B．边沿 JK 触发器
　　C．同步 RS 触发器　　　　　　　　D．主从 RS 触发器

10．利用中规模集成计数器构成任意进制计数器的方法是（　　）。
　　A．复位法　　　　　　　　　　　　B．预置数法
　　C．级联复位法　　　　　　　　　　D．A、B 两法均可以

## 四、计算题或综合题（共 50 分）

1. 分析图 12B-3（a）所示电路的逻辑。

(1) 列输出端 $Q_2$、$Q_1$、$Q_0$ 的状态转换真值表，说明它是何种类型的计数器？（6 分）

(2) 设各触发器初态为 0，试在图 12B-3（b）中画出在连续 8 个 CP 脉冲作用下的 $Q_2$、$Q_1$、$Q_0$ 的波形。（4 分）

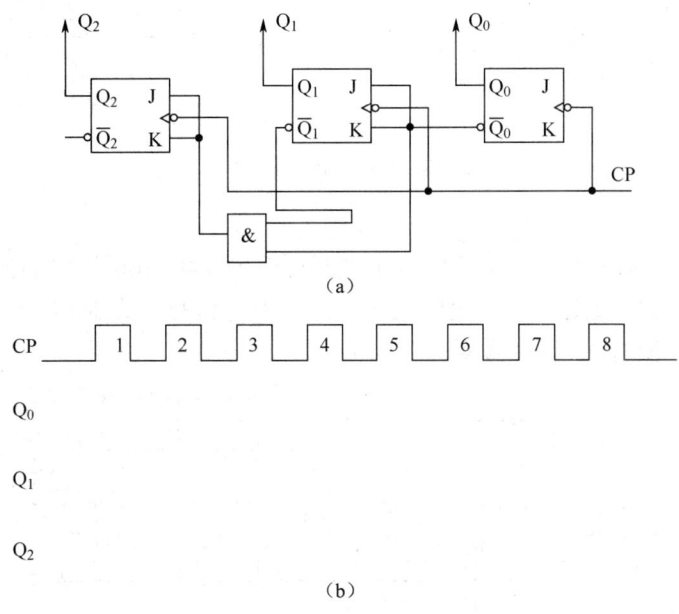

图 12B-3  综合题 1 图

2. 分析图 12B-4 所示时序电路的逻辑功能。

(1) 写出电路的驱动方程、状态方程和输出方程；（5 分）

(2) 画出电路的状态转换表，说明电路能否自启动。（5 分）

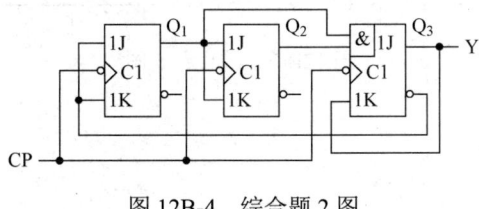

图 12B-4  综合题 2 图

3．分析图 12B-5 所示电路。

（1）写出各触发器的状态方程；（3分）

（2）在 CP、$\overline{R}_D$ 信号作用下 $Q_1$、$Q_2$、$Q_3$ 的输出电压波形，并说明 $Q_1$、$Q_2$、$Q_3$ 输出信号的频率与 CP 信号频率之间的关系。（7分）

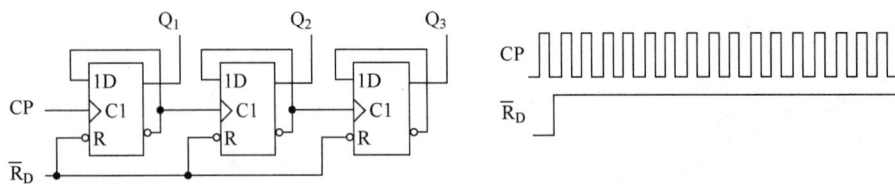

图 12B-5　综合题 3 图

4．图 12B-6 所示电路是由两片同步十进制计数器 74LS160 组成的计数器，试分析各片分别是多少进制的计数器，两片之间连级后为多少进制的计数器。（74LS160 为十进制同步加法计数器，异步清 0，同步预置数）（10 分）

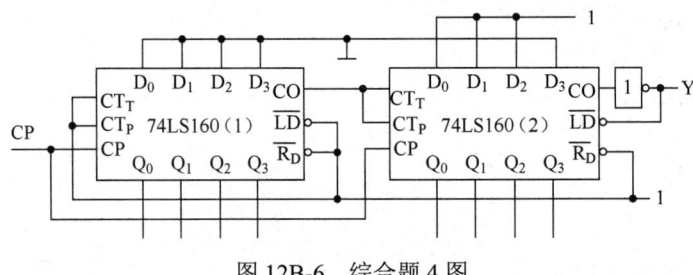

图 12B-6　综合题 4 图

5．试在图 12B-7 中用 74LS160 及少量的与非门连成能显示 00～48 的计数器，要求使用 $\overline{R}_D$ 端实现。（74LS160 为十进制同步加法计数器，异步清 0，同步预置数）（10 分）

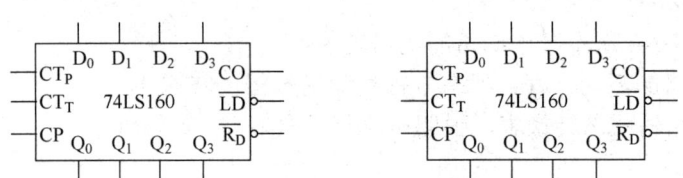

图 12B-7　综合题 5 图

**参考答案**

# 第十二章 时序逻辑电路单元测试（C）卷

时量：90 分钟　　　总分：100 分　　　难度等级：【中】

## 一、填空题（每空 1 分，共计 20 分）

1. 根据已知的逻辑电路，找出电路的_____和其现态以及_____之间的关系，最后总结出电路逻辑_____的一系列步骤，称为时序逻辑电路的_____。
2. 用于存放二进制代码的电路称为_____。
3. 寄存器可分为_____寄存器和_____寄存器，集成 74LS194 属于_____移位寄存器。用四位移位寄存器构成环形计数器时，有效状态共有_____个；若构成扭环形计数器时，其有效状态是_____个。
4. 74LS160 是一块同步十进制加法计数器集成电路，当 $CT_T$、$CT_P$ 均为 0 时，实现_____功能。
5. 根据不同需要，在集成计数器芯片的基础上，通过采用_____、_____、_____等方法可以实现任意进制的计数器。
6. 在_____、_____、_____等电路中，计数器应用得非常广泛。
7. 构成一个六进制计数器最少要采用_____位触发器，这时构成的电路有_____个有效状态，_____个无效状态。

## 二、判断题（每小题 1 分，共计 10 分）

1. 各种无效状态均能自动进入有效循环状态的计数器具有自启动能力。　（　　）
2. 具有 $N$ 个独立的状态，计满 $N$ 个计数脉冲后，状态能重复进入循环的时序电路，称为模 $N$ 计数器。　（　　）
3. 在同步时序电路的设计中，若最简状态表中的状态数为 $2^n$，刚好是用 $n$ 级触发器来实现其电路，则不需检查电路的自启动性。　（　　）
4. 模为 $2^n$ 的扭环形计数器所需的触发器为 $2n$ 个。　（　　）
5. 时序电路的逻辑功能可用逻辑图、逻辑表达式、状态表、卡诺图、状态图和时序图等方法来描述，它们在本质上是相通的，可以互相转换。　（　　）
6. 移位寄存器每输入一个时钟脉冲，电路中只有一个触发器翻转。　（　　）
7. 数码寄存器可实现串行/并行数据的转换。　（　　）
8. 当时序逻辑电路进入无效状态后，若能自动返回有效工作状态，则该电路能自启动。　（　　）
9. 把一个五进制计数器与一个十进制计数器串联可得到五十进制计数器。　（　　）
10. 使用 3 个触发器构成的计数器最多有 8 个有效状态。　（　　）

## 三、单项选择题（每小题 2 分，共计 20 分）

1. 经过有限个 CP，可由任意一个无效状态进入有效状态的计数器是（　　）自启动的计数器。
   A．不能　　　　B．能　　　　C．不一定能

2. 寄存器在电路组成上的特点是（　　）。
   A．有 CP 输入端，无数码输入端
   B．无 CP 输入端和数码输入端
   C．无 CP 输入端，有数码输入端
   D．有 CP 输入端和数码输入端

3. 图 12C-1 所示为某寄存器的一位，该寄存器为（　　）。
   A．单拍接收数码寄存器
   B．双拍接收数码寄存器
   C．单向移位寄存器
   D．双向移位寄存器

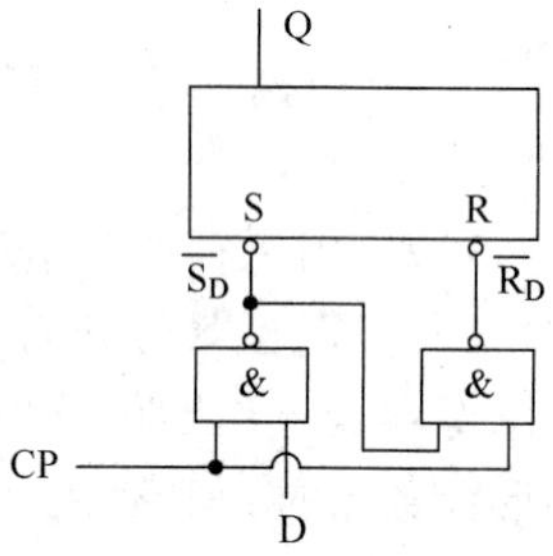

图 12C-1　单选题 3 图

4. 时序逻辑电路中 CP 信号的作用是（　　）。
   A．指挥整个电路协同工作　　　B．输入信号
   C．抗干扰信号　　　　　　　　D．清零信号

5. 下列触发器中可以方便地将所加数据存入触发器的是（　　）。
   A．RS 触发器　　　　　　　　B．JK 触发器
   C．D 触发器　　　　　　　　　D．T 触发器

6. 四位移位寄存器，现态为 0111，经右移一位后其次态为（　　）。
   A．0011 或 1011　　　　　　　B．1111 或 1110
   C．1011 或 1110　　　　　　　D．0011 或 1111

7. 需要一个分频器将 122880Hz 的脉冲转换为 60Hz 的脉冲，要构成此分频器至少需要（　　）个触发器。
   A．10　　　　　　　　　　　　B．11
   C．12　　　　　　　　　　　　D．13

8. 不可能出现多余状态的计数器是（　　）。
   A．同步预置数计数器　　　　　B．异步预置数计数器
   C．复位法构成的计数器　　　　D．二进制计数器

9. 米里型时序逻辑电路的输出是（　　）。
   A．只与输入有关　　　　　　　B．只与电路当前状态有关
   C．与输入和电路当前状态均有关　D．与输入和电路当前状态均无关

10. 数码可以并行输入、串行输出的寄存器有（　　）。
    A．移位寄存器　　　　　　　　B．数码寄存器
    C．二者皆有　　　　　　　　　D．二者皆不行

## 四、计算题或综合题（共 50 分）

1. 如图 12C-2 所示时序电路。
（1）写出各触发器的驱动方程、该电路的状态方程；（5 分）
（2）列出状态转换真值表，说明电路功能。（设各触发器的初态均为 0）（5 分）

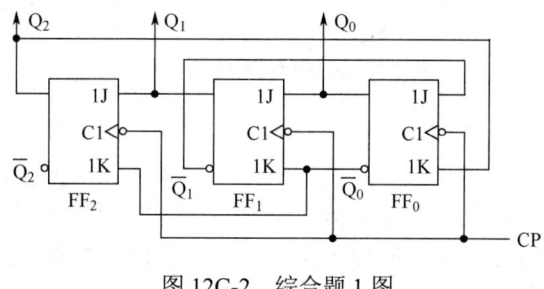

图 12C-2　综合题 1 图

2. 试分析图 12C-3 所示的时序电路的逻辑功能，设各触发器的初始状态均为 0。
（1）写出电路的驱动方程、状态方程；（5 分）
（2）列出状态转换真值表，说明电路是否具有自启动特性和逻辑功能。（5 分）

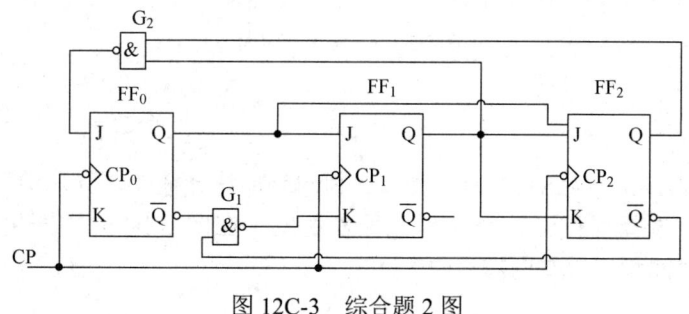

图 12C-3　综合题 2 图

3. 四位二进制计数器 74LS161 的功能表见图 12C-4（a），试在图 12C-4（c）中画出按状态图图 12C-4（b）工作的计数器连线图。（可附加必要的门电路）（10 分）

| 清零 | 预置 | 使能 | | 时钟 | 预置数据输入 | | | | 输　出 | | | |
| --- | --- | --- | --- | --- | --- | --- | --- | --- | --- | --- | --- | --- |
| $\overline{R_D}$ | $\overline{LD}$ | $CT_P$ | $CT_T$ | CP | A | B | C | D | $Q_A$ | $Q_B$ | $Q_C$ | $Q_D$ |
| L | × | × | × | × | × | × | × | × | L | L | L | L |
| H | L | × | × | ↑ | A | B | C | D | A | B | C | D |
| H | H | L | × | × | × | × | × | × | 保持 | | | |
| H | H | × | L | × | × | × | × | × | 保持 | | | |
| H | H | H | H | ↑ | × | × | × | × | 计　数 | | | |

(a)

图 12C-4　综合题 3 图

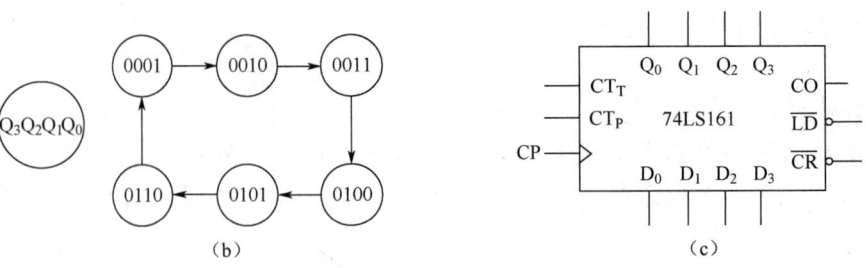

图 12C-4 综合题 3 图（续）

4．试在图 12C-5 中用两片 74LS161 和辅助门电路构成一百进制计数器。要求两片 74LS161 采用同一时钟信号，每片 74LS161 均接成十进制计数器，然后级联。（74LS161 为四位二进制同步加法计数器，异步清 0，同步预置数，功能表见上题）（10 分）

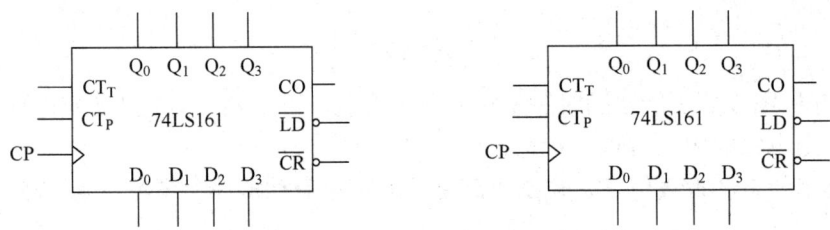

图 12C-5 综合题 4 图

5．使用 74LS161（74LS161 为四位二进制同步加法计数器，异步清 0，同步预置数）和 74LS151 数据选择器设计一个序列信号发生器，在图 12C-6 中产生八位序列信号为 Y=00010111。（时间顺序自左向右）（10 分）

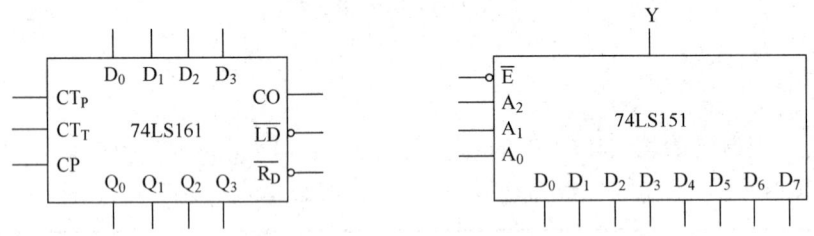

图 12C-6 综合题 5 图

参考答案

# 第十三章　脉冲的产生与变换

## 一、填空题

1. 若将一个正弦波电压信号转换成同一频率的矩形波，应采用_____电路或_____电路。
2. 555 定时器，接成施密特触发器，已知电源电压为+12V；则该触发器的正向阈值电位 $U_{T+}$ 为_____，负向阈值电位 $U_{T-}$ 为_____，$\Delta U_T$ 为_____；若⑤脚外接 10V 电源，则该触发器的正向阈值电位 $U_{T+}$ 为_____，负向阈值电位 $U_{T-}$ 为_____，$\Delta U_T$ 为_____。
3. 单稳态触发器是利用_____控制暂稳态脉冲宽度的，用 555 定时器构成的单稳态触发器其输出脉冲宽度（在暂稳态所持续的时间）$T_W$=_____。
4. 用 555 定时器构成的典型结构的多谐振荡器的振荡周期 $T$=_____。
5. 多谐振荡器产生的矩形波的频率由_____决定。

## 二、判断题

1. 单稳态触发器不具有延时功能。　　　　　　　　　　　　　　　　（　　）
2. 用施密特触发器可以构成多谐振荡器。　　　　　　　　　　　　　（　　）
3. 多谐振荡器可以产生单一频率的正弦波。　　　　　　　　　　　　（　　）

## 三、单项选择题

1. TTL 单定时器型号的最后几位数字为（　　）。
   A．555　　　　　　　　　　　B．556
   C．7555　　　　　　　　　　 D．7556
2. 图 13-1 所示电路为由 555 定时器构成的（　　）。
   A．施密特触发器　　　　　　 B．多谐振荡器
   C．单稳态触发器　　　　　　 D．T 触发器

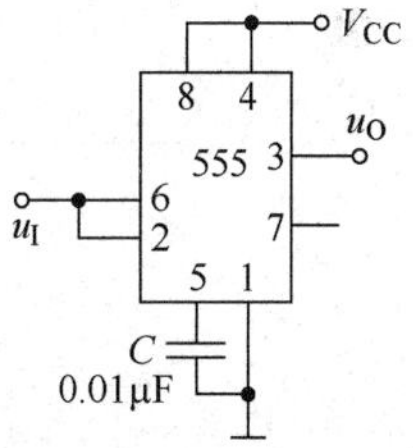

图 13-1　单选题 2 图

3. 单稳态触发器不能用于（　　）电路。
   A．定时　　　　　　　　　　 B．延时
   C．波形整形　　　　　　　　 D．波形产生
4. 从触发器的工作特点来看，它是（　　）。
   A．双稳态电路　　　　　　　 B．单稳态电路
   C．无稳态电路　　　　　　　 D．多谐振荡电路
5. 为产生周期性矩形波，应当选用（　　）。
   A．施密特触发器　　　　　　 B．单稳态电路
   C．多谐振荡器　　　　　　　 D．译码器

## 四、简答题

施密特触发器具有什么显著特征？主要应用有哪些？

## 五、分析题

1. 555 定时器的电气原理图如图 13-2 所示，当 5 脚悬空，6 脚输入为 $u_{i1}$，2 脚输入为 $u_{i2}$，比较器 $C_1$ 和 $C_2$ 的比较电压分别为 $\frac{2}{3}V_{CC}$ 和 $\frac{1}{3}V_{CC}$。问：

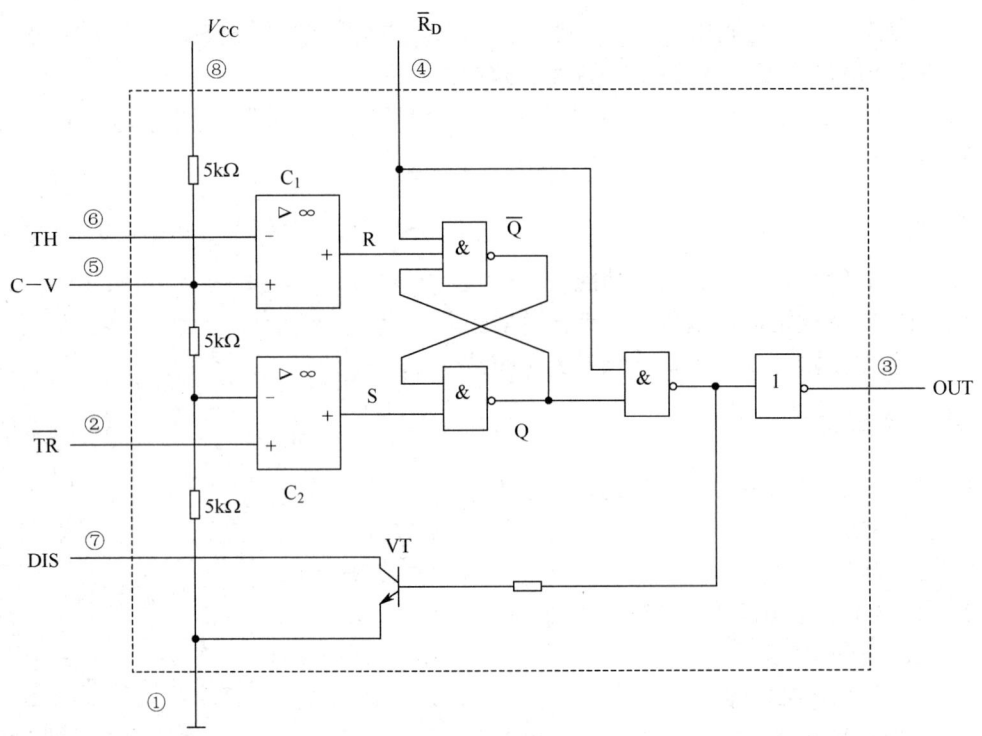

图 13-2　分析题 1 图

（1）当 $u_{i1}>\frac{2}{3}V_{CC}$，$u_{i2}>\frac{1}{3}V_{CC}$ 时，比较器 $C_1$ 输出低电平，$C_2$ 输出高电平，基本 RS 触发器_____，放电三极管 VT 导通，输出端 $V_O$ 为_____；

（2）当 $u_{i1}<\frac{2}{3}V_{CC}$，$u_{i2}<\frac{1}{3}V_{CC}$ 时，比较器 $C_1$ 输出高电平，$C_2$ 输出低电平，基本 RS 触发器_____，放电三极管 VT 截止，输出端 $V_O$ 为_____；

（3）当 $u_{i1}<\frac{2}{3}V_{CC}$，$u_{i2}>\frac{1}{3}V_{CC}$ 时，比较器 $C_1$ 输出_____，$C_2$ 输出_____，即基本 RS 触发器_____，电路亦保持原状态不变。

2．分析图 13-3 所示电路的功能，并计算出电路的定时时间。

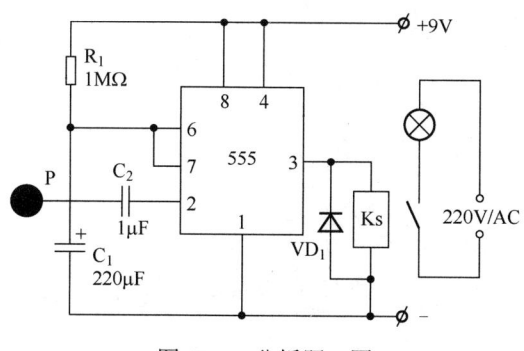

图 13-3　分析题 2 图

3．如图 13-4 所示为一个根据周围光线强弱可自动控制 VB 亮、灭的电路，其中 VT 是光敏三极管，有光照时导通，有较大的集电极电流，光暗时截止，试分析电路的工作原理。

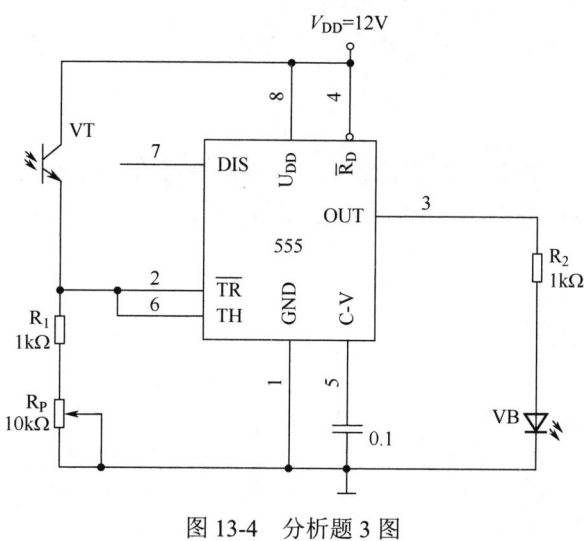

图 13-4　分析题 3 图

4．由集成定时器 555 构成的电路如图 13-5 所示，请回答下列问题：（1）构成电路的名称；（2）画出电路中 $u_C$、$u_O$ 的波形（标明各波形电压幅度，$u_O$ 波形周期）。

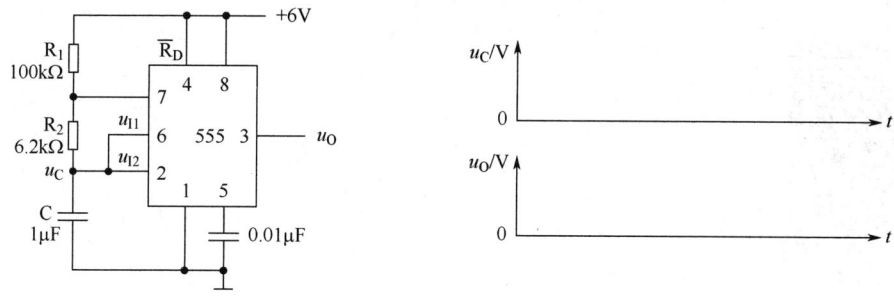

图 13-5　分析题 4 图

5. 在图 13-6 所示用 555 定时器组成的多谐振荡器电路中，若 $R_1=R_2=5.1\text{k}\Omega$，$C=0.01\mu\text{F}$，$V_{CC}=12\text{V}$，试计算电路的振荡频率。

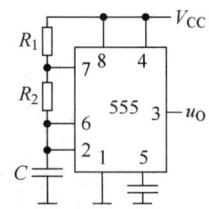

图 13-6　分析题 5 图

## 六、综合题

1. 试用 555 定时器组成一个施密特触发器，要求：（1）画出电路接线图；（2）画出该施密特触发器的电压传输特性；（3）若电源电压 $V_{CC}$ 为 6V，输入电压是以 $u_i=6\sin\omega t$ （V）为包络线的单相脉动波形，试画出相应的输出电压波形。

2. 试用 555 定时器设计一个占空比可调的多谐振荡器。电路的振荡频率为 10kHz，占空比 $\delta=0.2$，若取电容 $C=0.01\mu\text{F}$，试确定电阻的阻值。

参考答案

# 第十三章 脉冲的产生与变换单元测试（B）卷

时量：90 分钟　　　总分：100 分　　　难度等级：【中】

## 一、填空题（每空 1 分，共计 20 分）

1. 555 定时器可以构成施密特触发器，施密特触发器具有_____特性，主要用于脉冲波形的_____和_____；555 定时器还可以用作多谐振荡器和_____稳态触发器。

2. 单稳态触发器在触发脉冲的作用下，从_____态转换到_____态，依靠_____作用，又能自动返回到_____态。

3. 常见的脉冲产生电路有_____，常见的脉冲整形电路有_____、_____。

4. 图 13B-1 是由 555 定时器构成的_____触发器，它可以将缓慢变化的输入信号变换为_____。由于存在回差电压，所以该电路的_____能力提高了，回差电压约为_____。

5. 施密特触发器的主要用途是_____、_____和_____。

6. 施密特触发器具有回差现象，又称_____特性；单稳态触发器最重要的参数为_____。

图 13B-1　填空题 4 图

## 二、判断题（每小题 1 分，共计 10 分）

1. 单稳态触发器的暂稳态时间与输入触发脉冲宽度成正比。　　　　　（　　）
2. 单稳态触发器和施密特触发器不能自动地产生矩形脉冲，但可以把其他形状的信号变换成矩形波。　　　　　（　　）
3. 施密特触发器的正向阈值电压一定大于负向阈值电压。　　　　　（　　）
4. 施密特触发器的特点是电路具有两个稳态且每个稳态需要相应的输入条件维持。　　　　　（　　）
5. 施密特触发器可用于将三角波变换成正弦波。　　　　　（　　）
6. 多谐振荡器是一种自激振荡电路，不需要外加输入信号，就可以自动地产生矩形脉冲。　　　　　（　　）
7. 多谐振荡器的输出信号的周期与阻容元件的参数成正比。　　　　　（　　）
8. 单稳态触发器暂稳态维持时间的长短取决于外界触发脉冲的频率和幅度。　　　　　（　　）
9. 只要改变多谐振荡器中的 RC 值，就可以调节脉冲频率，通常用 R 作为粗调，C 作为细调。　　　　　（　　）
10. 晶体管施密特触发器输入正弦信号，其输出一定是放大了的正弦信号。　　　　　（　　）

## 三、单项选择题（每小题 2 分，共计 20 分）

1. 以下能起到定时作用的电路是（　　）。
   A．施密特触发器　　　　　　　　B．单稳态触发器
   C．多谐振荡器　　　　　　　　　D．译码器

2. 要将一正弦信号转为同频的矩形脉冲信号应采用（　　）。
   A．多谐振荡器　　　　　　　　　B．施密特触发器
   C．单稳态触发器　　　　　　　　D．模数转换器

3. 数字电路中电阻和电容组成的 RC 波形变化电路主要是应用它们的（　　）特性。
   A．滤波　　　　　　　　　　　　B．耦合
   C．充放电　　　　　　　　　　　D．自激

4. 由集成定时器 555 构成的单稳态触发器，在电压控制端 $U_{CO}$（5 脚）外加电压 $U$，若改变 $U$ 的数值，可改变（　　）。
   A．输出脉冲的上升沿特性　　　　B．输出脉冲幅度
   C．输出脉冲宽度　　　　　　　　D．输出脉冲的下降沿特性

5. 图 13B-2 所示单稳态电路的输出脉冲宽度为 $t_W=4\mu s$，恢复时间 $t_{re}=1\mu s$，则输出信号的最高频率为（　　）。
   A．$f_{max}=250kHz$　　　　　　B．$f_{max}\geqslant 1MHz$
   C．$f_{max}\leqslant 200kHz$　　　　D．无法确定

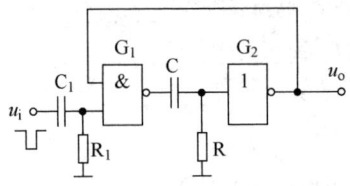

图 13B-2　单选题 5 图

6. 双稳定触发器输出脉冲的重复频率等于（　　）。
   A．触发脉冲的重复频率　　　　　B．触发脉冲重复频率的一半
   C．触发脉冲重复频率的两倍　　　D．与触发脉冲重复频率无关

7. 石英晶体多谐振荡器的主要优点是（　　）。
   A．电路简单　　　　　　　　　　B．频率稳定度高
   C．振荡频率高　　　　　　　　　D．振荡频率低

8. 滞后性是（　　）的基本特性。
   A．多谐振荡器　　　　　　　　　B．施密特触发器
   C．T 触发器　　　　　　　　　　D．单稳态触发器

9. 能用于脉冲产生的电路是（　　）。
   A．双稳态触发器　　　　　　　　B．单稳态触发器
   C．施密特触发器　　　　　　　　D．多谐振荡器

10. 555 定时器不可以组成（　　）。
    A．多谐振荡器　　　　　　　　　B．单稳态触发器
    C．施密特触发器　　　　　　　　D．JK 触发器

## 四、计算题或综合题（共 50 分）

1. 试用 555 定时器设计一个施密特触发器，以实现图 13B-3 中的鉴幅功能，画出芯片的接线图。并标明有关的参数值。（10 分）

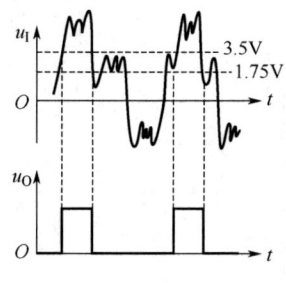

图 13B-3　综合题 1 图

2. 由集成定时器 555 构成的电路如图 13B-4 所示，请回答下列问题：
（1）构成电路的名称；（2 分）
（2）已知输入信号波形 $u_I$，画出电路中 $u_O$ 的波形。（标明 $u_O$ 波形的脉冲宽度）（8 分）

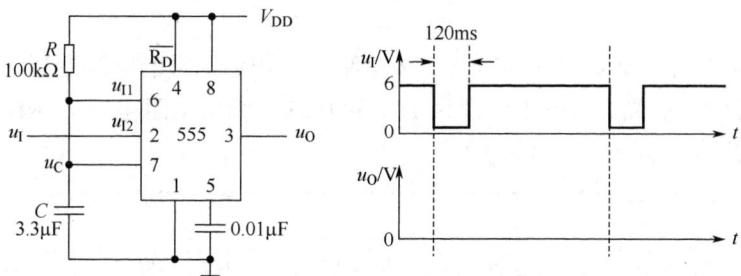

图 13B-4　综合题 2 图

3. 图 13B-5 是一个能左右循环的彩灯控制器。
（1）试连接 2 脚、3 脚、4 脚、5 脚、6 脚、7 脚，要求每次只亮一盏灯；（6 分）
（2）已知 $W_1=1\text{M}\Omega$，$R_1=100\text{k}\Omega$，$C_2=4.7\mu\text{F}$，试求振荡频率范围。（4 分）

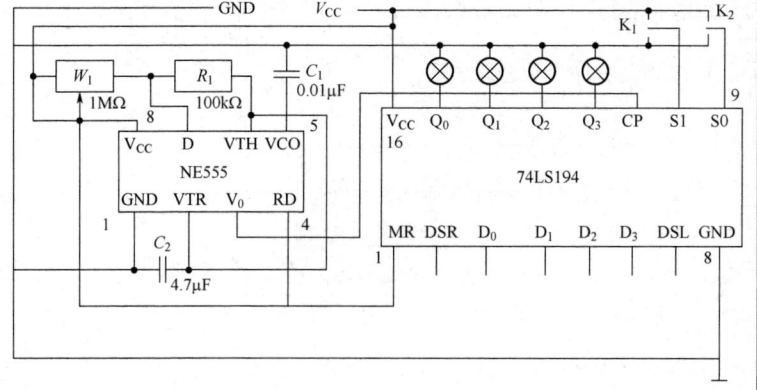

| 74LS194 功能表 | | | |
|---|---|---|---|
| $\overline{MR}$ | $S_1 S_0$ | CP | 功能 |
| 0 | ×× | × | 异步清零 |
| 1 | 0 0 | ↑ | 保持 |
| 1 | 0 1 | ↑ | 串入、右移 |
| 1 | 1 0 | ↑ | 串入、左移 |
| 1 | 1 1 | ↑ | 并行输入 |

图 13B-5　综合题 3 图

4. 图 13B-6 为一通过可变电阻 $R_W$ 实现占空比调节的多谐振荡器，图中 $R_W=R_{W1}+R_{W2}$，试分析电路的工作原理，求振荡频率 $f$ 和占空比 $\delta$ 的表达式。（10 分）

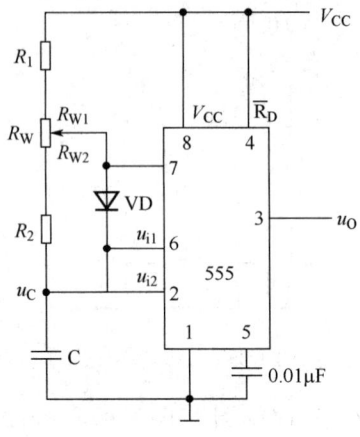

图 13B-6　综合题 4 图

5. 图 13B-7 所示是救护车扬声器发声电路。在图中给定的电路参数下，设 $V_{CC}$=12V 时，555 定时器输出的高、低电平分别为 11V 和 0.2V，输出电阻小于 100Ω，试计算扬声器发声的高、低音的持续时间。（10 分）

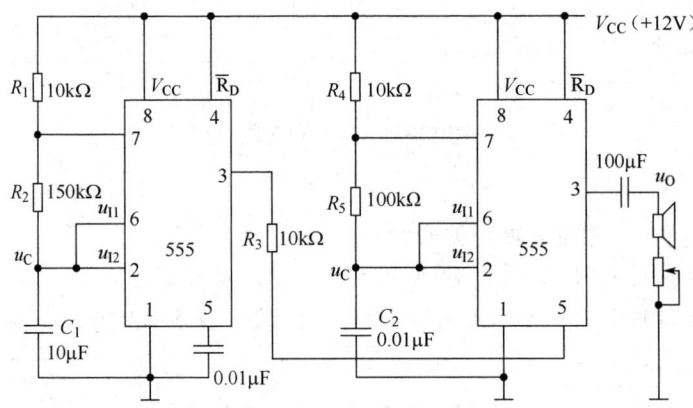

图 13B-7　综合题 5 图

参考答案

# 第十四章　D/A、A/D 转换器与半导体存储器

## 一、填空题

1. 有一 8 位 D/A 转换器，要求输出电压在 0～10V 之间，当输入为 00000001 时，输出电压为_____。
2. 将模拟量转换为数字量，采用_____转换器，将数字量转换为模拟量，采用_____转换器。
3. 就逐次逼近型和双积分型两种 A/D 转换器而言，_____的抗干扰能力强，_____的转换速度快。
4. 半导体存储器中 ROM 是_____。
5. 存储器容量的扩展方法通常有_____扩展、_____扩展和_____扩展三种方式。

## 二、判断题

1. 权电阻网络 D/A 转换器的电路简单且便于集成工艺制造，因此被广泛使用。（　　）
2. A/D 转换器的二进制数的位数越多，量化单位 Δ 越小。（　　）
3. 把模拟信号转换成数字量的过程称为数模转换。（　　）
4. 模拟信号经过采样和保持电路后，输出信号波形为三角波。（　　）
5. 量化的两种方法中舍尾取整法较好些。（　　）
6. $\delta$ 的数值越小，量化的等级越细，A/D 转换器的位数就越多。（　　）

## 三、单项选择题

1. 4 位倒 T 型电阻网络 DAC 的电阻网络的电阻取值有（　　）种。
   A. 1　　　　　　　　　　B. 2
   C. 4　　　　　　　　　　D. 8
2. 在 D/A 转换电路中，数字量的位数越多，分辨输出最小电压的能力（　　）。
   A. 越稳定　　　　　　　　B. 越弱
   C. 越强　　　　　　　　　D. 无法确定
3. 以下不同的 n 位 D/A 转换器中，分辨率最低的是（　　）位。
   A. 4　　　　　　　　　　B. 8
   C. 10　　　　　　　　　 D. 16
4. R-2R T 型电阻网络 DAC 中，基准电压源 $U_R$ 和输出电压 $u_o$ 的极性关系为（　　）。
   A. 同相　　　　　　　　　B. 反相
   C. 无关　　　　　　　　　D. 无法确定

5. ADC0809 是属于（　　）的 ADC。
   A．双积分型　　　B．逐次比较型　　C．都不是
6. 存储容量为 8KB×8 位的 ROM 存储器，其地址线为（　　）条。
   A．8　　　　　　　　　　　　B．12
   C．13　　　　　　　　　　　 D．14

## 四、简答题

ROM 和 RAM 有什么相同和不同之处？ROM 写入信息有几种方式？

## 五、分析题

1. 在图 14-1 所示的权电阻网络 DAC 电路中，若 $n=4$，$U_{REF}=5V$，$R=100\Omega$，$R_F=50\Omega$，若输入四位二进制数 $D_3D_2D_1D_0=1001$，求它的输出电压 $u_O$。

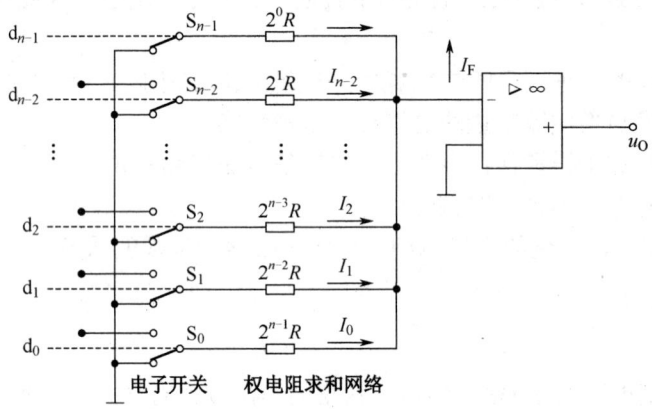

图 14-1　计算题 1 图

2. 四位输入的倒 T 型电阻网络 D/A 转换器，$U_{REF}=-8V$，在 $R_f=R$ 的条件下，输入数字量 $d_3d_2d_1d_0=1010$ 时，输出电压 $u_O$ 的数值是多少？

3. A/D 转换器中取量化单位为 $\Delta$，把 0～10V 的模拟电压信号转换为三位二进制代码，若最大量化误差为 $\Delta$，请在图 14-2 中完成填表，并指出 $\Delta$ 的值。

| 模拟电平（V） | 二进制代码 | 模拟电平（V） | 二进制代码 |
| --- | --- | --- | --- |
|  | 000 |  | 100 |
|  | 001 |  | 101 |
|  | 010 |  | 110 |
|  | 011 |  | 111 |

图 14-2　计算题 2 图

参考答案

# 模拟电路综合测试卷【一】

时量：90分钟　　　总分：100分　　　难度等级：【中】

## 一、填空题（每空1分，共计30分）

1. 半导体中的电流是_____与_____的代数和。杂质半导体中多数载流子是由_____产生的，少数载流子是由_____产生的。

2. 在图模综测1-1电路中，二极管均为理想器件，则当 $u_I$=6V 时，$u_O$=_____V。

3. 为了提升上限截止频率 $f_H$，应选择_____。（备选答案：A. $f_T$ 大、$C_\mu$ 小的三极管；B. 加大放大电路中的射极旁路电容和耦合电容）

4. _____电阻反映了放大电路对信号源或前级电路的影响，_____电阻反映了放大电路带负载的能力。

5. 负反馈对输入电阻的影响取决于_____端的反馈类型，串联负反馈能够_____输入电阻，并联负反馈能够_____输入电阻。

6. 在双端输入、双端输出的理想差动放大电路中，若两个输入电压 $u_{i1}=u_{i2}$，则输出电压 $u_o$=_____；若 $u_{i1}$=+1500μV，$u_{i2}$=+500μV，则可知差动放大电路的输入差值电压 $u_{id}$=_____，其分在两边的一对差模输入信号为 $u_{id1}$=_____，$u_{id2}$=_____，共模输入信号 $u_{ic}$=_____。

7. 如图模综测1-2所示，$u_O$ 与 $u_I$ 的关系式为：$u_O$=_____。

图模综测1-1　填空题2图　　　　图模综测1-2　填空题7图

8. 在串联型石英晶体振荡电路中，石英晶体等效为_____，在并联型石英晶体振荡电路中，石英晶体等效为_____。

9. 乙类推挽功率放大电路的_____较高，在理想情况下其数值可达_____，但这种电路会产生一种被称为_____失真的特有的非线性失真现象，为了消除这种失真，应当使推挽功率放大电路工作在_____类状态。

10. 设变压器副边电压为 $U_2$，其全波整流电路的输出平均电压为_____，二极管所承受的最大反向电压为_____。

11. 稳压二极管工作在反向击穿状态，在此状态中，反向电流在较大范围内变化，与其对应的反向电压的变化范围_____，因此具有稳压作用。

12. 开关稳压电源主要由_____、_____、_____、_____、误差放大器和基准电压等组成。

## 二、单项选择题（每小题 2 分，共计 30 分）

1. 如图模综测 1-3 所示理想二极管电路，输出电压 $u_O$ 为（    ）。
   A. 0V      B. 4V      C. 6V      D. 10V

2. 放大电路中若测得某三极管极间电压如下：$U_{12}$ 为 7V，$U_{23}$ 为 -6.3V。则该管类型、材料及 1、2、3 极分别为（    ）。
   A. NPN 型、硅管、E、C、B
   B. NPN 型、硅管、C、B、E
   C. NPN 型、锗管、E、C、B
   D. PNP 型、硅管、E、C、B

3. 如图模综测 1-4 所示电路，二极管导通时正向压降为 0.7V，输出电压 $U_o$=（    ）。
   A. 0.7V      B. 2.3V      C. 3.7V      D. 6V

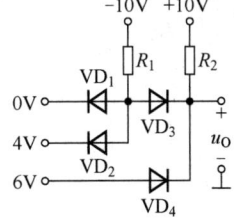

图模综测 1-3 单选题 1 图

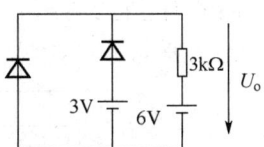

图模综测 1-4 单选题 3 图

4. 某绝缘栅场效应管的符号如图模综测 1-5 所示，则该绝缘栅场效应管应为（    ）。
   A. P 沟道增强型
   B. N 沟道增强型
   C. P 沟道耗尽型
   D. N 沟道耗尽型

5. 如图模综测 1-6 所示电路，若 $V_{CC}$=12V，$R_C$=3kΩ，计算值 $I_{CQ}$=1mA，实测值 $U_{CEQ}$=7V，说明（    ）。
   A. 正常工作
   B. B、E 极间短路
   C. C、E 极间短路
   D. 电容 $C_2$ 短路

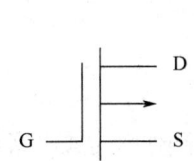

图模综测 1-5 单选题 4 图

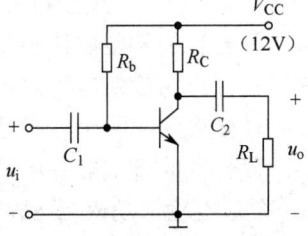

图模综测 1-6 单选题 5 图

6. 某放大器空载时，输出电压为 2V，接上负载电阻 $R_L$=2kΩ 时，测得输出电压为 1V，则该放大器的输出电阻为（    ）。
   A. 1kΩ      B. 2kΩ      C. 3kΩ      D. 4kΩ

7. 为了减小放大电路从信号源索取的电流并增强带负载能力，应引入（    ）负反馈。
   A. 电压串联    B. 电压并联    C. 电流串联    D. 电流并联

8. 分压式偏置电路稳定静态工作点的原理是利用了（    ）。

A．交流电流负反馈      B．交流电压负反馈

C．直流电流负反馈      D．直流电压负反馈

9．共发射极电路中采用恒流源作有源负载是利用其（    ）的特点以获得较高增益。

A．直流电阻大、交流电阻小      B．直流电阻小、交流电阻大

C．直流电阻和交流电阻都小      D．直流电阻大和交流电阻都大

10．如图模综测 1-7 所示电路，已知稳压管的反向击穿电压为 $U_Z$，则输出电压 $u_O$ 的调节范围为（    ）。

A．$U_Z \cdot R_2/(R_2+R_W) \sim U_Z$      B．$U_Z \cdot R_W/(R_2+R_W) \sim U_Z$

C．$U_Z \cdot (R_2+R_W)/R_2 \sim U_Z$      D．无法确定

11．如图模综测 1-8 所示电路，运算放大器的饱和电压为 ±15V，稳压管的稳定电压为 10V，设正向压降为零，当输入电压 $u_I=5\sin\omega t$V 时，输出电压 $u_O$ 应为（    ）。

A．最大值为 10V，最小值为零的方波

B．幅值为 ±15V 的方波

C．幅值为 ±15V 的正弦波

D．无法确定

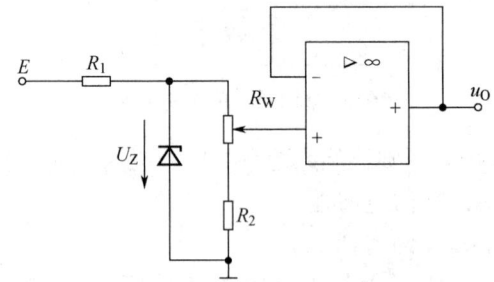
图模综测 1-7    单选题 10 图

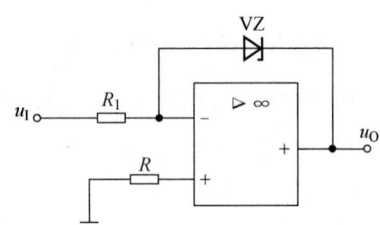
图模综测 1-8    单选题 11 图

12．石英晶体振荡器的频率稳定度很高是因为（    ）。

A．低的 $Q$ 值     B．高的 $Q$ 值     C．小的接入系数     D．大的电阻

13．关于复合管，下述正确的是（    ）。

A．复合管的管型取决于第一只三极管

B．复合管的输入电阻比单管的输入电阻小

C．只要将任意两个三极管相连，就可构成复合管

D．复合管的管型取决于最后一只三极管

14．一个最大输出功率为 8W 的扩音机，若采用乙类互补对称功放电路，选择功率管时，要求 $P_{CM}$（    ）。

A．至少大于 1.6W      B．至少大于 0.8W

C．至少大于 0.4W      D．无法确定

15．桥式整流电容滤波电路中，要在负载上得到直流电压 7.2V，则变压器二次电压 $u_2$ 应为（    ）V。

A．$8.6\sqrt{2}\sin\omega t$      B．$6\sqrt{2}\sin\omega t$

C．$7\sin\omega t$      D．$7.2\sqrt{2}\sin\omega t$

## 三、计算题（共 20 分）

1. 如图模综测 1-9 所示电路，已知三极管的 $\beta = 60$，$r_{be}=1\text{k}\Omega$，$U_{BEQ}=0.7\text{V}$。试分析当开关 K 处于不同状态时，电路的工作情况，并填下表：

（1）开关 K 全部闭合时，计算各值；（4 分）

（2）开关 $K_1$ 打开 $K_2$、$K_3$ 闭合时，分析各值的变化趋势；（增大、减少、或基本不变）（3 分）

（3）开关 $K_1$、$K_3$ 闭合 $K_2$ 打开时，分析各值的变化趋势。（增大、减少、或基本不变）（3 分）

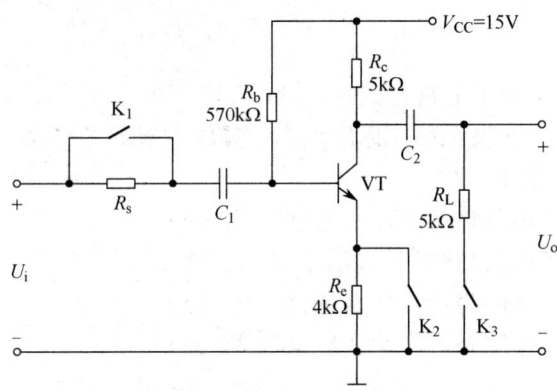

图模综测 1-9　计算题 1 图

| K 的状态 | $I_{BQ}$（mA） | $I_C$（mA） | $A_{us}$ | $R_i$（kΩ） | $R_o$（kΩ） |
| --- | --- | --- | --- | --- | --- |
| 全部闭合 | | | | | |
| $K_1$ 开，$K_2$、$K_3$ 合 | | | | | |
| $K_2$ 开，$K_1$、$K_3$ 合 | | | | | |

2. 如图模综测 1-10 所示电路，集成运算放大器输出电压的最大幅值为 $\pm14\text{V}$，$u_I$ 为 2V 的直流信号，分别求出下列各种情况下的输出电压。

（1）$R_2$ 短路；（2 分）

（2）$R_3$ 短路；（3 分）

（3）$R_4$ 短路；（2 分）

（4）$R_4$ 断路。（3 分）

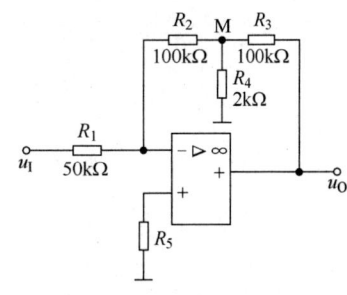

图模综测 1-10　计算题 2 图

## 四、综合题（共 20 分）

1. 根据测得的三极管 $u_{BE}$ 和 $u_{CE}$，判断三极管的工作状态。（9 分）

（1） $u_{BE}=5V$，$u_{CE}=10V$（NPN 管）；

（2） $u_{BE}=-0.3V$，$u_{CE}=-0.1V$（PNP 管）；

（3） $u_{BE}=0.6V$，$u_{CE}=3.3V$（NPN 管）。

2. 如图模综测 1-11 所示电路。试问：（11 分）

（1）为使电路产生正弦波振荡，标出集成运算放大器的"+"和"-"；并说明电路是哪种正弦波振荡电路。（3 分）

（2）若 $R_1$ 短路，则电路将产生什么现象？（2 分）

（3）若 $R_1$ 断路，则电路将产生什么现象？（2 分）

（4）若 $R_F$ 短路，则电路将产生什么现象？（2 分）

（5）若 $R_F$ 断路，则电路将产生什么现象？（2 分）

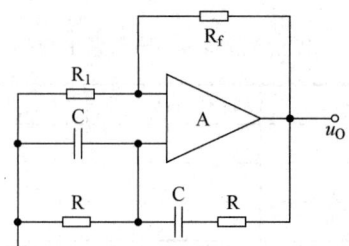

图模综测 1-11　综合题 2 图

# 模拟电路综合测试卷【二】

时量：90 分钟　　　总分：100 分　　　难度等级：【中】

## 一、填空题（每空 1 分，共计 30 分）

1. 二极管击穿有_____击穿和_____击穿，还有_____击穿，其中_____击穿可使二极管永久性损坏。

2. 如图模综测 2-1 所示电路，$VD_1$、$VD_2$ 为理想二极管：$U_{AB}$=_____V；开关 S 合上时，$V_P$=_____V，开关 S 断开时，$V_P$=_____V。

3. 在图模综测 2-2 所示放大电路中引入的反馈组态是_____，该反馈能稳定电路的输出_____。

图模综测 2-1　填空题 2 图　　　　图模综测 2-2　填空题 3 图

4. _____是放大电路静态工作点不稳定的主要原因，最常用的稳定静态工作点的放大电路是_____。

5. 两级阻容耦合放大电路，第一级的电压放大倍数是-80，第二级的电压放大倍数是-50，则总电压放大倍数为_____，总电压增益为_____dB。

6. 负反馈对输出电阻的影响取决于_____端的反馈类型，电压负反馈能够_____输出电阻，电流负反馈能够_____输出电阻。

7. 差分放大电路抑制零漂是靠电路结构和参数的_____和两管公共发射极电阻对共模信号很强的_____作用。

8. 石英晶体振荡器是利用石英晶体的_____而工作，其频率稳定度很高，通常可分为_____和_____两种。

9. 互补对称式 OCL 功放电路在正常工作时，其输出端中点静态时电位应为_____V；互补对称式 OTL 功放电路在正常工作时，其输出端中点静态时电位应为_____；在供电电压相同时，BTL 功放是 OTL 功放输出功率的_____倍。

10. 三端集成稳压器，只有三个引出端子，在使用时只需在_____和_____各并联一个滤波电容。

11. 晶闸管阳极和阴极间加_____，控制极加适当的_____，晶闸管才能导通。

12. 导通后的可控硅若要关断时，须满足_____或_____降到一定程度。

## 二、单项选择题（每小题 2 分，共计 30 分）

1. 在 25℃时，某二极管的死区电压 $U_{th}\approx 0.5V$，反向饱和电流 $I_S\approx 0.1pA$，则在 35℃时，下列（　　）组数据可能正确。
   A．$U_{th}\approx 0.525V$，$I_S\approx 0.05pA$　　　B．$U_{th}\approx 0.525V$，$I_S\approx 0.2pA$
   C．$U_{th}\approx 0.475V$，$I_S\approx 0.05pA$　　　D．$U_{th}\approx 0.475V$，$I_S\approx 0.2pA$

2. 对某处于放大状态的三极管各极测试的对地电位如图模综测 2-3 所示，下面对管型、引脚电极、材料正确的判断是（　　）。
   A．NPN 型硅管　　①e，②b，③c
   B．NPN 型锗管　　①c，②b，③e
   C．PNP 型硅管　　①b，②c，③e
   D．PNP 型锗管　　①e，②b，③c

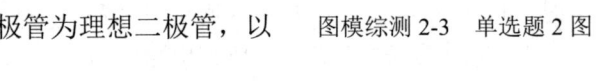

图模综测 2-3　单选题 2 图

3. 在图模综测 2-4 所示电路中，二极管为理想二极管，以下说法正确的是（　　）。
   A．VD 导通，$U_{AO}=9V$　　　B．VD 截止，$U_{AO}=-12V$
   C．VD 截止，$U_{AO}=12V$　　　D．VD 导通，$U_{AO}=-9V$

4. 如图模综测 2-5 所示电路，放大器级间反馈类型是（　　）。
   A．电压并联负反馈　　　　　　B．电流串联负反馈
   C．电流并联负反馈　　　　　　D．电压并联正反馈

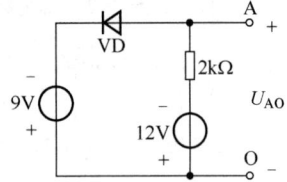 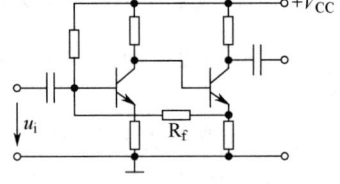

图模综测 2-4　单选题 3 图　　　　　　图模综测 2-5　单选题 4 图

5. 一般点接触型二极管的最大整流电流在（　　）mA 以下。
   A．几　　　B．十几　　　C．几十　　　D．几百

6. 测试放大电路输出电压幅值与频率的关系，可以得到它的频率响应，条件是（　　）。
   A．输入电压幅值不变，改变频率　　B．输入电压频率不变，改变幅值
   C．输入电压的幅值与频率同时变化　　D．以上均不是

7. 两个单级放大电路甲和乙空载时的电压放大倍数均为 100，把甲和乙两个放大电路级联起来组成两级放大电路后，则该两级放大电路的电压放大倍数应（　　）。
   A．等于 10000　　　　　　B．大于 10000
   C．小于 10000　　　　　　D．等于 200

8. 某仪表放大器，要求输入电阻很大，输出电流稳定，应选择的负反馈类型是（　　）。
   A．电压串联负反馈　　　　B．电压并联负反馈
   C．电流并联负反馈　　　　D．电流串联负反馈

9. 双端输出的差动放大电路能抑制零点漂移的主要原因是（　　）。
   A．电路参数的对称性好　　　B．采用了双极性的电源

C．输入电阻大    D．电压放大倍数大

10．如图模综测 2-6 所示电路，其电压放大倍数 $A_u=u_O/u_I=$（    ）。

   A．1    B．$-R_F/R_1$    C．$R_F/R_1$    D．$R_F/R$

11．如图模综测 2-7 所示电路，同相比例运算电路的输入电阻 $R_{i1}$ 与反相比例运算电路的输入电阻 $R_{i2}$ 相比较的结果为（    ）。

   A．$R_{i1}$ 大于 $R_{i2}$    B．$R_{i1}$ 小于 $R_{i2}$    C．$R_{i1}$ 等于 $R_{i2}$    D．无法确定

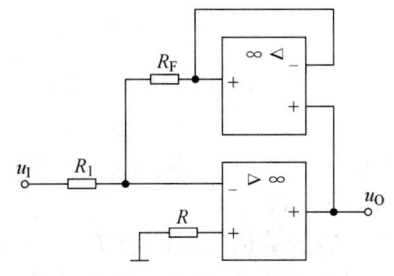

图模综测 2-6　单选题 10 图　　　　　　图模综测 2-7　单选题 11 图

12．如图模综测 2-8 所示电路，A 为理想运算放大器，若要满足振荡的相应条件，其正确的接法是（    ）。

   A．1 与 3 相接，2 与 4 相接    B．1 与 4 相接，2 与 3 相接
   C．1 与 3 相接，2 与 5 相接    D．2 与 3 相接，1 与 5 相接

13．互补对称功率放大电路从放大作用来看，（    ）。

   A．既有电压放大作用，又有电流放大作用
   B．只有电流放大作用，没有电压放大作用
   C．只有电压放大作用，没有电流放大作用
   D．有电流、电压和功率放大作用

14．具有放大环节的串联型稳压电路在正常工作时，若要求输出电压为 18V，调整管压降为 6V，若采用桥式整流电容滤波，则电源变压器副边电压有效值应为（    ）。

   A．12V    B．18V    C．20V    D．24V

15．如图模综测 2-9 所示整流滤波电路，变压器副边电压有效值是 10V，开关 S 断开后，二极管承受的最高反向电压是（    ）。

   A．10V    B．12V    C．14.14V    D．28.28V

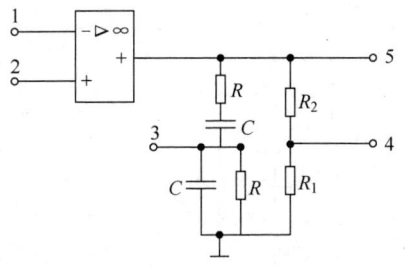 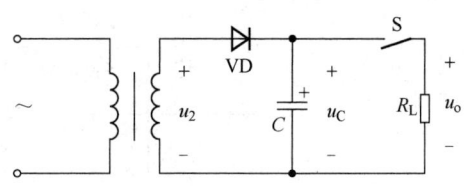

图模综测 2-8　单选题 12 图　　　　　　图模综测 2-9　单选题 15 图

## 三、计算题（共20分）

1. 如图模综测2-10所示电路，设三极管的 $\beta=80$，$U_{BEQ}=0.7V$，$I_{CEO}$，$U_{CES}$ 可忽略不计，试分析开关 S 分别接通 A、B、C 三位置时，三极管各工作在其输出特性曲线的哪个区域，并求出相应的集电极电流 $I_C$。（每个位置相关分析计算各3分，共9分）

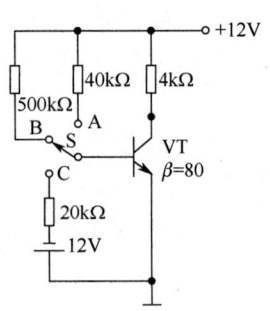

图模综测2-10　计算题1图

2. 如图模综测2-11所示电路，已知 $R_1=10k\Omega$，$u_i$ 是峰值为0.3V的正弦信号，VZ 为双向稳压管，稳定电压为±7V，电路工作电压为12V，试求：（11分）

（1）若要在负载 $R_L$ 上获得峰值为6V的正弦信号，$R_f$、$R_2$ 的数值应如何选择？（5分）

（2）在装配过程中，甲同学不小心将 $R_1$ 虚焊（开路），乙同学不小心将 $R_f$ 虚焊（开路），则他们所获得的输出电压 $u_o$ 将如何变化？（6分）

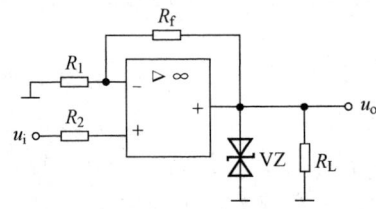

图模综测2-11　计算题2图

## 四、综合题（共20分）

1. 如图模综测2-12所示串联型稳压电路，电阻 $R_1=R_2=300\Omega$，稳压管 VZ 的稳定电压值为5.3V，晶体管的 $U_{BE}=0.7V$。

（1）试说明电路的如下四个部分分别由哪些元器件构成（填在空格内）；

① 调整管_____；（1分）② 放大环节_____；（1分）

③ 基准环节_____；（1分）④ 取样环节_____。（1分）

（2）当 $R_P$ 的滑动端在最下端时，$U_O=15V$，求 $R_P$ 的值；（3分）

（3）当 $R_P$ 的滑动端移至最上端，求输出 $U_O$ 为多少？（3分）

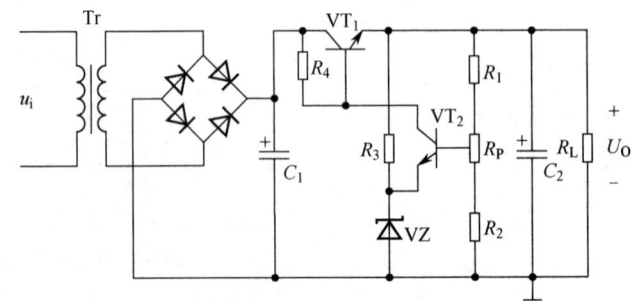

图模综测2-12　综合题1图

2. 某同学连接了如图模综测 2-13 所示的文氏电桥振荡器，但电路不振荡。

（1）请帮他找出错误，在图中加以改正；（5分）

（2）若要求振荡频率为 500Hz，试确定 $R$ 的阻值。（设运算放大器 A 具有理想特性）（5分）

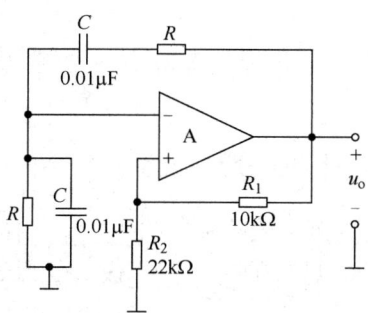

图模综测 2-13　综合题 2 图

# 模拟电路综合测试卷【三】

时量：90 分钟　　总分：100 分　　难度等级：【中】

## 一、填空题（每空 1 分，共计 30 分）

1. 检测二极管极性时，需用万用表欧姆挡的_____挡位，当检测时表针偏转度较大时，与红表笔相接触的电极是二极管的_____极，与黑表笔相接触的电极是二极管的_____极。

2. 三极管的反向饱和电流 $I_{CBO}$ 随温度升高而_____，穿透电流 $I_{CEO}$ 随温度升高而_____，$I_{CEO}$ 与 $I_{CBO}$ 的关系是_____。

3. 放大器的输入电阻越_____，就越能从前级信号源获得较大的电压信号，输出电阻越_____，放大器带负载能力越强。

4. 在三极管多级放大电路中，已知 $A_{u1}=20$，$A_{u2}=-10$，$A_{u3}=1$，则可知其接法分别为：$A_{u1}$ 是_____放大器，$A_{u2}$ 是_____放大器，$A_{u3}$ 是_____放大器。

5. 已知某深度负反馈电路 $A_u=100$，$F=0.1$，则 $A_{uf}=$_____。

6. 在差分放大电路中，若 $u_{i1}=40\text{mV}$，$u_{i2}=20\text{mV}$，$A_{ud}=-100$，$A_{uc}=-0.5$，则可知该差动放大电路的共模输入电压 $u_{ic}=$_____；差模输入电压 $u_{id}=$_____，输出电压为 $u_o=$_____。

7. 图模综测 3-1 所示电路的交流反馈类型和极性为_____反馈，设 A 为理想运算放大器，则流过负载电阻的电流表达式为 $i_L=$_____。

8. 要产生较高频率信号应采用_____振荡器，要产生较低频率信号应采用_____振荡器，要产生频率稳定度高的信号应采用_____振荡器。

图模综测 3-1　填空题 7 图

9. 在 OCL 互补对称式功率放大电路中，要想在 8Ω 的负载上得到 9W 的最大理想不失真输出功率，应选用的电源电压为_____；在双电源 BTL 功率放大电路中，要想在 8Ω 的负载上得到 9W 的最大理想不失真输出功率，应选用的电源电压为_____。

10. 串联型稳压电源电路由_____、_____、_____和_____四部分组成。

11. 当晶闸管可控整流的负载为大电感负载时，负载两端的直流电压平均值会_____，解决的办法就是在负载的两端_____接一个_____。

12. 稳压二极管工作在反向击穿状态，在此状态中，反向电流在较大范围内变化时，与其对应的反向电压_____，因此具有稳压作用。

## 二、单项选择题（每小题 2 分，共计 30 分）

1. 在图模综测 3-2 所示电路中，二极管是理想二极管，$R=18\Omega$，当普通指针式万用表

置于 $R\times10\Omega$ 挡时,用黑表笔接 B 点,红表笔接 A 点,则万用表的指示值为(    )。

  A. $36\Omega$      B. $18\Omega$      C. $6\Omega$      D. $12\Omega$

2. 某场效应管的转移特性曲线如图模综测 3-3 所示,则可以判断该管为(    )。

  A. P 沟道增强型 MOS 管      B. P 沟道耗尽型 MOS 管

  C. N 沟道增强型 MOS 管      D. N 沟道耗尽型 MOS 管

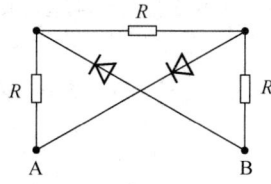
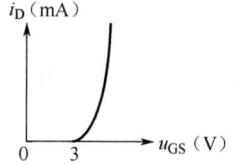

图模综测 3-2   单选题 1 图      图模综测 3-3   单选题 2 图

3. 三极管各个极的电位如下,处于放大状态的三极管是(    )。

  A. $V_B=0.7V$,$V_E=0V$,$V_C=0.3V$    B. $V_B=-6.7V$,$V_E=-7.4V$,$V_C=-4V$

  C. $V_B=-3V$,$V_E=0V$,$V_C=6V$     D. $V_B=2.7V$,$V_E=2V$,$V_C=2V$

4. 如图模综测 3-4 所示电路,二极管 VD 为理想元件,当输入信号 $u_i=12\sin\omega t$ V 时,输出电压的最大值为(    )。

  A. 12V      B. 6V      C. 0V      D. -6V

5. 如图模综测 3-5 所示电路,$R_L$ 为负载电阻,则 $R_F$ 引入的反馈为(    )。

  A. 电压并联负反馈      B. 电压串联负反馈

  C. 电流并联负反馈      D. 电流串联负反馈

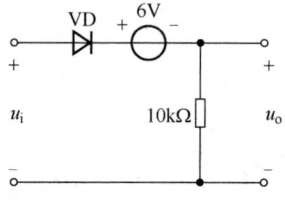
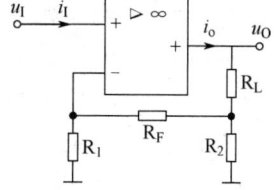

图模综测 3-4   单选题 4 图      图模综测 3-5   单选题 5 图

6. H 参数等效电路不适合于分析放大器的(    )。

  A. 静态工作点    B. 电压放大倍数    C. 输入电阻    D. 输出电阻

7. 在单级放大电路的三种接法中,它们相互比较起来正确的说法是(    )。

  A. 共发射极电路的 $A_u$ 最大、$R_i$ 最小、$R_o$ 最小

  B. 共集电极电路的 $A_u$ 最小、$R_i$ 最大、$R_o$ 最小

  C. 共基极电路的 $A_u$ 最小、$R_i$ 最小、$R_o$ 最大

  D. 共发射极电路的 $A_u$ 最小、$R_i$ 最大、$R_o$ 最大

8. 分压式偏置放大器采用直流电流负反馈的主要目的是(    )。

  A. 克服失真      B. 稳定静态工作点

  C. 提高放大倍数      D. 提高输出电压

9. 构成反馈通路的元器件(    )。

  A. 只能是电阻元件

B．只能是三极管、集成运算放大器等有源器件

C．只能是无源器件

D．可以是无源器件，也可以是有源器件

10．如图模综测 3-6 所示电路，其输出电压 $u_O$ 的表达式为（　　）。

A．$-(R_2/R_1)U_R$　　B．$(R_2/R_1)U_R$　　C．$-(1+R_2/R_1)U_R$　　D．$(1+R_2/R_1)U_R$

11．如图模综测 3-7 所示正弦波振荡器，为了获得频率可调的输出电压，则应该调节的电阻是（　　）。

A．$R_1$　　　　B．$R_F$　　　　C．$R$　　　　D．无法确定

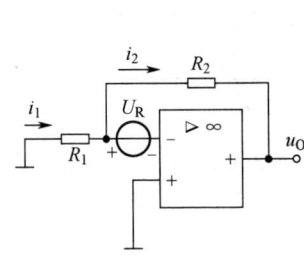

图模综测 3-6　单选题 10 图

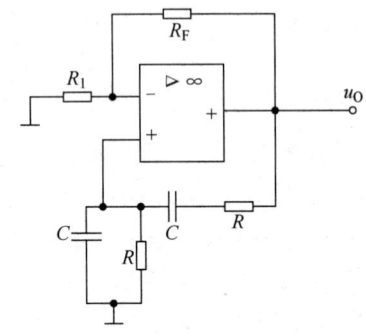

图模综测 3-7　单选题 11 图

12．一个正弦波振荡器的开环电压放大倍数为 $A_u=|A_u|\angle\varphi_A$，反馈系数为 $F=|F|\angle\varphi_F$，该振荡器要维持稳定的振荡，必须满足（　　）。

A．$|A_uF|\geqslant 1$，$\varphi_A+\varphi_F=\pm(2n+1)\pi$　$(n=0,1,2,\cdots)$

B．$|A_uF|=1$，$\varphi_A+\varphi_F=\pm 2n\pi$　$(n=0,1,2,\cdots)$

C．$|A_uF|>1$，$\varphi_A+\varphi_F=\pm(2n-1)\pi$　$(n=0,1,2,\cdots)$

D．$\varphi_A+\varphi_F=\pm 2n\pi$　$(n=0,1,2,\cdots)$

13．在理想情况下，OCL 功放电路的最大输出功率为（　　）。

A．$\dfrac{V_{CC}^2}{2R_L}$　　　B．$\dfrac{V_{CC}}{2R_L}$　　　C．$2\dfrac{V_{CC}^2}{R_L}$　　　D．$\dfrac{V_{CC}^2}{8R_L}$

14．在单相桥式整流电容滤波电路中，若有一只整流管接反，则（　　）。

A．变为半波整流

B．并接在整流输出两端的电容 C 将过压击穿

C．输出电压约为 $2U_D$

D．整流管将因电流过大而烧坏

15．如图模综测 3-8 所示电路，稳压管的稳定电压 $U_Z=6V$，最小稳定电流 $I_{Zmin}=5mA$，输入电压 $U_I=12V$，电阻 $R=100\Omega$，在稳定条件下，$I_L$ 的数值最大不应超过（　　）。

A．40mA　　　　　　　B．45mA

C．55mA　　　　　　　D．60mA

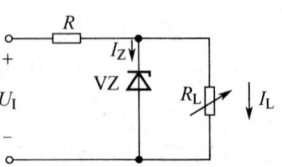

图模综测 3-8　单选题 15 图

## 三、计算题（共 20 分）

1. 已知 NPN 型三极管的输入-输出特性曲线如图模综测 3-9 所示，试求：

（1）$u_{BE}=0.7V$，$u_{CE}=6V$，$i_C=?$ （3 分）

（2）$i_B=50\mu A$，$u_{CE}=5V$，$i_C=?$ （3 分）

（3）$u_{CE}=6V$，$u_{BE}$ 从 0.7V 变到 0.75V 时，求 $i_B$ 和 $i_C$ 的变化量，此时的 $\beta=?$ （4 分）

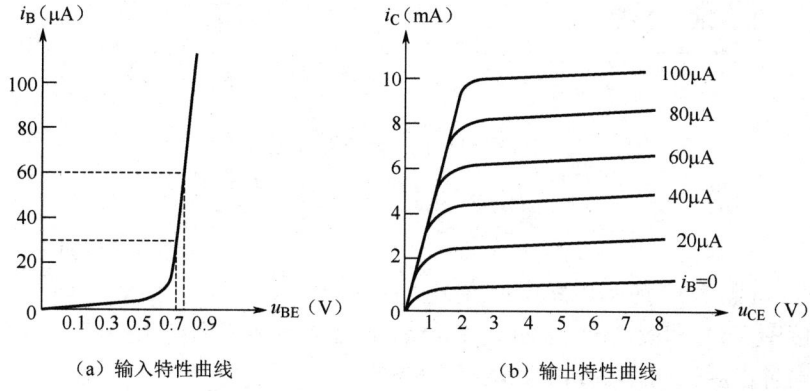

图模综测 3-9　计算题 1 图

2. 如图模综测 3-10 所示电路：（10 分）

（1）保证电路振荡，求 $R_P$ 的最小值；（4 分）

（2）求振荡频率的 $f_0$ 的调节范围。（6 分）

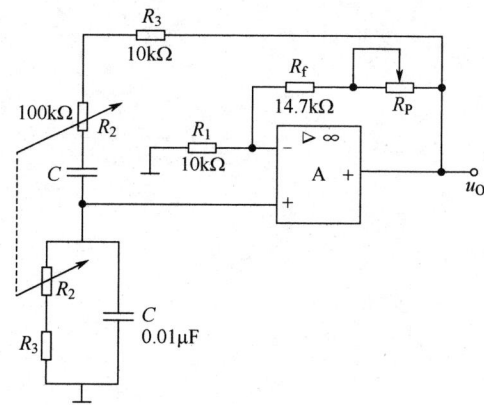

图模综测 3-10　计算题 2 图

## 四、综合题（共 20 分）

1. 如图模综测 3-11 所示电路。请合理连线，构成 5V 的直流电源。（15 分）

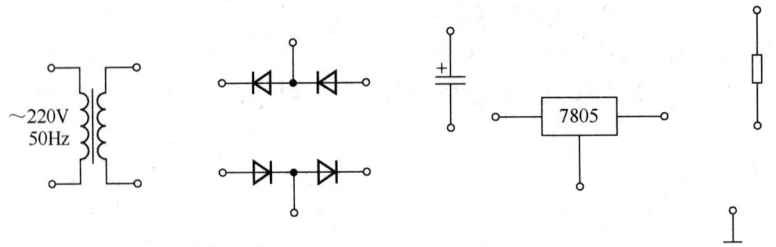

图模综测 3-11　综合题 1 图

2. 在图模综测 3-12 所示电路中：
（1）连接图（a）和图（b）中的 j、k、m、n 这 4 点，使之产生振荡；（6 分）
（2）写出各自对应的振荡频率表达式。（4 分）

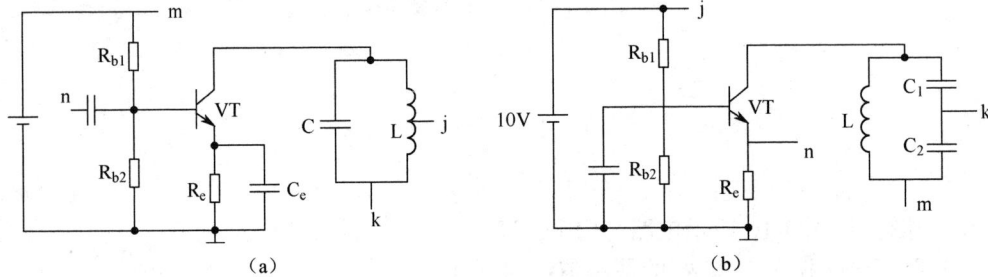

图模综测 3-12　综合题 2 图

# 模拟电路综合测试卷【四】

时量：90 分钟　　　总分：100 分　　　难度等级：【中】

## 一、填空题（每空 1 分，共计 30 分）

1. 二极管的正极电位是 10V，负极电位是 5V，则二极管_____。
2. 放大电路中某三极管的三个电极①、②、③的电位分别等于-5V，-9.3V，-10V，说明：①是_____极；②是_____极；③是_____极。该管的管型为_____型，用半导体体材料_____（硅或锗）制成。
3. 电流源作为放大电路的有源负载，主要是为了提高_____，因为电流源的_____大。
4. 某放大器由三级组成，已知各级电压增益分别为 16dB、20dB、24dB，放大器的总增益为_____dB，总电压放大倍数的绝对值为_____。
5. 某负反馈放大电路的开环放大倍数 $A_u$=100000，反馈系数 $F$=0.01，则闭环放大倍数 $A_{uF}$=_____。
6. 在进行反相比例放大时，集成运算放大器两个输入端的共模信号 $u_{ic}$=_____；若集成运算放大器组成的同相比例放大电路的同相输入端接 $u_I$，则由集成运算放大器组成的同相比例放大电路的共模信号 $u_{ic}$=_____。
7. 集成放大器的非线性应用电路有_____、_____等。
8. 一个实际的正弦波振荡电路绝大多数属于_____反馈电路，它主要由_____、_____和_____组成。为了保证振荡幅值稳定且波形较好，常常还需要_____环节。
9. 在互补对称 OTL 功放电路中，为了提高正半周输出幅度，常常采用_____电路。
10. 直流电源由_____、_____、_____和_____四部分组成，其中利用二极管的单向导电性可以组成三种基本单相整流电路，分别为_____电路、_____电路和_____电路。
11. 晶闸管阳极和阴极间加_____，控制极加适当的_____，晶闸管才能导通。

## 二、单项选择题（每小题 2 分，共计 30 分）

1. 在图模综测 4-1 所示电路中，开关 S 接通后，下列说法正确的是（　　）。
   A. $H_1$ 灯亮　　　　　　　　　　B. $H_2$ 灯亮
   C. $H_1$、$H_2$ 灯都亮　　　　　　D. $H_1$、$H_2$ 灯都不亮
2. 如图模综测 4-2 所示电路，二极管 $VD_1$、$VD_2$ 均为理想元件，则电压 $U_{AO}$=（　　）。
   A. 12V　　　　　　　　　　　　B. 0V
   C. -15V　　　　　　　　　　　 D. -12V

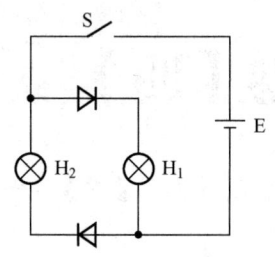
图模综测 4-1　单选题 1 图

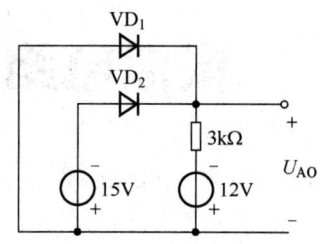
图模综测 4-2　单选题 2 图

3．三极管各极对公共端电位如图模综测 4-3 所示，则处于放大状态的硅三极管是（　　）。

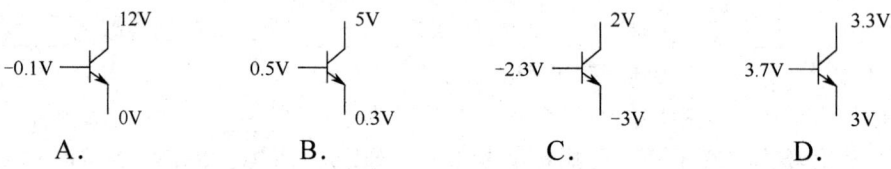

　A．　　　　　　　B．　　　　　　　C．　　　　　　　D．

图模综测 4-3　单选题 3 图

4．在分压式电流负反馈放大电路中，对静态电流 $I_C$ 影响比较大的是（　　）。
　　A．下偏流电阻 $R_{b2}$　　　　　　B．集电极电阻 $R_C$
　　C．晶体管的电流放大系数 $h_{fe}$　　D．耦合电容

5．如图模综测 4-4 所示放大电路，假设电容 $C_1$、$C_2$、$C_S$ 容量足够大，对交流信号可视作短路，$R'_L = R_L /\!/ R_D$，则输入电阻 $R_i$ 的表达式是（　　）。
　　A．$R_{G1}$　　B．$R_{G2}$　　C．$R_{G1} /\!/ R_{G2}$　　D．$R_{G1}+R_{G2}$

6．如图模综测 4-5 所示放大电路，当 $R_F$ 增加时，该电路的通频带（　　）。
　　A．变宽　　　B．变窄　　　C．不变　　　D．无法确定

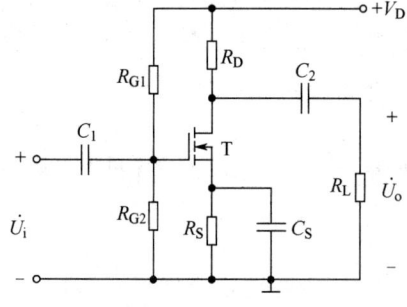
图模综测 4-4　单选题 5 图

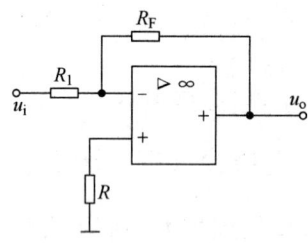
图模综测 4-5　单选题 6 图

7．某仪表放大电路，要求输入电阻大，输出电流稳定，应选（　　）。
　　A．电流串联负反馈　　　　　　B．电压并联负反馈
　　C．电流并联负反馈　　　　　　D．电压串联负反馈

8．负反馈能抑制（　　）。
　　A．输入信号所包含的干扰和噪声　　B．反馈环内的干扰和噪声
　　C．反馈环外的干扰和噪声　　　　　D．输出信号中的干扰和噪声

9. 振荡器是根据_____反馈原理来实现的,_____反馈振荡电路的波形相对较好。( )

　　A．正、电感　　　B．正、电容　　　C．负、电感　　　D．负、电容

10．稳压管的动态电阻 $r_Z$ 是指（　　）。

　　A．稳定电压 $U_Z$ 与相应电流 $I_Z$ 之比

　　B．稳压管端电压变化量 $\Delta U_Z$ 与相应电流变化量 $\Delta I_Z$ 的比值

　　C．稳压管正向压降与相应正向电流的比值

　　D．无法确定

11．如图模综测 4-6 所示电路，平衡电阻 $R$ 应等于（　　）。

　　A．$R_1//R_2//R_3$　　B．$R_1//R_2$　　C．$(R_1//R_2)+R_3$　　D．$R_1//R_2//R_3//X_C$

12．如图模综测 4-7 所示正弦波振荡电路，正反馈支路的移相角度 $\varphi_F$ 应等于（　　）。

　　A．90°　　　　B．180°　　　　C．0°　　　　D．无法确定

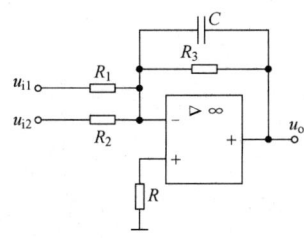
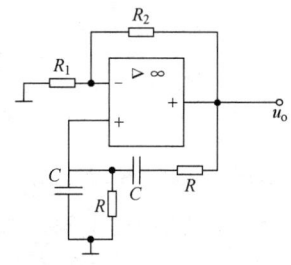

图模综测 4-6　单选题 11 图　　　　　　　图模综测 4-7　单选题 12 图

13．如图模综测 4-8 所示电路，a、b 之间输入一正弦交流电压，则下述正确的是（　　）。

　　A．通过 $R_1$ 的为直流电　　　　　　B．通过 $R_2$ 的为直流电

　　C．$VD_1$ 始终处于截止状态　　　　D．$R_1$ 中无电流通过

14．为了改善如图模综测 4-9 所示的输出波形，电路应该（　　）。

　　A．进行相位补偿

　　B．适当减小功放管静态 $|U_{BE}|$ 值，使之处于微导通状态

　　C．适当增大功放管静态 $|U_{BE}|$ 值，使之处于微导通状态

　　D．适当增加负载电阻 $R_L$ 的阻值

15．在图模综测 4-10 所示电路中，把开关 K 闭合后再断开，则（　　）。

　　A．灯 HL 保持熄灭

　　B．灯 HL 随开关 K 的闭合而点亮，随开关 K 的断开而熄灭

　　C．灯 HL 在开关 K 闭合时点亮，开关 K 断开后延时一段时间熄灭

　　D．灯 HL 在开关 K 闭合时点亮，开关 K 断开后保持常亮

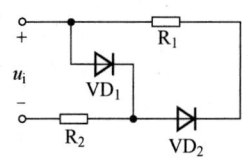
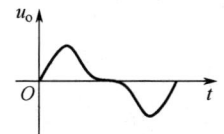
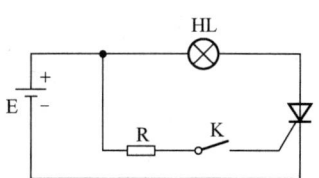

图模综测 4-8　单选题 13 图　　　图模综测 4-9　单选题 14 图　　　图模综测 4-10　单选题 15 图

## 三、计算题（共 20 分）

1. 如图模综测 4-11 所示电路，已知三极管 $U_{BE}=0.7V$，$\beta=40$，设 $V_{CC}=12V$，三极管饱和压降 $U_{CES}=0.5V$。试求在下列情况下，用直流电压表测三极管的集电极电位分别为多少？

（1）正常情况；（2 分）　　　　（2）$R_{b1}$ 短路；（2 分）

（3）$R_{b1}$ 开路；（2 分）　　　　（4）$R_{b2}$ 开路；（2 分）

（5）$R_c$ 短路。（2 分）

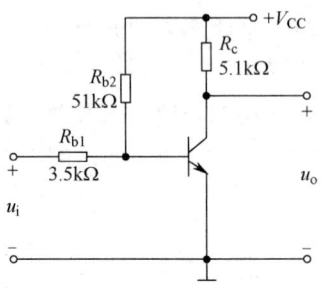

图模综测 4-11　计算题 1 图

2. 如图模综测 4-12 所示电路，要求：

（1）指出图中的反馈电路，判断反馈极性（正、负反馈）和类型；（2 分）

（2）写出 $u_O$ 与 $u_I$ 之间运算关系表达式；（4 分）

（3）求出该电路的输入和输出电阻。（4 分）

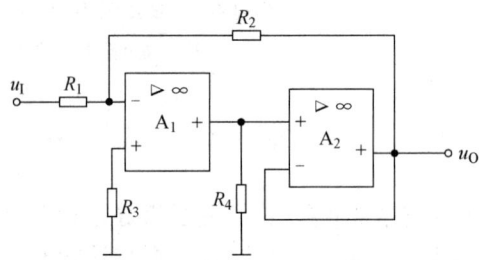

图模综测 4-12　计算题 2 图

## 四、综合题（共 20 分）

1. 改接图模综测 4-13 所示电路，使之成为能稳定输出电压的负反馈放大器，并说明改接后对放大器输入电阻和输出电阻的影响。（10 分）

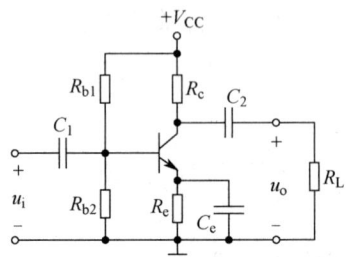

图模综测 4-13　综合题 1 图

2. 分析图模综测 4-14 所示电路，试求：

（1）三极管 $VT_1$ 构成何种组态电路，起何作用？若出现交越失真，该如何调节？（6 分）

（2）$VT_3$、$VT_5$ 的饱和压降可忽略不计，求该电路最大不失真输出功率及效率。（4 分）

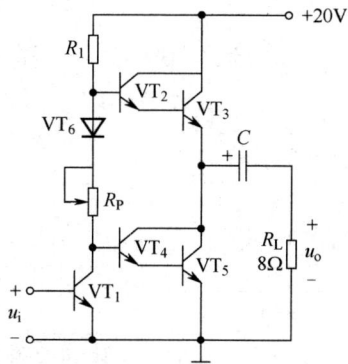

图模综测 4-14　综合题 2 图

# 数字电路综合测试卷【一】

时量：90 分钟　　总分：100 分　　难度等级：【中】

## 一、填空题（每空 1 分，共计 20 分）

1. $(25)_{10}=(\underline{\qquad})_2$；　$(255)_{10}=(\underline{\qquad})_2$；　$(11010)_2=(\underline{\qquad})_{10}$
2. 数字电路主要研究_____与_____信号之间的对应逻辑关系。
3. $Y = ABC + \overline{AD} + C + 1$ 对偶式为 $Y' =$ _____，反函数式为 $\overline{Y} =$ _____。
4. 逻辑函数 $Y(A,B,C,D) = \sum m(1,2,4,5,6,9)$，其约束条件为 $AB + AC = 0$，则最简与或式为_____。
5. 组合逻辑门电路的任意时刻产生的稳定输出信号与_____有关，而与电路_____无关。
6. 74LS138 是 3 线-8 线译码器，译码为输出低电平有效，若输入为 $A_2A_1A_0$=110 时，输出 $\overline{Y_7}\,\overline{Y_6}\,\overline{Y_5}\,\overline{Y_4}\,\overline{Y_3}\,\overline{Y_2}\,\overline{Y_1}\,\overline{Y_0}$ 应为_____。
7. 触发器的逻辑功能通常可用_____、_____、_____和_____等多种方法进行描述。
8. T 触发器的特征方程为_____，当 T=1 时，特征方程为_____，这时触发器可以用作_____。
9. 根据触发器时钟脉冲作用方式的不同，计数器有_____计数器和_____计数器之分，前者所有触发器的状态在同一个时钟脉冲作用下同时翻转，后者触发器的状态翻转并不按统一的时钟脉冲同时进行。

## 二、单项选择题（每小题 2 分，共计 30 分）

1. 将二进制数 000100000011.0010 转换为十进制数是（　　）。
   A．252.125　　　B．225.125　　　C．259.125　　　D．255.125
2. 在 RC 积分电路中，表达正确的是（　　）。
   A．信号从电阻输出，其时间常数远小于输入的矩形波脉宽
   B．信号从电容输出，其时间常数远小于输入的矩形波脉宽
   C．信号从电阻输出，其时间常数远大于输入的矩形波脉宽
   D．信号从电容输出，其时间常数远大于输入的矩形波脉宽
3. 在图数综测 1-1 中，正确的时序图是（　　）。

A.　　　　　　　　　　　　　　B.

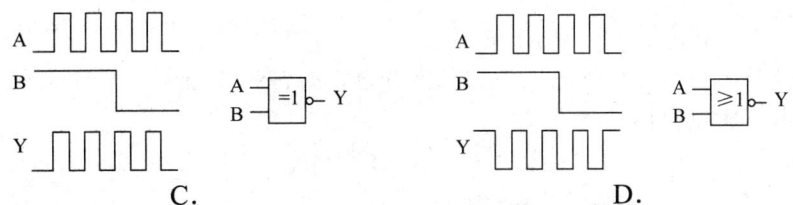

　　图数综测 1-1　单选题 3 图

4. TTL 与非门电路与 CMOS 与非门电路中不用的输入端可以（　　）。
   A．前者可以悬空，后者必须接电源端　　B．后者可以悬空，前者必须接电源端
   C．前者、后者都可以悬空　　　　　　　D．前者、后者都必须接电源端

5. 如图数综测 1-2 所示逻辑电路，满足 F=1 的条件是（　　）。
   A．ABCD=0100　　　　　　　　　　　　B．ABCD=1011
   C．ABCD=1100　　　　　　　　　　　　D．ABCD=1101

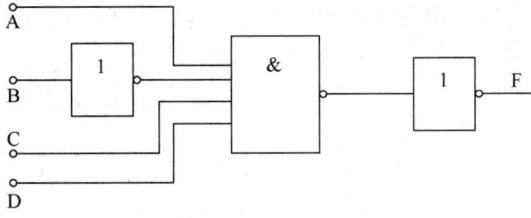

　　图数综测 1-2　单选题 5 图

6. 如果对键盘上 108 个符号进行二进制编码，则至少要（　　）位二进制数。
   A．5　　　　　　B．6　　　　　　C．7　　　　　　D．8

7. 当二输入与非门输入为（　　）变化时，输出不可能存在竞争-冒险现象。
   A．01→10　　　　B．00→10　　　　C．10→11　　　　D．11→01

8. 对于 8421BCD 码优先编码器，下面说法正确的是（　　）。
   A．有 10 根输入线，4 根输出线　　　　B．有 16 根输入线，4 根输出线
   C．有 4 根输入线，16 根输出线　　　　D．有 4 根输入线，10 根输出线

9. 如图数综测 1-3 所示电路，输出端 Q 所得波形的频率为 CP 信号二分频的电路为（　　）。

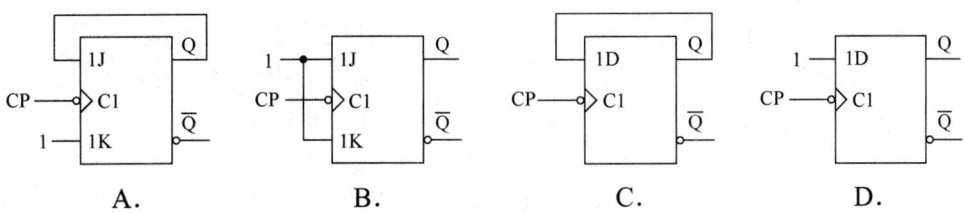

　　图数综测 1-3　单选题 9 图

10. 对于边沿触发的 D 触发器，下列说法正确的是（　　）。
    A．输出状态的改变发生在时钟脉冲的边沿
    B．CP=1 期间输出与 D 端输入一致
    C．新状态取决于 D 端输入和之前的状态

D．（A）（B）和（C）均正确

11．一个四位串行数据，输入四位移位寄存器，时钟脉冲频率为 1kHz，经过（　　）可转换为四位并行数据输出。

　　A．8ms　　　　　B．4ms　　　　　C．8μs　　　　　D．4μs

12．图数综测 1-4 所示电路的功能为（　　）。

　　A．并行寄存器　　B．移位寄存器　　C．计数器　　　　D．序列信号发生器

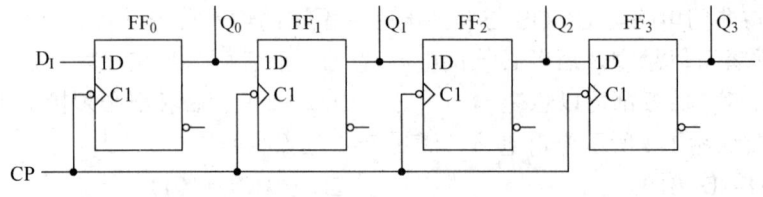

图数综测 1-4　单选题 12 图

13．某时序逻辑电路的波形如图数综测 1-5 所示，由此判定该电路是（　　）。

　　A．二进制计数器　　　　　　　　　B．十进制计数器
　　C．移位寄存器　　　　　　　　　　D．五进制计数器

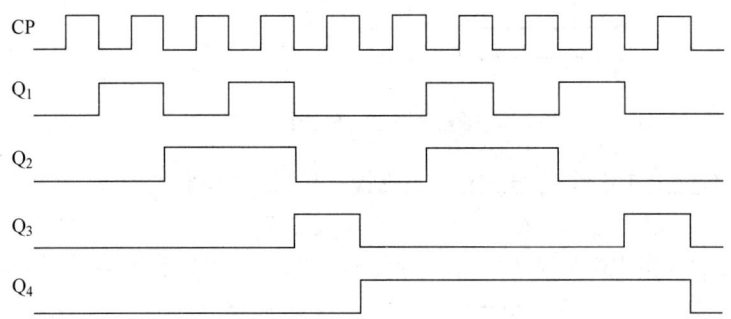

图数综测 1-5　单选题 13 图

14．555 集成电路，改变电压控制端（⑤脚）的电压可改变（　　）。

　　A．高触发端和低触发端的触发电平　　B．555 定时电路的高低电平
　　C．开关放电管的开关电平　　　　　　D．置"0"端 R 的电平

15．ADC 的功能是（　　）。

　　A．把模拟信号转换为数字信号　　　　B．把数字信号转换为模拟信号
　　C．把二进制转换为十进制　　　　　　D．把格雷码转换为二进制

## 三、计算题（共 20 分）

1．公式法化简 $F_1$ 为最简与或式，卡诺图法化简 $F_2$ 为最简与或式。（2×5=10 分）

$$F_1 = ABCD + \overline{A}BC\overline{D} + \overline{B}\overline{C}D$$

$$F_2(A,B,C,D) = \sum m(0,1,2,3,6,8) + \sum d(10,11,12,13,14,15)$$

2. 边沿 JK 触发器电路和输入端信号如图数综测 1-6 所示。试求：
(1) 写出 Q 的次态方程；(5 分)
(2) 画出输出端 Q 的波形。(5 分)

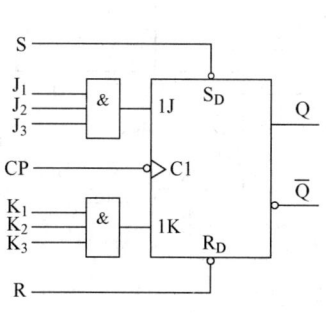
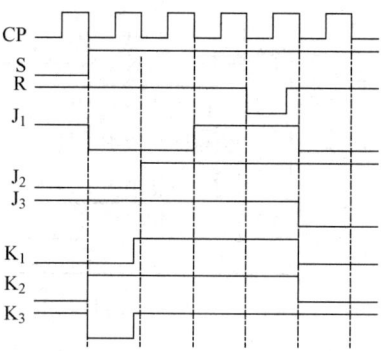

图数综测 1-6　计算题 2 图

## 四、综合题（共 30 分）

1. 图数综测 1-7 所示为维持阻塞 D 触发器构成的电路，试画出在 CP 脉冲下 $Q_0$ 和 $Q_1$ 的波形。(10 分)

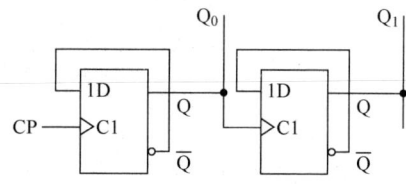

图数综测 1-7　综合题 1 图

2. 已知逻辑函数的真值表如图数综测 1-8 所示，试写出对应的逻辑函数式并化为最简与或表达式。(2×5=10 分)

| 表（a） | | 表（b） | | | |
| --- | --- | --- | --- | --- | --- |
| ABC | Y | MNPO | Z | MNPO | Z |
| 000 | 0 | 0000 | 0 | 1000 | 0 |
| 001 | 1 | 0001 | 0 | 1001 | 0 |
| 010 | 1 | 0010 | 0 | 1010 | 0 |
| 011 | 0 | 0011 | 1 | 1011 | 1 |
| 100 | 1 | 0100 | 0 | 1100 | 1 |
| 101 | 0 | 0101 | 0 | 1101 | 1 |
| 110 | 0 | 0110 | 1 | 1110 | 1 |
| 111 | 0 | 0111 | 1 | 1111 | 1 |

图数综测 1-8　综合题 2 图

3. 由 2 片 74HC161 组成的同步计数器如图数综测 1-9 所示。

(1) 试分析其分频比（即 Y 与 CP 之频比）；（8 分）

(2) 当 CP 的频率为 20kHz，Y 的频率为多少？（2 分）

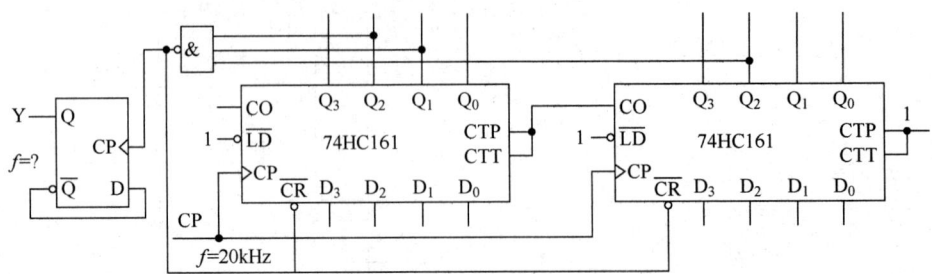

图数综测 1-9　综合题 3 图

# 数字电路综合测试卷【二】

时量：90 分钟　　总分：100 分　　难度等级：【中】

## 一、填空题（每空 1 分，共计 20 分）

1. $(2010)_D = ($ _____ $)_B = ($ _____ $)_H = ($ _____ $)_{8421BCD}$
2. 微分电路常用来将输入矩形波变换成_____，积分电路常用来将输入矩形波变换为_____。
3. 写出函数 $Z = ABC + (A + BC)(A + C)$ 的反函数 $\overline{Z} =$ _____。
4. 在 TTL 门电路的一个输入端与地之间接一个 $10k\Omega$ 电阻，则相当于在该输入端输入_____电平；在 CMOS 门电路的输入端与电源之间接一个 $1k\Omega$ 电阻，相当于在该输入端输入_____电平。
5. 消除冒险现象的方法有_____、_____、_____和_____。
6. 半导体数码管按发光二极管的接法可分为_____和_____两种；当译码器输出为高电平有效时应选择_____。
7. 组合逻辑电路的基本单元是_____，时序逻辑电路的基本单元是_____。
8. 要使边沿触发 D 触发器直接置 1，只要使 $S_D =$ _____、$R_D =$ _____即可。
9. 计数器由初始时的任意状态自行进入有效循环状态的现象称为_____能力。

## 二、单项选择题（每小题 2 分，共计 30 分）

1. 将十进制数 51.625 转换为二进制数是（　　）。
   A．100111.001　　　　　　B．110001.001
   C．100110.101　　　　　　D．110011.101
2. 比较下列几个数的大小，正确的结果是（　　）。
   A．$(46)_8 > (39)_{10}$　　　　B．$(2A)_{16} > (39)_{10}$
   C．$(101101)_2 > (49)_{10}$　　D．$(2A)_{16} > (101101)_2$
3. 某个与或非电路具有一个输入为 A、B、C、D 的与门和一个输入为 E、F 的与门，那么它的输出表达式为（　　）。
   A．$\overline{ABCD + EF}$　　　　B．$\overline{A} + \overline{B} + \overline{C} + \overline{D} + \overline{E} + \overline{F}$
   C．$\overline{A + B + C + D\,E + F}$　　D．$(\overline{A} + \overline{B} + \overline{C} + \overline{D})(\overline{E} + \overline{F})$
4. 若将一个异或门（设输入端为 A、B）当作反相器使用，则 A、B 端应（　　）连接。
   A．A 或 B 中有一个接高电平　　B．A 或 B 中有一个接低电平
   C．A 和 B 并联使用　　　　　　D．不能实现
5. 图数综测 2-1 所示逻辑电路为（　　）。
   A．与非门　　　　　　　　　B．与门

C. 或门 　　　　　　　　　　　　D. 或非门

6. 某组合逻辑电路具有两个输入端 A、B 和一个输出端 Y，其输入、输出波形如图数综测 2-2 所示，该电路能实现的逻辑功能是（　　）。

　　A. 与非　　　　B. 或非　　　　C. 同或　　　　D. 异或

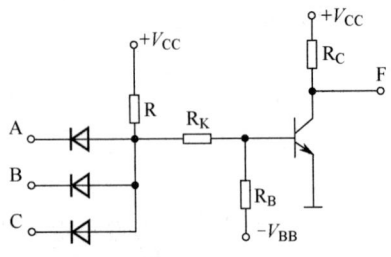
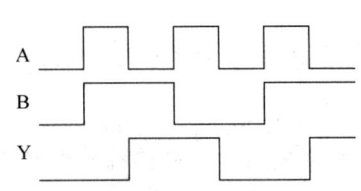

图数综测 2-1　单选题 5 图　　　　　　图数综测 2-2　单选题 6 图

7. 用组合逻辑电路去实现汽车大灯的控制，要求：如果灯开关（A）处于闭合状态时，汽车的大灯（Y）会在点火开关（B）断开后自动关闭，能实现这个组合逻辑的表达式为（　　）。

　　A. $Y = AB$　　　　　　　　　　B. $Y = A + B$
　　C. $Y = \overline{A} + B$　　　　　　　　D. $Y = A + \overline{B}$

8. 图数综测 2-3 所示是共阴极七段 LED 数码管显示译码器框图，若要显示字符"7"，则译码器输出 a~g 应为（　　）。

　　A. 0100100　　B. 1110000　　C. 1011011　　D. 0011011

9. 在图数综测 2-4 中，A=0，则触发器的次态方程 $Q^{n+1}$ 为（　　）。

　　A. A　　　　B. 0　　　　C. $Q^n$　　　　D. $\overline{Q}^n$

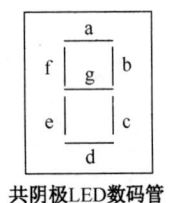　　　　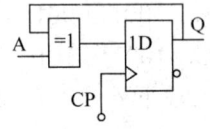

图数综测 2-3　单选题 8 图　　　　　　图数综测 2-4　单选题 9 图

10. 设图数综测 2-5 中所有触发器的初始状态皆为 0，找出图中触发器在时钟信号作用下，输出电压波形恒为 0 的是（　　）。

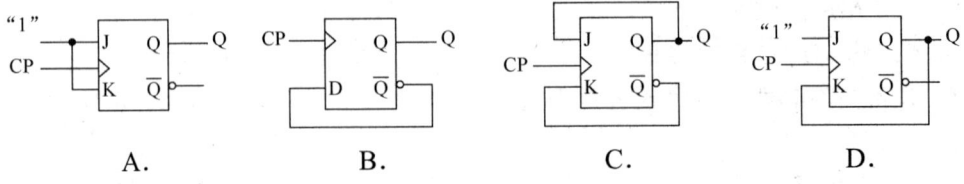

　　A.　　　　　　B.　　　　　　C.　　　　　　D.

图数综测 2-5　单选题 10 图

11. 指出下列电路中能够把串行数据变成并行数据的电路是（　　）。

　　A. JK 触发器　　B. 优先编码器　　C. 移位寄存器　　D. 十进制计数器

12. 某移位寄存器的时钟脉冲频率为 100kHz，欲将存放在该寄存器中的数左移 8 位，完成该操作需要（　　）。

　　A．10μs　　　　　　　　　B．80μs
　　C．100μs　　　　　　　　D．800ms

13. 由四位二进制计数器 74LS161 构成的任意进制计数器电路如图数综测 2-6 所示,计数时的最小状态是（　　）。

　　A．0000　　　　　　　　　B．1111
　　C．0001　　　　　　　　　D．0110

图数综测 2-6　单选题 13 图

14. 555 定时器不可以组成（　　）。

　　A．多谐振荡器　　　　　　B．单稳态触发器
　　C．施密特触发器　　　　　D．JK 触发器

15. 有一个 4 位的 D/A 转换器，设它的满刻度输出电压为 10V，当输入数字量为 1101 时，输出电压为（　　）。

　　A．8.125V　　B．4V　　C．6.25V　　D．9.375V

## 三、计算题（共 20 分）

1. 公式法化简 $F_1$ 为最简与或式，卡诺图法化简 $F_2$ 为最简与或式。（2×5=10 分）
$F_1 = AB + AC + \overline{AC} + B\overline{C}$　　　$F_2(A,B,C,D) = \sum m(1,2,3,5,6,7,8,9,12,13)$

2. 如图数综测 2-7 所示逻辑电路图及输入波形：
（1）写出各触发器的激励函数和次态方程和输出方程；（6 分）
（2）设触发器的初态均为 0，画出在 CP 脉冲作用下 $Q_1$、$Q_2$ 和 Y 端的输出波形。（4 分）

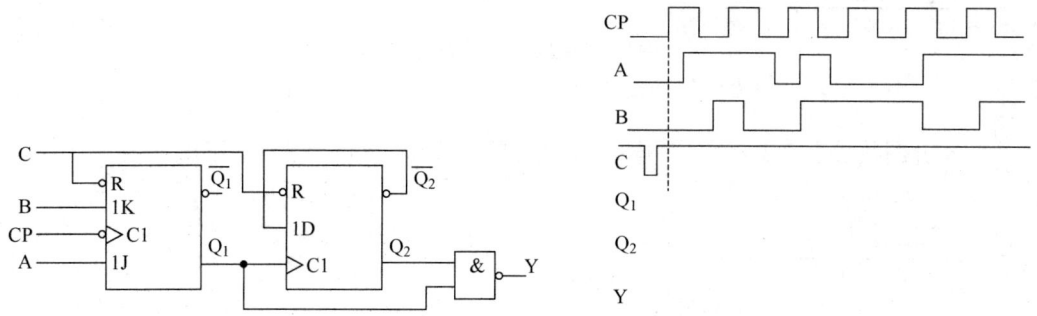

图数综测 2-7　计算题 2 图

## 四、综合题（共 30 分）

1. 已知三态门和 TTL 门的逻辑图以及输入 A、B、C 的波形如图数综测 2-8 所示，试画出输出 $F_1$ 和 $F_2$ 的波形。（10 分）

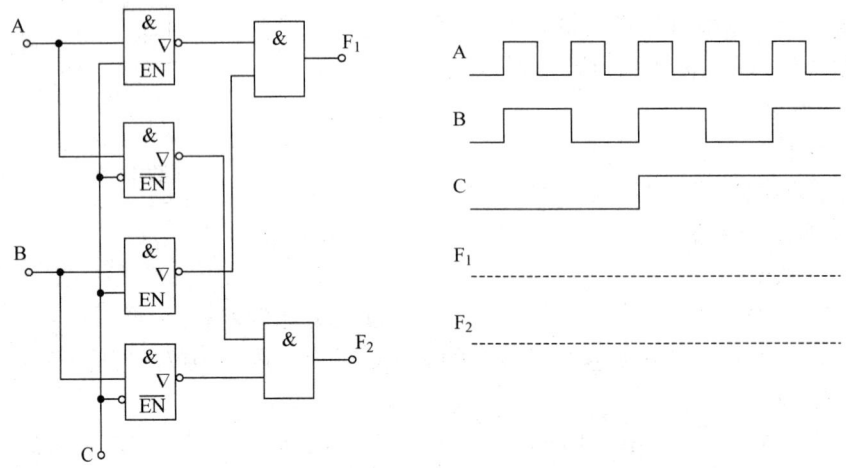

图数综测 2-8　综合题 1 图

2. 图数综测 2-9 所示电路是一个可以产生几种脉冲波形的信号发生器，设触发器的初态 Q=0。

（1）写出 $F_1$、$F_2$、$F_3$ 三个输出函数表达式；（4 分）

（2）试画出在 CP 脉冲作用下，$F_1$、$F_2$、$F_3$ 三个输出端的波形。（6 分）

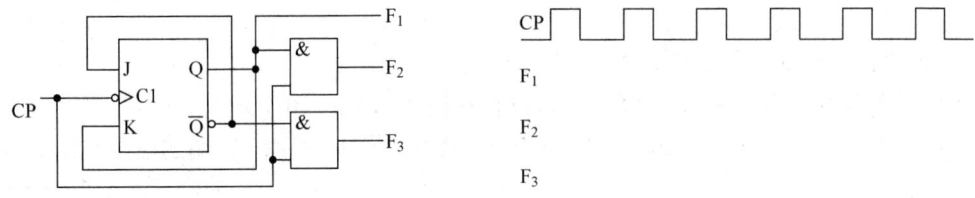

图数综测 2-9　综合题 2 图

3. 分析图数综测 2-10 所示各电路是几进制计数器。（4×2.5=10 分）

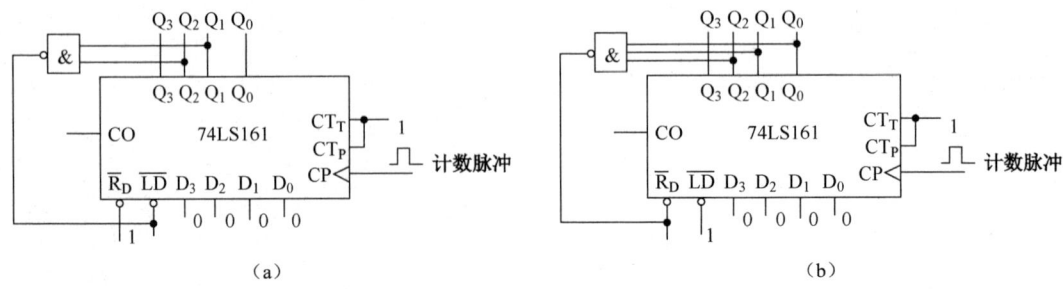

图数综测 2-10　综合题 3 图

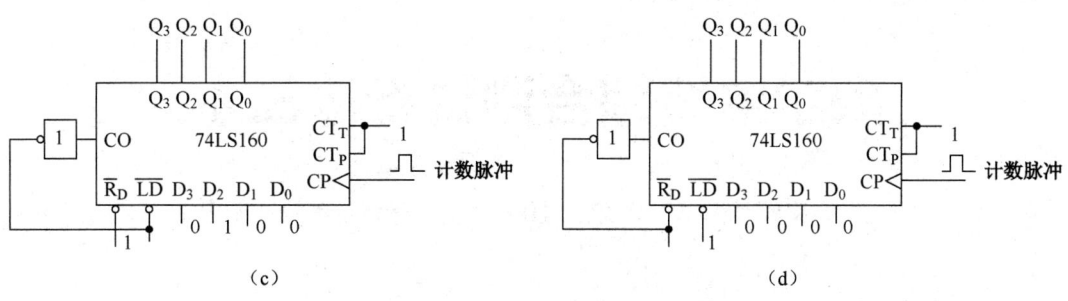

图数综测 2-10　综合题 3 图（续）

# 数字电路综合测试卷【三】

时量：90 分钟　　总分：100 分　　难度等级：【中】

## 一、填空题（每空 1 分，共计 20 分）

1. $(11.011)_2 = ($ ＿＿＿＿ $)_{16} = ($ ＿＿＿＿ $)_{10} = ($ ＿＿＿＿ $)_{8421BCD}$
2. 逻辑表达式 $F = AB + \overline{AB} + \overline{A} + \overline{AB}$ 可化简为＿＿＿＿。
3. 逻辑表达式 $F = (A+B)(A+B+C)(AB+CD) + E$，则其对偶式 $F' = $ ＿＿＿＿。
4. TTL 电路的电源电压为＿＿＿＿V，CMOS 电路的电源电压为＿＿＿＿V。
5. 通常把一个 CP 脉冲引起触发器多次翻转的现象称为＿＿＿＿，有这种现象的触发器是＿＿＿＿触发器，此类触发器的工作属于＿＿＿＿触发方式。
6. 根据计数过程中，数字增、减规律的不同，计数器可分为＿＿＿＿计数器、＿＿＿＿计数器和＿＿＿＿计数器三种类型。
7. DAC 电路的主要技术指标有＿＿＿＿、＿＿＿＿和＿＿＿＿及＿＿＿＿；ADC 电路的主要技术指标有＿＿＿＿、＿＿＿＿和＿＿＿＿。

## 二、单项选择题（每小题 2 分，共计 30 分）

1. 将十进制数 456.6875 转换为二进制数是（　　）。
　A．111001000.1011　　　　B．110001001.1011
　C．100110111.0011　　　　D．110011010.1101
2. 下列数中，最大的数是（　　）。
　A．$(111010)_2$　　B．$(57)_{10}$　　C．$(65)_8$　　D．$(3D)_{16}$
3. 如图数综测 3-1 所示电路，已知三极管 $\beta=50$，$U_{BEQ}=0.7V$，$U_{CES}=0V$，门电路输出低电平为 0V，输出高电平为 5V，则电路的工作情况是（　　）。
　A．三极管截止，输出 $U_O$ 为低电平
　B．三极管截止，输出 $U_O$ 为高电平
　C．三极管饱和，输出 $U_O$ 为低电平
　D．三极管饱和，输出 $U_O$ 为高电平

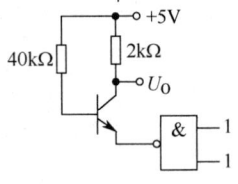

图数综测 3-1　单选题 3 图

4. 在图数综测 3-2 所示三态门中，能实现 C=0 时，F=AB；C=1 时，F 为高阻态的逻辑功能的是（　　）。

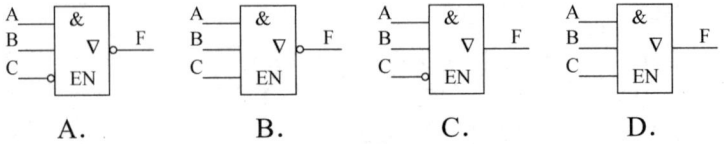

图数综测 3-2　单选题 4 图

5. 如图数综测 3-3 所示电路，正确的输出逻辑表达式是（　　）。
   A．$Y = \overline{AB + CD}$　　　　　　　　B．$Y = 1$
   C．$Y = 0$　　　　　　　　　　　　D．$Y = \overline{A} + \overline{B} + \overline{C} + \overline{D}$

6. 如图数综测 3-4 所示为 74LS138 的逻辑符号，若要求 $\overline{Y}_6$ 输出为零，那么对应的 $A_2$、$A_1$、$A_0$、$G_1$、$\overline{G}_{2A}$、$\overline{G}_{2B}$ 的逻辑电平应为（　　）。
   A．111110　　　　　　　　　　B．110111
   C．110100　　　　　　　　　　D．011100

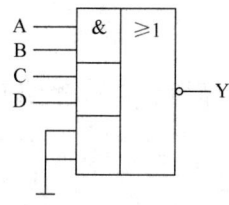
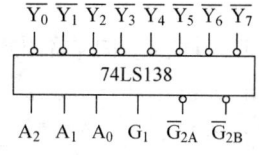

图数综测 3-3　单选题 5 图　　　　　　图数综测 3-4　单选题 6 图

7. 实现两个四位二进制数相乘的组合电路，应有（　　）个输出函数。
   A．8　　　　　　　　　　　　B．9
   C．10　　　　　　　　　　　　D．11

8. 接通电源电压就能输出矩形脉冲的电路是（　　）
   A．单稳态触发器　　　　　　　B．施密特触发器
   C．D 触发器　　　　　　　　　D．多谐振荡器

9. 图数综测 3-5 所示是用集成数据选择器 74LS153 实现的组合逻辑函数，该函数的逻辑表达式为（　　）。
   A．$F = \overline{A}B + AB$　　　　　　　B．$F = A\overline{B} + \overline{A}B$
   C．$F = \overline{AB} + AB$　　　　　　　D．$F = \overline{A\overline{B} + A\overline{B}}$

10. 图数综测 3-6 所示电路构成的逻辑电路的类型为（　　）。
    A．D 触发器　　　　　　　　　B．T 触发器
    C．JK 触发器　　　　　　　　 D．RS 触发器

11. 如图数综测 3-7 所示四位右移寄存器，其最右边一位输出接至右移串行数据输入端 $D_{SR}$。设初始状态为 $Q_DQ_CQ_BQ_A=1100$，则当第 5 个脉冲作用后，$Q_DQ_CQ_BQ_A=$（　　）。
    A．1100　　　　　　　　　　　B．0110
    C．1001　　　　　　　　　　　D．0011

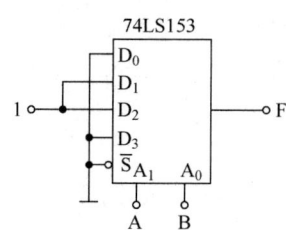
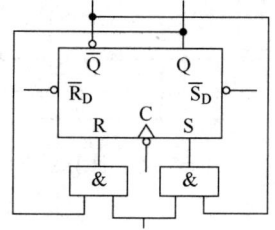
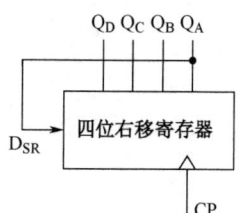

图数综测 3-5　单选题 9 图　　图数综测 3-6　单选题 10 图　　图数综测 3-7　单选题 11 图

12. TTL 集成触发器直接置 0 端 $\overline{R}_D$ 和直接置 1 端 $\overline{S}_D$ 在触发器正常工作时应（　　）。
   A. $\overline{R}_D=1$，$\overline{S}_D=0$  B. $\overline{R}_D=0$，$\overline{S}_D=1$
   C. 保持高电平"1"  D. 保持低电平"0"

13. 下列叙述正确的是（　　）。
   A. 译码器属于时序逻辑电路  B. 寄存器属于组合逻辑电路
   C. 555 定时器属于时序逻辑电路  D. 计数器属于时序逻辑电路

14. 要产生 10 个顺序脉冲，若用四位双向移位寄存器 CT74LS194 来实现，需要（　　）片。
   A. 3  B. 4
   C. 5  D. 10

15. 为使采样输出信号不失真地代表输入模拟信号，采样频率 $f_S$ 和输入模拟信号的最高频率 $f_{Imax}$ 的关系是（　　）。
   A. $f_S \geq f_{Imax}$  B. $f_S \leq f_{Imax}$
   C. $f_S \geq 2f_{Imax}$  D. $f_S \leq 2f_{Imax}$

## 三、计算题（共 20 分）

1. 公式法化简 $F_1$ 为最简与或式，卡诺图法化简 $F_2$ 为最简与或式。（2×5=10 分）
$$F_1 = \overline{(A \oplus B)(B \oplus \overline{C})}$$

$$F_2(A,B,C,D) = \sum m(0,1,4,9,12,13) + \sum d(2,3,6,10,11,14)$$

2. 试分析如图数综测 3-8 所示的计数器，设各触发器的初始状态均为 0。
（1）写出各触发器的驱动方程，状态方程，列出状态真值表；(6 分)
（2）画出 $Q_0$、$Q_1$ 和 $Q_2$ 的波形图；(2 分)
（3）并说明是几进制计数器，是同步计数器还是异步计数器。(2 分)

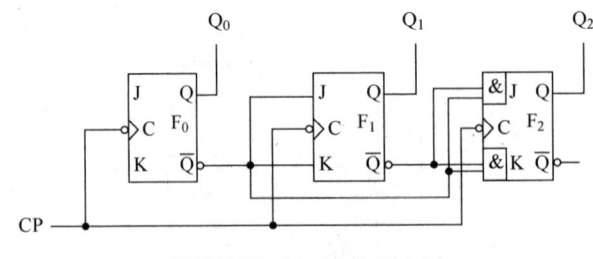

图数综测 3-8　计算题 2 图

## 四、综合题（共 30 分）

1. 如图数综测 3-9 所示逻辑电路：

（1）写出逻辑表达式；(4 分)

（2）将逻辑表达式转化为与非-与非式，并画出逻辑图。(6 分)

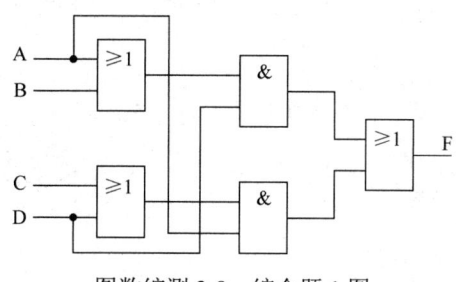

图数综测 3-9　综合题 1 图

2. 由或非门组成的触发器和输入端信号如图数综测 3-10 所示，请写出触发器输出 Q 的特征方程。设触发器的初始状态为 1，请画出输出端 Q 的波形。(10 分)

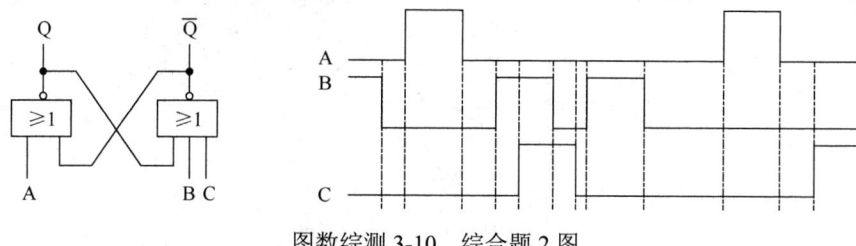

图数综测 3-10　综合题 2 图

3. 试用 74LS161、74LS151 和与非门实现下列脉冲产生电路：

（1）由图数综测 3-11（a）说明 74LS161（74LS161 为四位二进制同步加法计数器，异步清 0，同步预置数）实现几进制计数器；(2 分)

（2）在图数综测 3-11（b）中完成电路图的连接。(8 分)

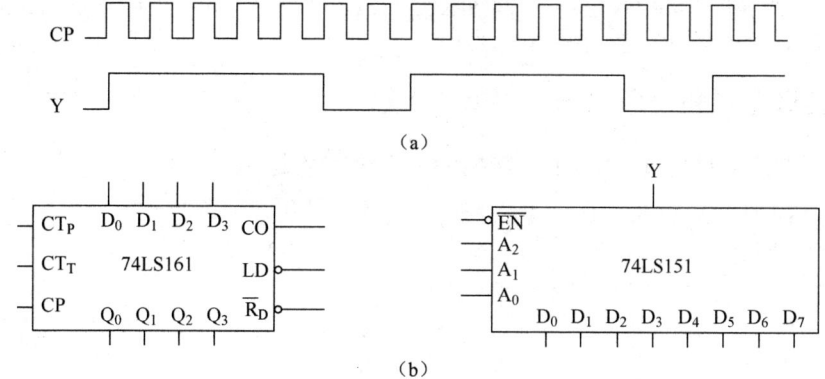

图数综测 3-11　综合题 3 图

# 数字电路综合测试卷【四】

时量：90 分钟　　　总分：100 分　　　难度等级：【中】

## 一、填空题（每空 1 分，共计 20 分）

1. 设计一个楼梯开关控制逻辑电路，在楼下 A 与楼上 B 都能控制灯亮与熄，则 Y=_____。

2. 求下列函数的反函数和对偶式：

（1）$F_1 = A + B + \overline{\overline{C} + \overline{D} + E}$ 的反函数 $\overline{F_1}$ =_____；

（2）$F_2 = B\left[A + \overline{BD} + C(\overline{D} + E)\right]$ 的对偶式 $F_2'$ =_____。

3. 标准的 CMOS 门电路工作电源一般为_____，TTL 门电路的工作电源为_____。

4. 正逻辑实现图数综测 4-1 所示组合逻辑电路的功能，则 L（灯亮）=_____。

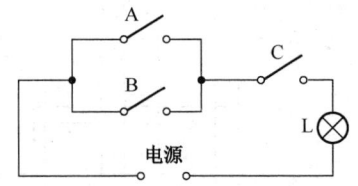

图数综测 4-1　填空题 4 图

5. 数据选择器是在_____的作用下，从_____中选择_____作为输出的组合逻辑电路。

6. 同步触发器属于_____触发的触发器，主从触发器属于_____触发的触发器。

7. 移位寄存器按其移位方式可分为_____、_____、_____。

8. 时序逻辑电路按状态转换情况可分为_____电路和_____电路。

9. 555 定时器的最后数码为 555 的是_____产品，为 7555 的是_____产品。

10. A/D 转换器两个最重要的指标是_____和_____。

## 二、单项选择题（每小题 2 分，共计 30 分）

1. 将二进制数 1110111.0110101 转换为十六进制数是（　　）。

　A．71.F1　　　　　　　　　B．73.6E
　C．80.F1　　　　　　　　　D．77.6A

2. $n$ 位二进制数最大可以表示的十进制数为（　　）。

　A．$n$　　　　　　　　　　B．$2n$
　C．$2^n$　　　　　　　　　D．$2^n-1$

3. 若已知 $XY + Y\overline{Z} + YZ = XY + Y$，判断等式 $(X+Y)(Y+\overline{Z})(Y+Z) = (X+Y)Y$ 成立的最简单方法是依据（　　）。

A．代入规则  B．对偶规则
C．反演规则  D．反演定理

4．TTL 与非门的关门电平是 0.8V，开门电平是 2V，当其输入低电平为 0.4V，输入高电平为 3.2V 时，其低电平噪声容限为（　　）。
A．1.2V  B．0.8V
C．0.4V  D．1.5V

5．已知 74LS138 译码器的输入三个使能端（$G_1=1$，$\overline{G}_{2A}=\overline{G}_{2B}=0$）时，地址码 $A_2A_1A_0=011$，则输出 $\overline{Y}_7 \sim \overline{Y}_0$ 是（　　）。
A．11111101  B．10111111
C．11110111  D．11111111

6．用四选一数据选择器实现函数 $Y = A_1A_0 + \overline{A}_1A_0$，应使（　　）。
A．$D_0=D_2=0$，$D_1=D_3=1$  B．$D_0=D_2=1$，$D_1=D_3=0$
C．$D_0=D_1=0$，$D_2=D_3=1$  D．$D_0=D_1=1$，$D_2=D_3=0$

7．引入（　　）方法，不能消除竞争和冒险。
A．锁存脉冲  B．冗余项
C．选通脉冲  D．滤波电容

8．如图数综测 4-2 所示电路，F 的逻辑表达式为（　　）。
A．F=A  B．F=B
C．F=AB  D．F=A⊕B

9．在图数综测 4-3 所示电路中，次态方程 $Q^{n+1}$ 为（　　）
A．$(A+B)\overline{Q}^n+AQ^n$  B．$(A+B)\overline{Q}^n+\overline{A}Q^n$
C．$\overline{A+B}+\overline{Q}^n+AQ^n$  D．$AQ^n$

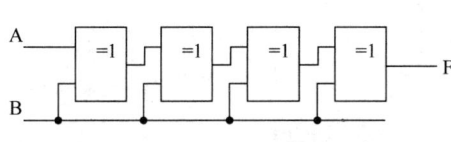

图数综测 4-2　单选题 8 图

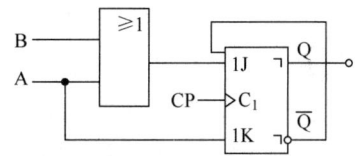

图数综测 4-3　单选题 9 图

10．为实现将 JK 触发器转换为 D 触发器，应使（　　）。
A．$J = K = D$  B．$J = K = \overline{D}$
C．$J = D$，$K = \overline{D}$  D．$K = D$，$J = \overline{D}$

11．7 个具有计数功能的 T 触发器连接，输入脉冲频率为 512kHz，则此计数器最高位触发器的输出脉冲频率为（　　）。
A．8kHz　　B．2kHz　　C．128kHz　　D．4kHz

12．某移位寄存器的时钟脉冲频率为 100kHz，欲将存放在该寄存器中的数右移 80 位，完成该操作需要（　　）。
A．10μs　　B．80μs　　C．100μs　　D．800μs

13．若要设计一个脉冲序列为 1101001110 的序列脉冲发生器，应选用（　　）个触发器。
A．2　　B．3　　C．4　　D．10

14. 能将 4kHz 正弦波转换成 4kHz 矩形波的电路是（　　）。
    A．多谐振荡器　　　　　　　　B．施密特触发器
    C．单稳态触发器　　　　　　　D．二进制计数器

15. 权电阻网络 DAC 电路最小输出电压是（　　）。
    A．$\frac{1}{2}U_{LSB}$　　B．$U_{LSB}$　　C．$U_{MSB}$　　D．$\frac{1}{2}U_{MSB}$

## 三、计算题（共 20 分）

1．分析图数综测 4-4 所示电路。
（1）写出输出 Y 的表达式；（5 分）
（2）用 74LS138 完成电路逻辑功能。（5 分）

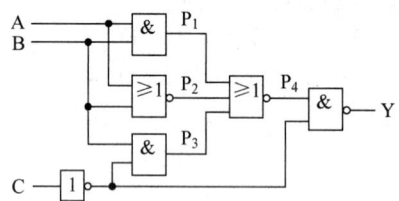
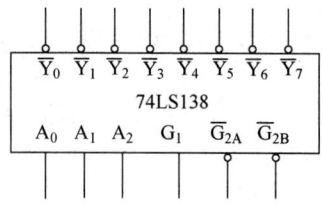

图数综测 4-4　计算题 1 图

2．分析图数综测 4-5 所示逻辑电路的逻辑功能，设电路初态 $Q_4Q_3Q_2Q_1=0000$。
（1）写出各触发器的驱动方程、状态方程、状态转换真值表；（8 分）
（2）分析逻辑功能。（2 分）

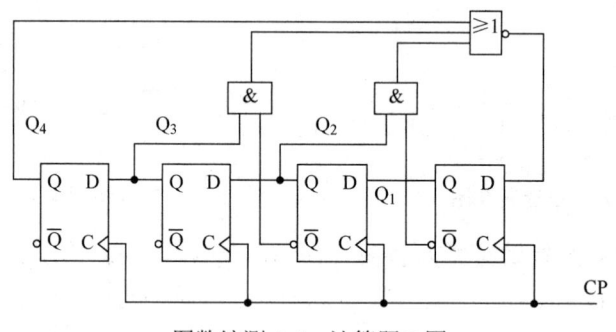

图数综测 4-5　计算题 2 图

## 四、综合题（共 30 分）

1．有一组合逻辑部件，不知内部结构，测得其输入波形 A、B、C 与输出波形 L 如图数综测 4-6 所示。
（1）写出逻辑表达式；（4 分）
（2）画出由 74138 译码器构成逻辑图。（6 分）

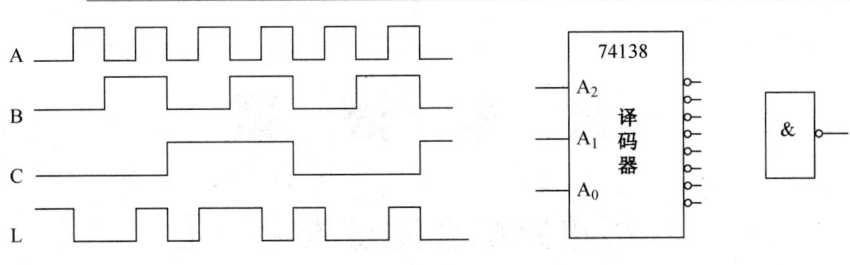

图数综测 4-6　综合题 1 图

2. 图数综测 4-7 所示是用维持阻塞结构 D 触发器组成的脉冲分频电路。
（1）求 $Q_1$，$Q_2$ 的次态方程和 Y 的输出方程；（5 分）
（2）试画出在一系列 CP 脉冲作用下 $Q_1$，$Q_2$ 和输出端 Y 对应的电压波形。设触发器的初始状态均为"0"。（5 分）

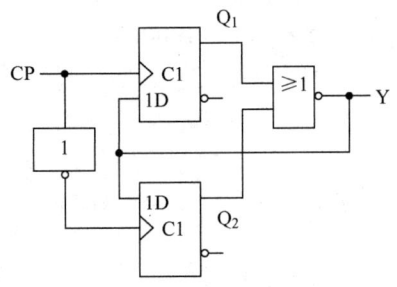

图数综测 4-7　综合题 2 图

3. 利用芯片 74LS161（四位同步二进制计数器）和 74LS151（八选一数据选择器）设计序列信号发生器，要求在一系列脉冲 CP 的作用下，能够周期性地输出"00010111"的序列信号。（芯片符号如图数综测 4-8 所示）
（1）74LS161 须能正常工作且与 74LS151 正确连接；（5 分）
（2）完成 74LS151 正确连接使之能按要求工作。（5 分）

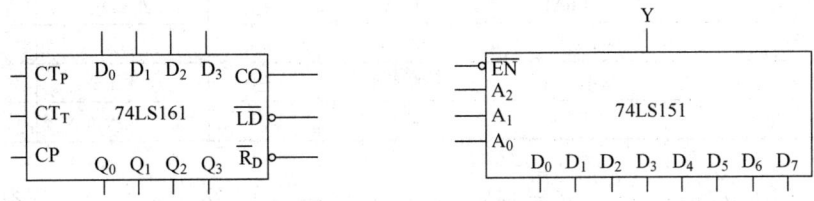

图数综测 4-8　综合题 3 图

# 参 考 答 案

## 模拟电路综合测试卷【一】

### 一、填空题

1. 扩散电流　漂移电流　掺杂　本征激发
2. 4
3. A
4. 输入　输出
5. 输入　提高　减小
6. 0　+1000μV　+1500μV　+500μV　+1000μV
7. $U_i \dfrac{R_2}{R_1+R_2}$
8. 电阻　电感
9. 效率　78.5%　交越　甲乙
10. $0.9U_2$　$2\sqrt{2}U_2$
11. 几乎不变
12. 开关管　开关脉冲发生器　储能滤波电路　采样电路

### 二、单项选择题

| 题号 | 1 | 2 | 3 | 4 | 5 | 6 | 7 | 8 | 9 | 10 | 11 | 12 | 13 | 14 | 15 |
|------|---|---|---|---|---|---|---|---|---|----|----|----|----|----|----|
| 答案 | D | D | D | C | D | B | A | C | B | A  | A  | B  | A  | A  | B  |

### 三、计算题

1.

| K 的状态 | $I_{BQ}$(mA) | $I_C$(mA) | $A_{us}$ | $R_i$(kΩ) | $R_o$(kΩ) |
|---------|--------------|-----------|----------|-----------|-----------|
| 全部闭合 | 0.025 | 1.5 | −150 | 1 | 5 |
| $K_1$ 开，$K_2$、$K_3$ 合 | 基本不变 | 基本不变 | 减少 | 基本不变 | 基本不变 |
| $K_2$ 开，$K_1$、$K_3$ 合 | 减少 | 减少 | 减少 | 增大 | 基本不变 |

2. 解：（1）$u_O = -\dfrac{R_3}{R_1}=-2u_I=-4\text{V}$；（2）$u_O = -\dfrac{R_2}{R_1}=-2u_I=-4\text{V}$；（3）电路无反馈，$u_O=-14\text{V}$；（4）$u_O=-\dfrac{R_2+R_3}{R_1}=-4u_I=-8\text{V}$。

### 四、综合题

1. 答：（1）be 结开路，已损坏；（2）饱和导通；（3）放大状态。

2．答：（1）上"-"，下"+"，RC 桥式振荡器；（2）工作在非线性区，输出±$U_{om}$；（3）停振；（4）停振；（5）工作在非线性区，输出±$U_{om}$。

# 模拟电路综合测试卷【二】

## 一、填空题

1．齐纳　雪崩　热　热
2．12　0　3
3．电流串联负反馈　电流
4．温度变化　分压式偏置电路
5．4000　72
6．输出　减小　提高
7．对称性　负反馈
8．压电效应　串联型　并联型
9．0　$\frac{1}{2}V_{CC}$　4
10．输入端　输出端
11．正向电压　触发电压
12．$U_{AK} \leqslant 0$　阳极电流

## 二、单项选择题

| 题号 | 1 | 2 | 3 | 4 | 5 | 6 | 7 | 8 | 9 | 10 | 11 | 12 | 13 | 14 | 15 |
|---|---|---|---|---|---|---|---|---|---|---|---|---|---|---|---|
| 答案 | D | B | B | C | B | A | C | D | A | B | A | B | B | C | D |

## 三、计算题

1．答：开关 S 接 A，工作在饱和区，$I_C$=3mA；开关 S 接 B，工作在放大区，$I_C$=1.8mA；开关 S 接 C，工作在截止区，$I_C$=0。

2．答：（1）$R_f$=190kΩ，$R_2$=9.5kΩ；（2）$R_1$ 虚焊，$u_o$ 减小；$R_f$ 虚焊，运算放大器工作在开环状态，$u_o$=±7V。

## 四、综合题

1．答：（1）①$VT_1$；②$VT_2$；③$R_3$、VZ；④$R_1$、$R_P$、$R_2$；（2）$R_P$=150Ω；（3）$U_o$=10V。

2．解：（1）两处错误：①运算放大器同相输入端与反向输入端对调；②$R_1$、$R_2$ 的阻值对调；（2）$R$=31.8kΩ。

# 模拟电路综合测试卷【三】

## 一、填空题

1. $R\times 100\Omega$ 或 $R\times 1\mathrm{k}\Omega$　负　正
2. 增大　增大　$I_{CEO}=(1+\beta)I_{CBO}$
3. 大　小
4. 共基　共射　共集
5. 9.09
6. 30mV　20mV　−2.015V
7. 电流串联负　$\dfrac{u_I}{R}$A
8. LC　RC　石英晶体
9. 12V　6V
10. 变压　整流　滤波　稳压
11. 减小　并接　续流二极管
12. 几乎不变

## 二、单项选择题

| 题号 | 1 | 2 | 3 | 4 | 5 | 6 | 7 | 8 | 9 | 10 | 11 | 12 | 13 | 14 | 15 |
|---|---|---|---|---|---|---|---|---|---|---|---|---|---|---|---|
| 答案 | C | C | B | B | D | A | B | B | D | D | C | B | A | D | C |

## 三、计算题

1. 解：（1）由（a）曲线查得 $u_{BE}=0.7\mathrm{V}$ 时，对应 $i_B=30\mathrm{\mu A}$，由（b）曲线查得 $i_C\approx 3.6\mathrm{mA}$；（2）由（b）曲线可查得此时 $i_C\approx 5\mathrm{mA}$；（3）由输入特性曲线可知，$u_{BE}$ 从 0.7V 变到 0.75V 的过程中，$\Delta i_B\approx 30\mathrm{\mu A}$，由输出特性曲线可知，$\Delta i_C\approx 2.4\mathrm{mA}$，所以 $\beta\approx 2400/30\approx 80$。

2. 解：（1）$R_P\geqslant 5.3\mathrm{k}\Omega$；（2）$145\mathrm{Hz}\leqslant f_0\leqslant 1.59\mathrm{kHz}$

## 四、综合题

1. 答：连线（略）。

2. 答：(1) 图(a)：m—j 相连，n—k 相连；图(b)：m—j 相连，n—k 相连；(2) $f_a=\dfrac{1}{2\pi\sqrt{LC}}$，$f_b=\dfrac{1}{2\pi\sqrt{L\dfrac{C_1C_2}{C_1+C_2}}}$。

# 模拟电路综合测试卷【四】

## 一、填空题

1. 已开路
2. 集电　基　发射　NPN　硅
3. 放大倍数　交流电阻
4. 60　1000
5. 99.9
6. O　$u_I$
7. 电压比较器　波形发生器
8. 正　放大电路　反馈网络　选频网络　稳幅
9. 自举
10. 电源变压器　整流电路　滤波器　稳压电路　单相半波整流　单相全波整流　单相桥式整流
11. 正向电压　触发脉冲

## 二、单项选择题

| 题号 | 1 | 2 | 3 | 4 | 5 | 6 | 7 | 8 | 9 | 10 | 11 | 12 | 13 | 14 | 15 |
|---|---|---|---|---|---|---|---|---|---|---|---|---|---|---|---|
| 答案 | A | B | C | A | C | C | A | B | B | B | A | C | A | C | D |

## 三、计算题

1. 答：(1) 7.92V；(2) 12V；(3) 0.5V；(4) 12V；(5) 12V。

2. 答：(1) $R_2$ 组成电压并联交直流负反馈，$A_2$ 为跟随器，$u_O$ 反馈至 $A_2$ 的反相输入端为电压串联反馈；(2) $u_O = -\dfrac{R_2}{R_1} u_I$；(3) $R_i = R_1$，$R_o = 0$。

## 四、综合题

1. 答：改接方法：在三极管 b、c 间串联一适合的 RC 串联电路，图（略）；引入的负反馈类型为电压并联交流负反馈，改接后电路的 $R_i$ 下降，$R_o$ 下降。

2. 答：(1) $VT_1$ 构成共射组态，起电压放大作用，若出现交越失真，可将 $R_P$ 适当调大；(2) $P_{om} = 6.25W$，$\eta = 78.5\%$。

# 数字电路综合测试卷【一】

## 一、填空题

1. 11001　11111111　26
2. 输出　输入
3. $(A+B+C) \cdot \overline{(A+D)} \cdot \overline{C} \cdot 0$　　$\overline{(\overline{A}+\overline{B}+\overline{C})} \cdot \overline{(\overline{A}+\overline{D})} \cdot \overline{\overline{C}} \cdot 0$
4. $C\overline{D} + \overline{C}D + B\overline{C}$
5. 当前时刻输入　原来的状态
6. 10111111
7. 功能真值表　逻辑函数式　状态转换图　时序波形图
8. $Q^{n+1} = T\overline{Q}^n + \overline{T}Q^n$　　$Q^{n+1} = \overline{Q}^n$　2 分频器
9. 同步　异步

## 二、单项选择题

| 题号 | 1 | 2 | 3 | 4 | 5 | 6 | 7 | 8 | 9 | 10 | 11 | 12 | 13 | 14 | 15 |
|---|---|---|---|---|---|---|---|---|---|---|---|---|---|---|---|
| 答案 | C | D | B | A | B | C | B | A | B | A | B | B | B | A | A |

## 三、计算题

1. 解：$F_1 = \overline{B} + C + \overline{D}$

   解：$F_2(A,B,C,D) = \overline{A}\overline{B} + C\overline{D} + \overline{B}D$

2. 答：(1) $Q^{n+1} = J_1 J_2 J_3 \overline{Q}^n + \overline{K_1 K_2 K_3} Q^n$，CP↓触发有效；(2) 应注意：S=0，异步置 1；R=0，异步清 0；波形图（略）。

## 四、综合题

1. 解：$Q_0^{n+1} = \overline{Q}_0^n$，$Q_1^{n+1} = \overline{Q}_1^n$。每来一个 CP 脉冲上升沿到来时，触发器 $Q_0$ 状态就翻转一次，每来一个 $Q_0$ 的上升沿到来时，触发器 $Q_1$ 状态就翻转一次，图（略）。

2. 答：$Y = \overline{A}BC + A\overline{B}C + AB\overline{C}$；

   $Z = \overline{M}\overline{N}PO + \overline{M}N\overline{P}O + \overline{M}NP\overline{O} + M\overline{N}\overline{P}O + M\overline{N}P\overline{O} + MN\overline{P}\overline{O} + \overline{M}NPO + MNPO$
   
   $= MN + PO + NP$。

3. 解：该电路其模为 $6 \times 16^1 + 4 \times 16^0 = 100$，经 D 触发器 2 分频后，电路的分频系数为 200：1。若 CP 的信号频率为 20kHz，则输出 Y 的频率等于 100Hz。

# 数字电路综合测试卷【二】

## 一、填空题

1. 11111011010    7DA    0010000000010000
2. 双向尖脉冲    锯齿波
3. $(\overline{A}+\overline{B}+\overline{C})\left[\overline{A(B+\overline{C})+\overline{A}C}\right]$
4. 高    高
5. 修改逻辑设计    吸收法    取样法    选择可靠编码
6. 共阴    共阳    共阴数码管
7. 门电路    触发器
8. 1    0
9. 具有自启动

## 二、单项选择题

| 题号 | 1 | 2 | 3 | 4 | 5 | 6 | 7 | 8 | 9 | 10 | 11 | 12 | 13 | 14 | 15 |
|---|---|---|---|---|---|---|---|---|---|---|---|---|---|---|---|
| 答案 | D | B | D | A | A | D | C | B | C | C | C | B | D | D | A |

## 三、计算题

1. 解：$F_1 = B+C$；$F_2(A,B,C,D) = A\overline{C} + \overline{A}C + \overline{A}D$。

2. 解：（1）$J_1=A$，$K_1=B$，$Q_1^{n+1} = A\overline{Q_1^n} + \overline{B}Q_1^n$，CP↓触发有效；$D_2 = \overline{Q_2^n}$，$Q_2^{n+1} = \overline{Q_2^n}$，$Q_1^n$↑触发有效；$Y = \overline{Q_2^n Q_1^n}$；（2）波形图（略）。

## 四、综合题

1. 解：C=0：$F_1=1$，$F_2=\overline{A+B}$；C=1：$F_1=\overline{A+B}$；$F_2=1$。波形图如下所示。

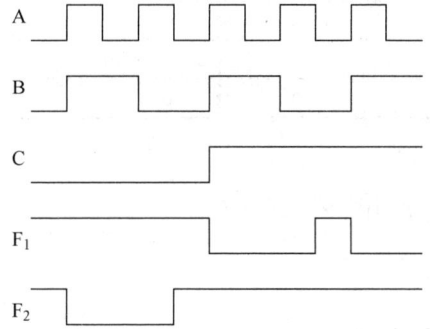

2. 解：（1）$J = \overline{Q}^n$，$K = Q^n$，$F_1 = Q^{n+1} = J\overline{Q}^n + \overline{K}Q^n = \overline{Q}^n$，CP↓触发有效；$F_2 = CP \cdot Q^n$；$F_3 = CP \cdot \overline{Q}^n$；（2）波形图（略）。

3. 答：(a) 七进制计数器；(b) 七进制计数器；(c) 六进制计数器；(d) 九进制计数器。

# 数字电路综合测试卷【三】

## 一、填空题

1. 3.6  3.375  0011.001101110101
2. $\overline{A} + B$
3. $[AB + ABC + (A+B)(C+D)] \cdot E$
4. 5  3～18
5. 空翻  同步  电平
6. 加法  减法  可逆
7. 分辨率  绝对精度  非线性度  建立时间  相对精度  分辨率  转换速度

## 二、单项选择题

| 题号 | 1 | 2 | 3 | 4 | 5 | 6 | 7 | 8 | 9 | 10 | 11 | 12 | 13 | 14 | 15 |
|---|---|---|---|---|---|---|---|---|---|---|---|---|---|---|---|
| 答案 | A | D | C | C | A | C | A | D | B | B | B | C | D | A | C |

## 三、计算题

1. 解：$F_1 = \overline{AB}\overline{C} + AB\overline{C}$

   解：$F_2(A,B,C,D) = \overline{B}D + \overline{A}D + AB\overline{C}$

2. 解：（1）驱动方程、状态方程、状态真值表：

$$\begin{cases} J_0 = K_0 = 1 \\ J_1 = K_1 = \overline{Q_0^n} \\ J_2 = K_2 = \overline{Q_1^n}\overline{Q_0^n} \end{cases} \Rightarrow \begin{cases} Q_0^{n+1} = \overline{Q_0^n} \\ Q_1^{n+1} = \overline{Q_1^n \oplus Q_0^n} \\ Q_2^{n+1} = \overline{Q_2^n}\overline{Q_1^n}\overline{Q_0^n} + Q_2^n Q_1^n + Q_2^n Q_0^n \end{cases}$$

| $Q_2^n Q_1^n Q_0^n$ | $Q_2^{n+1} Q_1^{n+1} Q_0^{n+1}$ | $Q_2^n Q_1^n Q_0^n$ | $Q_2^{n+1} Q_1^{n+1} Q_0^{n+1}$ |
|---|---|---|---|
| 0 0 0 | 1 1 1 | 1 0 0 | 0 1 1 |
| 1 1 1 | 1 1 0 | 0 1 1 | 0 1 0 |
| 1 1 0 | 1 0 1 | 0 1 0 | 0 0 1 |
| 1 0 1 | 1 0 0 | 0 0 1 | 0 0 0 |

（2）波形图（略）；

（3）逻辑功能：三位二进制同步减法计数器。

## 四、综合题

1. 解：（1）$F = (A+B)D + (C+D)A$；（2）$F = \overline{\overline{AD+BD+AC}} = \overline{\overline{AD}\cdot\overline{BD}\cdot\overline{AC}}$，逻辑图如下：

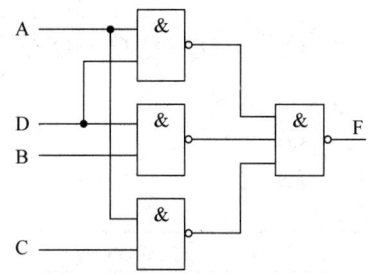

2．解：先将 B、C 或运算得到 B+C 信号，再将 B+C 作为或非门的一个输入端与另一个输入端 A 对应于 RS 触发器的功能表，即可得到输出 Q 的波形。波形图（略）。

3．解：（1）七进制计数器；（2）连接方式：74LS161 的 $D_0D_1D_2D_3$=0000，$CT_P$=$CT_T$=1，$\overline{R_D}$=1，$\overline{LD}$=$\overline{Q_2Q_1}$，$Q_2$=$A_2$、$Q_1$=$A_1$、$Q_0$=$A_0$，$D_0D_1D_2D_3D_4D_5D_6D_7$=1111100×，$\overline{EN}$=0 即可。连接图（略）。

# 数字电路综合测试卷【四】

## 一、填空题

1．$A \oplus B$ 或 $\overline{A \oplus B}$

2．（1）$\overline{\overline{A} \cdot \overline{B} \cdot \overline{C} \cdot \overline{D} \cdot \overline{E}}$

（2）$B + A \cdot \overline{B + D} \cdot (C + \overline{D}E)$

3．3～18V　　+5V

4．AC＋BC

5．地址选择信号　　多个数据　　某一路数据或一个数据

6．电平　　边沿

7．左移寄存器　　右移寄存器　　双向移位寄存器

8．同步时序　　异步时序

9．TTL　　CMOS

10．分辨率　　转换速度

## 二、单项选择题

| 题号 | 1 | 2 | 3 | 4 | 5 | 6 | 7 | 8 | 9 | 10 | 11 | 12 | 13 | 14 | 15 |
|---|---|---|---|---|---|---|---|---|---|---|---|---|---|---|---|
| 答案 | D | D | B | C | C | A | A | A | B | C | D | D | C | B | B |

## 三、计算题

1．解：（1）$Y = \overline{AB + \overline{A} + \overline{B} + B\overline{C} \cdot \overline{C}} = \overline{A} + B + C = \overline{m_4}$；（2）连接方式：$A_2A_1A_0$=ABC，$G_1\overline{G_{2A}}\overline{G_{2B}}$=100，Y=$\overline{m_4}$ 即可。连接图（略）。

2．解：（1）驱动方程、状态方程、状态真值表：

$$\begin{cases} D_1 = \overline{Q_4^n + Q_3^n \overline{Q_2^n} + Q_2^n \overline{Q_1^n}} \\ D_2 = Q_1^n \\ D_3 = Q_2^n \\ D_4 = Q_3^n \end{cases} \Rightarrow \begin{cases} Q_1^{n+1} = \overline{Q_4^n + Q_3^n \overline{Q_2^n} + Q_2^n \overline{Q_1^n}} \\ Q_2^{n+1} = Q_1^n \\ Q_3^{n+1} = Q_2^n \\ Q_4^{n+1} = Q_3^n \end{cases}$$

| $Q_4^n Q_3^n Q_2^n Q_1^n$ | $Q_4^{n+1} Q_3^{n+1} Q_2^{n+1} Q_1^{n+1}$ | $Q_4^n Q_3^n Q_2^n Q_1^n$ | $Q_4^{n+1} Q_3^{n+1} Q_2^{n+1} Q_1^{n+1}$ |
|---|---|---|---|
| 0 0 0 0 | 0 0 0 1 | 0 0 1 0 | 0 1 0 0 |
| 0 0 0 1 | 0 0 1 1 | 0 1 0 0 | 1 0 0 0 |
| 0 0 1 1 | 0 1 1 1 | 0 1 0 1 | 1 0 1 0 |
| 0 1 1 1 | 1 1 1 1 | 1 0 1 0 | 0 1 0 0 |
| 1 1 1 1 | 1 1 1 0 | 0 1 1 0 | 1 1 0 0 |
| 1 1 1 0 | 1 1 0 0 | 1 0 0 1 | 0 0 1 0 |
| 1 1 0 0 | 1 0 0 0 | 1 0 1 1 | 0 1 1 0 |
| 1 0 0 0 | 0 0 0 0 | 1 1 0 1 | 1 0 1 0 |

（2）逻辑功能：能自启动的四位扭环形计数器。

## 四、综合题

1. 解答：（1）$L = \overline{A}\overline{B}C + \overline{A}B\overline{C} + A\overline{B}\overline{C} + ABC$；

（2）$L = m_0 + m_3 + m_5 + m_6 = \overline{\overline{m_0} \cdot \overline{m_3} \cdot \overline{m_5} \cdot \overline{m_6}} = \overline{\overline{Y_0} \cdot \overline{Y_3} \cdot \overline{Y_5} \cdot \overline{Y_6}}$，即 $A_2A_1A_0=ABC$，$G_1\overline{G}_{2A}\overline{G}_{2B}=100$，$L = \overline{\overline{Y_0} \cdot \overline{Y_3} \cdot \overline{Y_5} \cdot \overline{Y_6}}$ 即可。连接图如下。

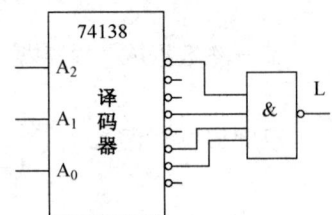

2. 解：（1）$Y = \overline{Q_1^n + Q_2^n}$，$Q_1^{n+1} = D = Y$，CP↑触发有效；$Q_2^{n+1} = D = Y$，CP↓触发有效。

（2）电压波形如下：

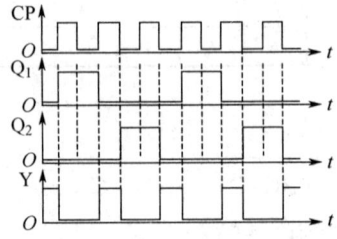

3. 解：连接方式：$CT_P=CT_T=1$，$\overline{R}_D = LD = 1$，$Q_2=A_2$、$Q_1=A_1$、$Q_0=A_0$，$D_0D_1D_2D_3D_4D_5D_6D_7=$ 00010111，$\overline{EN} = 0$ 即可。连接图（略）。

2. 如图模综测 B-11 所示电路，已知 $VT_1$、$VT_2$ 的饱和压降 $|U_{CES}|=2V$，$V_{CC}=16V$，$R_L=4\Omega$，输入电压足够大。试求：
（1）最大输出功率 $P_{om}$ 和效率 $\eta$ 各为多少？（5分）
（2）为了使输出功率达到 $P_{om}$，输入电压的有效值约为多少？（5分）

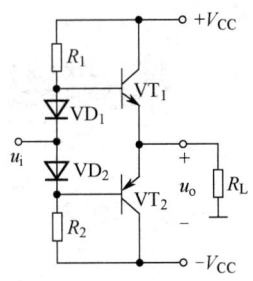

图模综测 B-11　计算题 2 图

## 四、综合题（共 20 分）

1. 用理想运算放大器组成的电压比较器如图模综测 B-12（a）所示。已知稳压管的正向导通压降 $U_D=0.7V$，$U_Z=5V$。
（1）试求比较器的电压传输特性；（5分）
（2）若 $u_i = 6\sin\omega t$ V，$U_R$ 为方波如图模综测 B-12（b）所示，试在图模综测 B-12（c）中画出 $u_o$ 的波形。（5分）

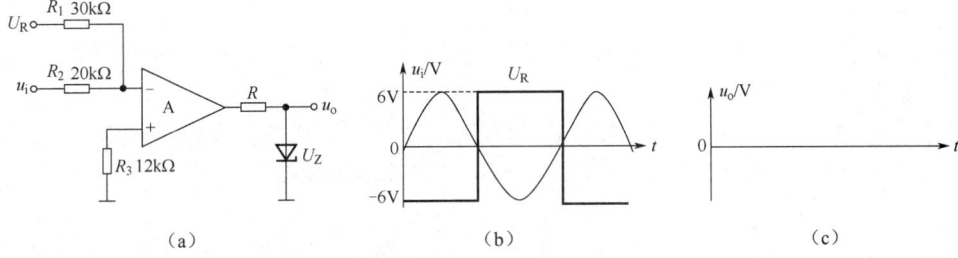

图模综测 B-12　综合题 1 图

2. 集成功率放大器 TDA2030 典型电路如图模综测 B-13，求：
（1）各引脚的作用；（4分）
（2）如果 $V_S=12V$，扬声器为 $8\Omega$，求扬声器上能获得的最大功率的大小；（3分）
（3）$R_4$、$C_7$ 支路若出现开路，分析故障现象。（3分）

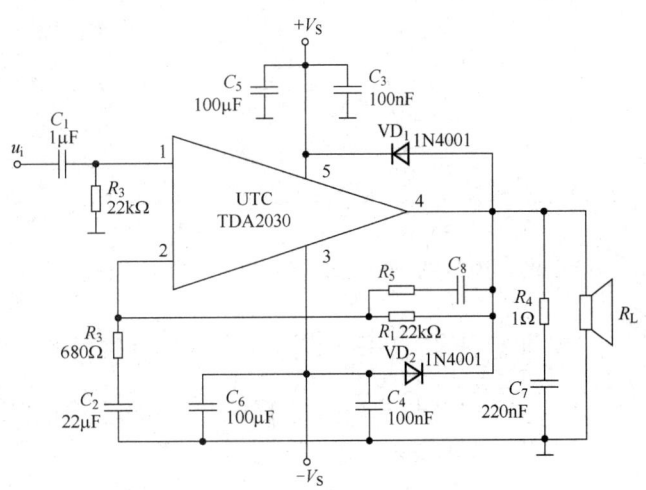

图模综测 B-13　综合题 2 图

# 模拟电路综合测试（B）卷 （适用于高二阶段）

时量：90分钟    总分：100分    学生姓名：_____    得分：_____

## 一、填空题（每空1分，共计30分）

1. 如图模综测B-1所示，二极管均为硅管，且$V_A$=1V，则$V_B$等于_____。
2. 在图模综测B-2所示电路中，$VD_1$和$VD_2$的作用是消除_____失真，静态时，三极管发射极电位$V_{EQ}$=_____。
3. 对于由NPN管组成的基本共发射极放大电路，为了保证不失真放大，放大电路必须设置静态工作点：如果静态工作点太低，将会产生_____失真，应增大_____，或减小_____来克服失真；如果静态工作点太高，将会产生_____失真，应增大_____，或减小_____来克服失真；如果是双向削波失真，消除的办法是_____或_____。
4. 在共射、共基、共集三种组态中，既可作为输入级或输出级，又可变换阻抗作为中间缓冲级的是_____组态。
5. 在放大电路中，为了稳定静态工作点，可以引入_____；若要稳定放大倍数，应引入_____；某些场合为了提高放大倍数，可适当引入_____；希望展宽频带，可以引入_____；如要改变输入或输出电阻，可以引入_____。
6. 为影响三极管放大电路的动态性能，采用_____负反馈；为稳定交流输出电流采用_____负反馈；为减小输入电阻采用_____负反馈；为稳定交流输出电压，采用_____负反馈，为了提高输入电阻采用_____负反馈。
7. 集成运算放大器的理想特性为：_____、_____、_____、_____。
8. 在有源滤波器中，运算放大器工作在____区；在滞回比较器中，运算放大器工作在____区。
9. 在图模综测B-3所示的稳压电路中，可调电阻$R_P$由下端向上端调节时，输出电压$U_O$将_____。

图模综测B-1 填空题1图    图模综测B-2 填空题2图    图模综测B-3 填空题9图

## 二、单项选择题（每小题2分，共计30分）

1. 一个稳定电压$U_Z$=6V的稳压管，随温度的升高，稳定电压$U_Z$将（    ）。
    A．升高很大    B．降低很多    C．基本不变    D．无法确定
2. 如图模综测B-4所示电路，若忽略二极管VD的正向压降和正向电阻，则输出电压$u_O$为（    ）。

2．如图模综测 A-9 所示电路，稳压管 VZ 起稳幅作用，其稳定电压 $U_Z=\pm 5\text{V}$。试估算：

（1）输出电压不失真情况下的有效值；（5分）

（2）振荡频率。（5分）

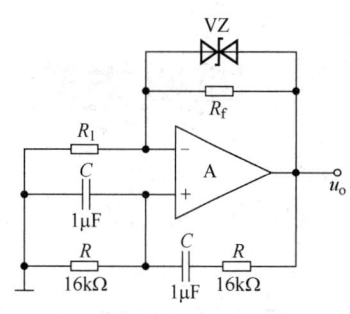

图模综测 A-9　计算题 2 图

## 四、综合题（共 20 分）

1．在图模综测 A-10 所示电路中有 J、K、M、N、4 个可接点。试问：

（1）级间耦合方式为_____，$R_1$ 不慎开路，$VT_2$ 将工作在_____区；（2分）

（2）为了提高带负载能力，应连接_____两点，反馈类型是_____；（4分）

（3）为了稳定最终输出电流，应连接_____两点，反馈类型是_____。（4分）

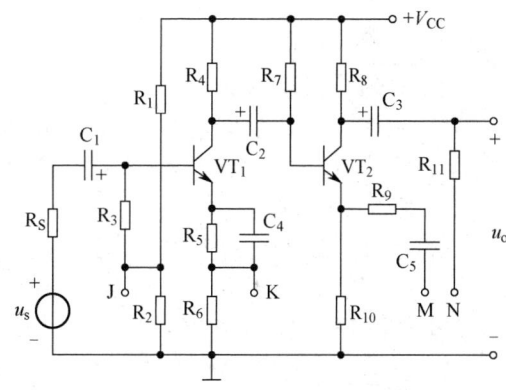

图模综测 A-10　综合题 1 图

2．图模综测 A-11 所示为 OTL 电路，试求：

（1）将电路补画完整，即在 $X_1$、$X_2$、$X_3$ 相应位置上加上合适的元件；（2分）

（2）$X_1$、$X_2$ 组成什么电路，其作用是什么？（2分）

（3）$X_3$ 的作用是什么？（2分）

（4）如何调整中点电位？（2分）

（5）$R_{P2}$ 的作用是什么？（2分）

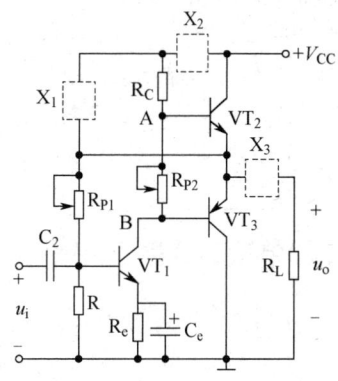

图模综测 A-11　综合题 2 图

# 模拟电路综合测试（A）卷 （适用于高二阶段）

时量：90 分钟　　总分：100 分　　学生姓名：_____　　得分：_____

## 一、填空题（每空 1 分，共计 30 分）

1. 二极管电路如图模综测 A-1 所示，设 $VD_1$、$VD_2$、$VD_3$ 为普通硅二极管，其导通电压恒为 0.7V，输入电压 $U_I$=5V，若 $I_{V3}$=2mA，则 $R_1$=_____。

图模综测 A-1　填空题 1 图

2. 当 $u_{GS}$=0 时，漏源间存在导电沟道的称为_____型场效应管，漏源间不存在导电沟道的称为_____型场效应管。

3. 在三极管放大电路中，既能放大电压又能放大电流的是共_____极电路，只能放大电压不能放大电流的是共_____极电路，只能放大电流不能放大电压的是共_____极电路。

4. 直流负反馈是指_____，交流负反馈是指_____。

5. 在分压式偏置电路中，反馈电阻 $R_E$ 的数值通常为_____，它不但能够对直流信号产生_____作用，同样可对交流信号产生_____作用，从而造成电压增益下降过多。为了不使交流信号削弱，一般在 $R_E$ 的两端_____。

6. 工作在线性区的理想运算放大器：两个输入端的输入电流均为零称为虚_____，两个输入端的电位相等称为虚_____；若反相输入情况下同相端接地，反相端又称为虚_____，即使理想运算放大器在非线性工作区，虚_____结论也是成立的。

7. _____电压比较器的基准电压 $U_R$=0 时，输入电压每经过一次零值，输出电压就要产生一次_____，这时的比较器称为_____比较器。

8. LC 振荡电路的选频由_____实现，振荡频率为_____；文氏振荡电路的选频由_____实现，振荡频率为_____。

9. 在 OCL 互补对称功放电路中，若 $V_{CC}$=±6V，$R_L$=8Ω，三极管饱和压降可忽略不计，则该电路最大不失真输出功率 $P_{om}$=_____，每只三极管最大管耗 $P_{Tm}$=_____，流过三极管最大集电极电流 $I_{cm}$=_____，三极管集电极发射极间承受的最大反向电压为_____。

10. 某半导体器件的型号为 KP50-7，其中 KP 表示该器件的名称为_____，50 表示_____，7 表示_____。

## 二、单项选择题（每小题 2 分，共计 30 分）

1. 一个稳定电压 $U_Z$=3V 的稳压管，随温度的升高，稳定电压 $U_Z$ 将（　　）。
   A．升高　　　B．降低　　　C．不变　　　D．无法确定

2. 有三只三极管，除 $\beta$ 和 $I_{CBO}$ 不同外，其他参数一样，用作放大器时，应选用（　　）管为好。
   A．$\beta$=50；$I_{CBO}$=0.5μA　　　　　B．$\beta$=140；$I_{CBO}$=2.5μA
   C．$\beta$=10；$I_{CBO}$=0.5μA

# 电子技术基础
# 综合测试卷

主 编 欧小东
副主编 邹智敏 张照发 肖慧君 谢巨蛟

 中国工信出版集团

# 目　　录

模拟电路综合测试（A）卷（适用于高二阶段）……………………………………………1

模拟电路综合测试（B）卷（适用于高二阶段）……………………………………………3

模拟电路综合测试（C）卷（适用于高二阶段）……………………………………………5

模拟电路综合测试（D）卷（适用于高二阶段）……………………………………………7

数字电路综合测试（A）卷（适用于高二阶段）……………………………………………9

数字电路综合测试（B）卷（适用于高二阶段）……………………………………………11

数字电路综合测试（C）卷（适用于高二阶段）……………………………………………13

数字电路综合测试（D）卷（适用于高二阶段）……………………………………………15

参考答案………………………………………………………………………………………17

3．场效应管本质上是一个（   ）。
   A．电流控制电流源器件　　　　　　B．电流控制电压源器件
   C．电压控制电流源器件　　　　　　D．电压控制电压源器件

4．已知某两级放大器中各级的电压放大倍数分别为60和30，各级的相移分别为20°和35°，该放大器的电压放大倍数和相位差分别为（   ）。
   A．90和15°　　B．1800和55°　　C．90和55°　　D．1800和15°

5．工作在放大区的三极管，如果当$I_B$从12μA增大到22μA时，$I_C$从1mA变为2mA，则此三极管的β值约为（   ）。
   A．100　　　　B．83　　　　C．91　　　　D．10

6．某传感器产生的是电压信号（几乎不能提供电流），经过放大后希望输出电压与信号成正比，电路形式应选（   ）。
   A．电流串联负反馈　　　　　　　　B．电流并联负反馈
   C．电压串联负反馈　　　　　　　　D．电压并联负反馈

7．如图模综测A-2所示电路，$VD_1$、$VD_2$均为理想二极管，设$U_2$=6V，$U_1$的值小于6V，则$u_O$=（   ）。
   A．+12V　　　B．+6V　　　C．$U_1$　　　D．无法确定

8．如图模综测A-3所示电路，稳压二极管的作用是（   ）。
   A．稳定输出电压　　　　　　　　　B．提高$VT_1$的集电极电位，增大$VT_1$的动态范围
   C．稳定$VT_1$、$VT_2$的静态工作点　　D．电流串联负反馈

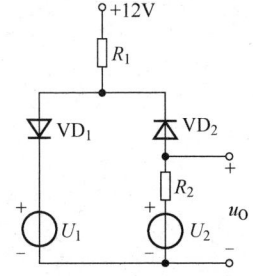

图模综测A-2　单选题7图

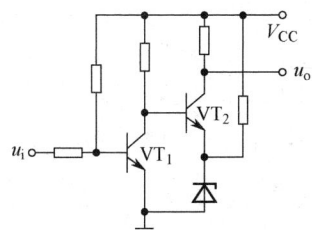

图模综测A-3　单选题8图

9．如图模综测A-4所示电路，当$R_F$增加时，放大电路的（   ）。
   A．频带变宽，稳定性降低　　　　　B．频带变宽，稳定性提高
   C．频带变窄，稳定性降低　　　　　D．频带变窄，稳定性提高

10．如图模综测A-5所示电路，已知$R_1$=10kΩ，$R_2$=20kΩ，若$u_I$=1V，则$u_O$=（   ）。
   A．-2V　　　B．-1.5V　　　C．-0.5V　　　D．0.5V

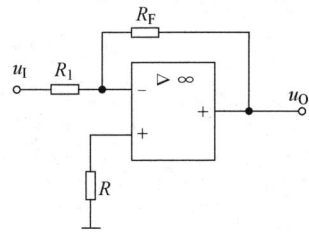

图模综测A-4　单选题9图

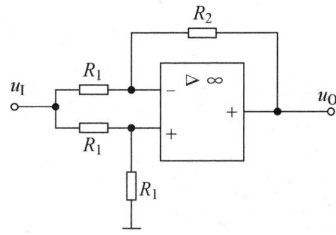

图模综测A-5　单选题10图

11. 在讨论振荡器的相位稳定条件时，并联谐振回路的 $Q$ 值越高，值 $\dfrac{\partial \varphi}{\partial \omega}$ 越大，其相位稳定性（  ）。

    A．越好        B．越差        C．不变        D．无法确定

12．在图模综测 A-6 所示电路中属于电感三点式的是（  ）。

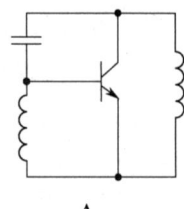 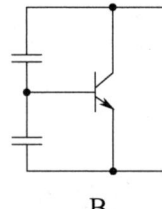 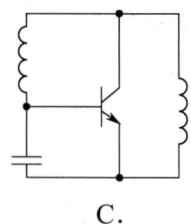 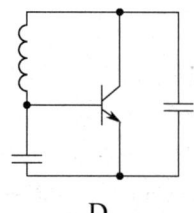

    A．        B．        C．        D．

图模综测 A-6  单选题 12 图

13．有一个 OTL 电路，电源电压 $V_{CC}=16V$，$R_L=4\Omega$，在理想条件下，输出最大功率为（  ）。

    A．32W        B．16W        C．10W        D．8W

14．在图模综测 A-7 所示电路中，若电阻 R 短路，则可能引起（  ）。

    A．$U_O$ 升高

    B．变为半波整流

    C．电容 C 将击穿

    D．稳压管损坏

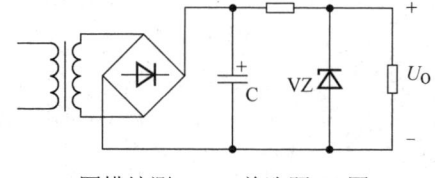

图模综测 A-7 单选题 14 图

15．桥式整流电路若变压器二次电压为 $u_2=10\sqrt{2}\sin\omega t\,V$，则每个整流管所承受的最大反向电压为（  ）。

    A．$20\sqrt{2}\,V$    B．$10\sqrt{2}\,V$    C．20V    D．$\sqrt{2}\,V$

## 三、计算题（共 20 分）

1．如图模综测 A-8 所示放大电路，已知三极管 $U_{BEQ}=0.7V$，$\beta=100$，$R_{b1}=15k\Omega$，$R_{b2}=5.1k\Omega$，$R_c=1.2k\Omega$，$R_{e1}=100\Omega$，$R_{e2}=500\Omega$。

    （1）画出微变等效电路；（4分）

    （2）估算 $A_u$、$R_i$ 和 $R_o$。（6分）

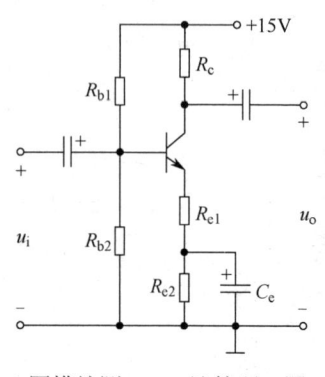

图模综测 A-8  计算题 1 图

A．+12V  B．+6V  C．+2V  D．+4V

3．如图模综测 B-5 所示共发射极放大电路，当 $R_P$ 滑动头往上移动时，在输出端观察到 $u_o$ 将（　　）。
　A．增大　　　　　　　　　　　　B．减小
　C．不变　　　　　　　　　　　　D．与 $R_{b1}$ 阻值的大小有关，所以不能确定

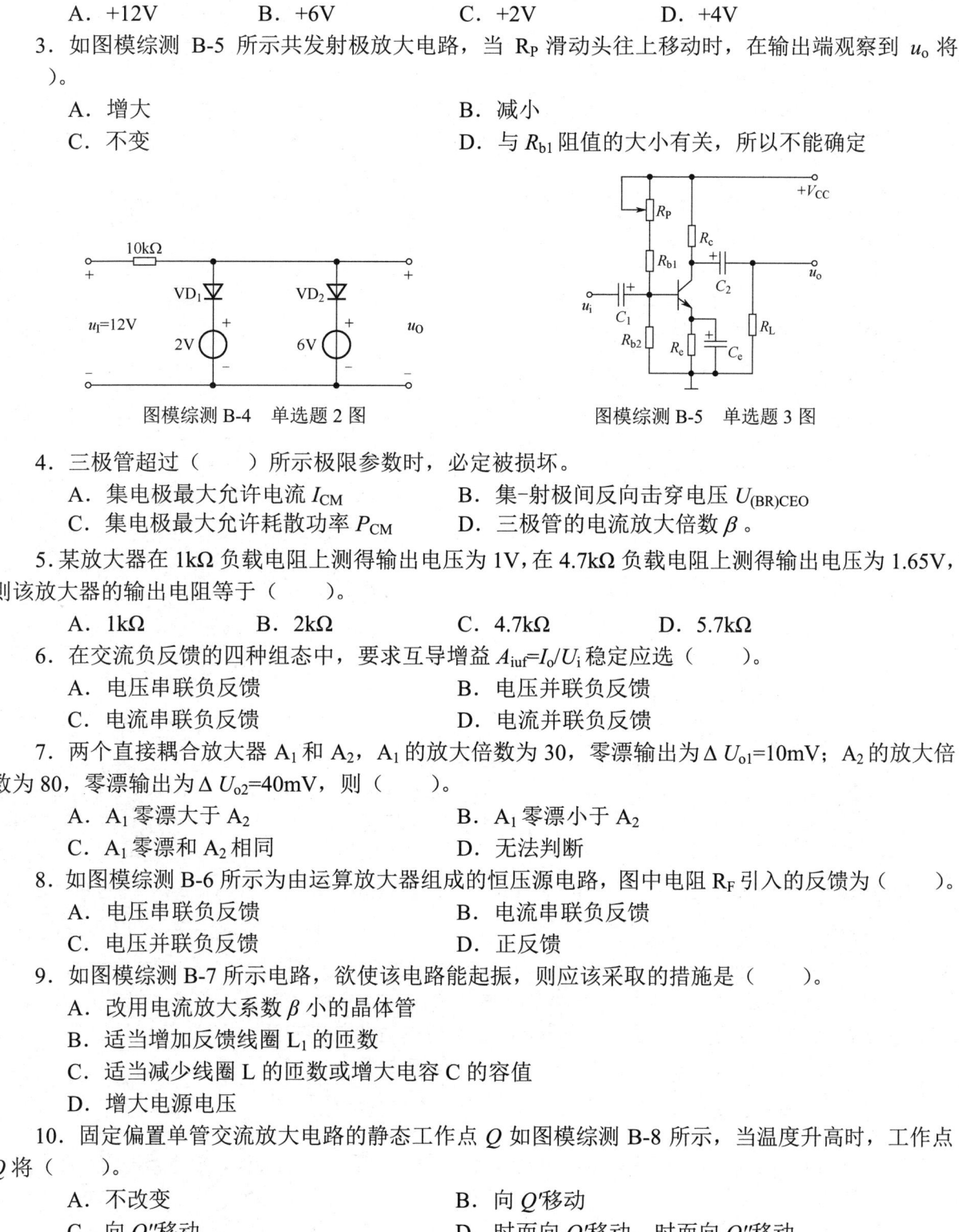

图模综测 B-4　单选题 2 图　　　　图模综测 B-5　单选题 3 图

4．三极管超过（　　）所示极限参数时，必定被损坏。
　A．集电极最大允许电流 $I_{CM}$　　　B．集-射极间反向击穿电压 $U_{(BR)CEO}$
　C．集电极最大允许耗散功率 $P_{CM}$　D．三极管的电流放大倍数 $\beta$。

5．某放大器在 1kΩ 负载电阻上测得输出电压为 1V，在 4.7kΩ 负载电阻上测得输出电压为 1.65V，则该放大器的输出电阻等于（　　）。
　A．1kΩ　　　B．2kΩ　　　C．4.7kΩ　　　D．5.7kΩ

6．在交流负反馈的四种组态中，要求互导增益 $A_{iuf}=I_o/U_i$ 稳定应选（　　）。
　A．电压串联负反馈　　　　　　B．电压并联负反馈
　C．电流串联负反馈　　　　　　D．电流并联负反馈

7．两个直接耦合放大器 $A_1$ 和 $A_2$，$A_1$ 的放大倍数为 30，零漂输出为 $\Delta U_{o1}$=10mV；$A_2$ 的放大倍数为 80，零漂输出为 $\Delta U_{o2}$=40mV，则（　　）。
　A．$A_1$ 零漂大于 $A_2$　　　　　B．$A_1$ 零漂小于 $A_2$
　C．$A_1$ 零漂和 $A_2$ 相同　　　　D．无法判断

8．如图模综测 B-6 所示为由运算放大器组成的恒压源电路，图中电阻 $R_F$ 引入的反馈为（　　）。
　A．电压串联负反馈　　　　　　B．电流串联负反馈
　C．电压并联负反馈　　　　　　D．正反馈

9．如图模综测 B-7 所示电路，欲使该电路能起振，则应该采取的措施是（　　）。
　A．改用电流放大系数 $\beta$ 小的晶体管
　B．适当增加反馈线圈 $L_1$ 的匝数
　C．适当减少线圈 L 的匝数或增大电容 C 的容值
　D．增大电源电压

10．固定偏置单管交流放大电路的静态工作点 Q 如图模综测 B-8 所示，当温度升高时，工作点 Q 将（　　）。
　A．不改变　　　　　　　　　　B．向 $Q'$ 移动
　C．向 $Q''$ 移动　　　　　　　　D．时而向 $Q'$ 移动，时而向 $Q''$ 移动

11．图模综测 B-9 所示电路，两个稳压管的正向导通压降均为 0.7V，稳定电压均为 5.3V。图中 A 为理想运算放大器，所用电源电压为±12V。若 $u_I$=0.5V，则输出电压 $u_O$=（　　）。

A．－12V　　　　　B．12V　　　　　C．6V　　　　　D．－6V

12．正弦波振荡器中正反馈网络的作用是（　　）。
　　A．保证电路满足振幅平衡条件
　　B．提高放大器的放大倍数，使输出信号足够大
　　C．使某一频率的信号在放大器工作时满足相位平衡条件而产生自激振荡
　　D．产生输入信号

13．已知三端稳压器CW7805的外形如图模综测B-10所示，则对应的引脚分别为（　　）。
　　A．1—输入端，2—输出端，3—公共端
　　B．1—输出端，2—输入端，3—公共端
　　C．1—输入端，2—公共端，3—输出端
　　D．1—公共端，2—输出端，3—输入端

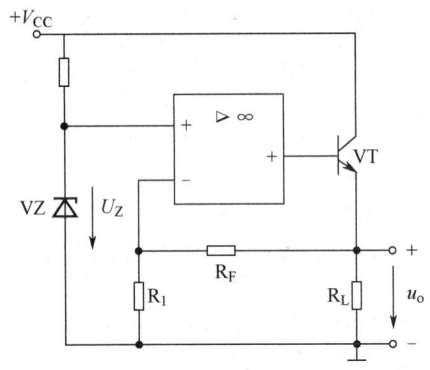
图模综测B-6　单选题8图

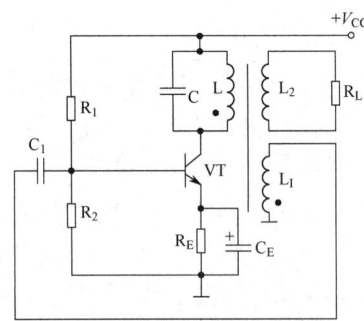
图模综测B-7　单选题9图

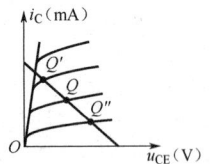
图模综测B-8　单选题10图

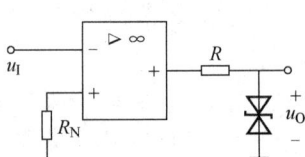
图模综测B-9　单选题11图

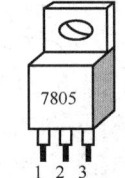
图模综测B-10　单选题13图

14．复合管的优点之一是（　　）。
　　A．电压放大倍数大　　　　　　B．电流放大系数大
　　C．输出电阻增大　　　　　　　D．输入电阻减小

15．晶闸管可控整流电路中直流端的蓄电池或直流电动机应该属于（　　）负载。
　　A．电阻性　　　B．电感性　　　C．反电动势　　　D．电容性

## 三、计算题（共20分）

1．某电压串联负反馈，反馈系数$F$为0.1，输入信号电压$U_i$为50mV，放大器净输入信号电压为1mV。试求：
（1）反馈电压$U_F$；（3分）
（2）输出电压$U_o$；（3分）
（3）开环和闭环电压放大倍数$|A_u|$、$|A_{uf}|$。（4分）

$$i_3 = \frac{U_R}{R/8} = \frac{-10 \times 8}{8} = -10\text{mA} \quad , \quad i_0 = \frac{U_R}{R} = \frac{-10}{8} = -1.25\text{mA} \quad , \quad \sum i_F = -11.25\text{mA} \quad , \quad u_O = -i_F RF =$$

$11.25 \times 1 = 11.25\text{V}$ ；

（2）若要使输出电压等于 1.25V，则 $i_F = i_O = -1.25\text{mA}$，即输入的四位二进制数 $D_3D_2D_1D_0 = 0001$。

# 数字电路综合测试（D）卷 （适用于高二阶段）

## 一、填空题

1. 开关　截止　饱和
2. $(A+B) \cdot \overline{C+D+E} \cdot 1$ 　 $(\overline{A}+\overline{B}) \cdot \overline{\overline{C}+\overline{D}+\overline{E}} \cdot 1$
3. (0，2，5)
4. 奇校验　偶校验
5. 记忆　0　1　记忆
6. 1　$\overline{Q}^n$
7. 4　4
8. 输入的数字　与其成正比的输出模拟　输入的模拟　与其成正比的输出数字

## 二、单项选择题

| 题号 | 1 | 2 | 3 | 4 | 5 | 6 | 7 | 8 | 9 | 10 | 11 | 12 | 13 | 14 | 15 |
|------|---|---|---|---|---|---|---|---|---|----|----|----|----|----|----|
| 答案 | C | C | C | B | C | B | A | A | C | A | B | C | B | C | C |

## 三、计算题

1. 解：（1）$Q^{n+1} = D = \overline{Q}^n$，CP↑触发有效，$A = CP \cdot Q^n$，$B = CP \cdot \overline{Q}^n$；（2）时序波形图如下：

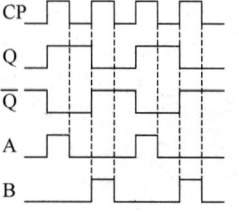

2. 解：（1）多谐振荡器；（2）$f_0 = \dfrac{1.44}{(R_1 + R_2)C} = 36\text{kHz}$，$\delta = 0.5$；（3）（略）。

## 四、综合题

1. 解：$F_0 = \overline{\overline{Y_0} \cdot \overline{Y_7}} = Y_0 + Y_7 = \overline{PQR} + PQR$；

$F_1 = \overline{\overline{Y_1} \cdot \overline{Y_2} \cdot \overline{Y_4}} = Y_1 + Y_2 + Y_4 = \overline{PQ}R + \overline{P}Q\overline{R} + P\overline{QR}$；

$F_2 = \overline{\overline{Y_3} \cdot \overline{Y_5} \cdot \overline{Y_6}} = Y_3 + Y_5 + Y_6 = \overline{P}QR + P\overline{Q}R + PQ\overline{R}$。

2. 解：（1）X=0 时，电路为八进制加法计数器，状态转换图为：

## 二、单项选择题

| 题号 | 1 | 2 | 3 | 4 | 5 | 6 | 7 | 8 | 9 | 10 | 11 | 12 | 13 | 14 | 15 |
|------|---|---|---|---|---|---|---|---|---|----|----|----|----|----|----|
| 答案 | B | A | C | BA | B | A | B | A | A | B | D | D | A | D | C |

## 三、计算题

1．解：$D = D_1 D_2$，CP↑触发有效；$\overline{R}_D = 0$，$Q = 0$（异步清 0），波形图如下。

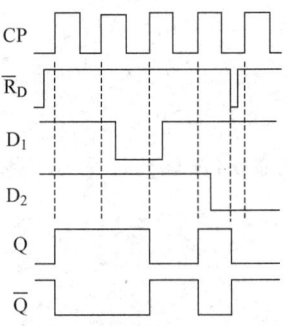

2．解：（1）时钟方程、驱动方程、状态方程：

$$\begin{cases} J_0 = K_0 = 1 \\ J_1 = K_1 = 1 \\ J_2 = K_2 = Q_1^n \end{cases} \Rightarrow \begin{cases} Q_0^{n+1} = \overline{Q}_0^n & \text{CP↓触发有效} \\ Q_1^{n+1} = \overline{Q}_1^n & Q_0^n \text{↑触发有效} \\ Q_2^{n+1} = Q_2^n \oplus Q_1^n & Q_0^n \text{↓触发有效} \end{cases}$$

先画 $Q_0$ 波形，再画 $Q_1$ 波形，最后画 $Q_2$ 波形，波形图如下。

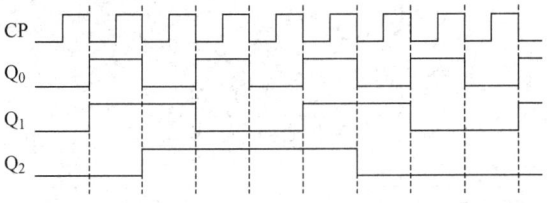

## 四、综合题

1．解：（1）：$F = \overline{C}D + \overline{A}BC + AB\overline{D} + \overline{A}BD$ 或 $F = \sum m(1,5,6,7,9,11,12,13,14)$；

（2）$\overline{F} = \sum m(0,2,3,4,8,10,15)$；（3）见下图。

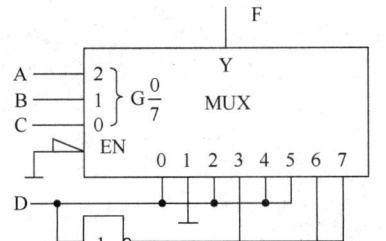

2．解：序列信号 L=101101。先将三级边沿 D 触发器连成六进制计数器，$Q_2 Q_1 Q_0$ 与 8 选 1 数据选择器的 $A_2 A_1 A_0$ 端对应相连，令 $D_0 D_1 D_2 D_3 D_4 D_5 D_6 D_7 = 101101 \times \times$ 即可（图略）。

3．解：（1）图示电路 $D_3 \sim D_0$ 的状态为 1001，因此有：

## 三、计算题

1. 答：（1）$F_1 = \overline{\overline{Y_1} \overline{Y_4} \overline{Y_7}} = \overline{A}\overline{B}CD + \overline{A}B\overline{C}D + A\overline{B}\overline{C}D$，$F_2 = \overline{\overline{Y_2} \overline{Y_5} \overline{Y_8}} = \overline{A}BC\overline{D} + AB\overline{C}\overline{D} + \overline{A}B\overline{C}\overline{D}$，

$F_3 = \overline{\overline{Y_3} \overline{Y_6} \overline{Y_9}} = \overline{A}BCD + A\overline{B}C\overline{D} + AB\overline{C}D$；

（2）$F_1 = \overline{A}\overline{B}CD + B\overline{C}\overline{D} + BCD$，$F_2 = A\overline{D} + B\overline{C}D + \overline{B}C\overline{D}$，$F_3 = \overline{B}CD + BC\overline{D} + AD$。

2. 解：（1）激励函数和次态方程和输出方程：

$$\begin{cases} D_1 = \overline{Q_3}^n \overline{Q_1}^n \\ D_2 = Q_2^n \oplus Q_1^n \\ D_3 = Q_2^n Q_1^n \end{cases} \Rightarrow \begin{cases} Q_1^{n+1} = \overline{Q_3}^n \overline{Q_1}^n \\ Q_2^{n+1} = Q_2^n \oplus Q_1^n \\ Z = Q_3^{n+1} = Q_2^n Q_1^n \end{cases}$$

（2）逻辑功能：五进制同步加法计数器，具有自启动功能，波形图略；

（3）$f_Z = \dfrac{1}{5} f_{CP} = 200\text{kHz}$。

## 四、综合题

1. 解：$\overline{Y} = \overline{E}(\overline{A}\,\overline{B}C + A\overline{C}\,\overline{B}F + BC\overline{A}\,\overline{D} + \overline{A}\,\overline{C}\,\overline{B}\overline{F})$

$= \overline{E}(m_1 + m_4 + m_4\overline{F} + m_6\overline{F} + m_7 + m_3D + m_7D + m_2 + m_0F + m_2F)$

$= \overline{E}(m_0F + m_1 + m_2 + m_3D + m_4 + m_6\overline{F} + m_7)$

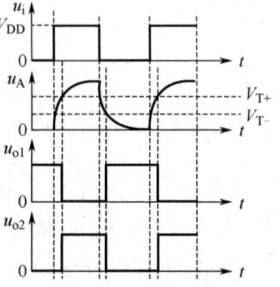

2. 解：（1）驱动方程、状态方程：

$$\begin{cases} J_0 = K_0 = 1 \\ J_1 = \overline{Q_1}^n Q_0^n, \quad K_1 = Q_0^n \end{cases} \Rightarrow \begin{cases} Q_0^{n+1} = \overline{Q_0}^n \\ Q_1^{n+1} = Q_1^n \oplus Q_0^n \end{cases}$$

（2）模四同步加法计数器，状态真值表（略）；

（3）$-5.4\text{V} \leqslant u_O \leqslant 0\text{V}$。

3. 解：波形图见下图。

## 二、单项选择题

| 题号 | 1 | 2 | 3 | 4 | 5 | 6 | 7 | 8 | 9 | 10 | 11 | 12 | 13 | 14 | 15 |
|------|---|---|---|---|---|---|---|---|---|----|----|----|----|----|----|
| 答案 | C | A | B | B | C | C | B | A | C | C | C | D | C | D | C |

## 三、计算题

1. 解：$R_3=10M\Omega$；$R_2=1M\Omega$；$R_1=0.1M\Omega$。

2. 解：（1）$P_o=12.5W$，$P_{VT}=5W$，$P_E=22.5W$，$\eta=55.6\%$；（2）$P_{om}=22.56W$，$\eta=74.6\%$，$U_{o3}=13.44V$。

## 四、综合题

1. 解：如下图所示。

2. 答：（1）上"−"，下"+"；（2）$R_1=300\Omega$，$R_2=100\Omega$；（3）$P_{VT}=3.6W$。

# 数字电路综合测试（A）卷 （适用于高二阶段）

## 一、填空题

1. $U_{BE}\leqslant 0V$  $I_B\geqslant I_{BS}$  $I_{BS}\geqslant (V_{CC}-U_{CES})/\beta R_c$

2. $2^n$  0

3. 逻辑"1"  逻辑"0"

4. 组合逻辑电路  时序逻辑电路

5. 四  十

6. 0  0

7. 接收数码  存放数码  传递数码

8. 石英晶体  暂稳

9. 四舍五入  舍尾取整法

## 二、单项选择题

| 题号 | 1 | 2 | 3 | 4 | 5 | 6 | 7 | 8 | 9 | 10 | 11 | 12 | 13 | 14 | 15 |
|------|---|---|---|---|---|---|---|---|---|----|----|----|----|----|----|
| 答案 | C | B | D | B | A | A | B | D | A | A | C | C | A | D | D |

# 参 考 答 案

## 模拟电路综合测试（A）卷 （适用于高二阶段）

### 一、填空题

1. 1074Ω

2. 耗尽　增强

3. 射　基　集电

4. 直流通路中的负反馈　交流通路中的负反馈

5. 几十欧至几千欧　负反馈　负反馈　并联一个约为几十微法旁路电容 $C_E$

6. 断　短　地　断

7. 单限　跃变　过零

8. LC 选频网络　$f_0 = \dfrac{1}{2\pi\sqrt{LC}}$　RC 串并联网络　$f_0 = \dfrac{1}{2\pi RC}$

9. 2.25W　0.45W　0.75A　12V

10. 普通晶闸管　额定电流 50A　额定电压为 100V

### 二、单项选择题

| 题号 | 1 | 2 | 3 | 4 | 5 | 6 | 7 | 8 | 9 | 10 | 11 | 12 | 13 | 14 | 15 |
|------|---|---|---|---|---|---|---|---|---|----|----|----|----|----|----|
| 答案 | B | A | C | B | A | D | C | B | C | C | A | A | D | D | B |

### 三、计算题

1. 答：（1）（略）；（2）$A_u = -11$，$R_i = 2.73\text{k}\Omega$，$R_o = 1.2\text{k}\Omega$。

2. 答：（1）$U_o = 5.3\text{V}$；（2）$f_0 = 9.95\text{Hz}$。

### 四、综合题

1. 答：（1）阻容耦合，放大；（2）N、K，电压串联交流负反馈；（3）M、J，电流并联交流负反馈。

2. 答：（1）$X_1$ 为自举电容（极性上"+"下"-"），$X_2$ 为电阻，$X_3$ 为输出耦合电容（极性左"+"右"-"）；（2）自举电路，增大 $VT_2$ 的动态范围；（3）$X_3$ 作用有二：①隔直流耦交流，②充当 $VT_3$ 的工作电源；（4）调节 $R_{P1}$ 的阻值，使中点电位为电源电压的一半；（5）$R_{P2}$ 为 $VT_2$、$VT_3$ 基级偏置调节电位器，调节 $R_{P2}$ 的阻值使两管工作于微导管状态，以消除交越失真。

## 四、综合题（共 30 分）

1. 已知 $G_1\overline{G}_{2A}\overline{G}_{2B}=100$，试写出图数综测 D-9 所示输出 $F_0$、$F_1$、$F_2$ 的逻辑表达式。（10 分）

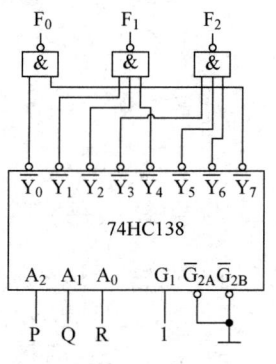

图数综测 D-9　综合题 1 图

2. 如图数综测 D-10 所示为由四位二进制计数器 74161 及门电路组成的时序电路。要求：

（1）分别列出 X=0 和 X=1 时的状态图；（6 分）

（2）指出该电路的功能。（4 分）

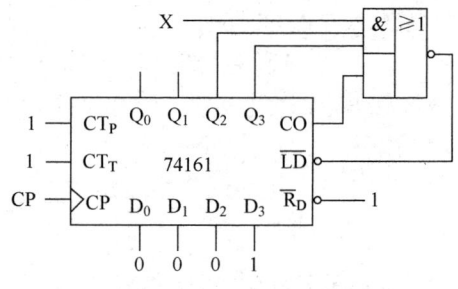

图数综测 D-10　综合题 2 图

3. 某八位 ADC 电路的输入电压范围为 0～+10V。

（1）当输入电压为 4.48V 和 7.81V 时，其输出二进制数各是多少；（5 分）

（2）该 ADC 电路能分辨的最小电压变化量为多少。（5 分）

# 数字电路综合测试（D）卷（适用于高二阶段）

时量：90分钟　　总分：100分　　学生姓名：_____　　得分：_____

## 一、填空题（每空1分，共计20分）

1．在数字电子电路中，三极管被用作_____元件，工作在输出特性曲线的_____区或_____区。

2．$Y = AB + \overline{CDE} + 0$ 对偶式为 $Y' =$ _____，反函数式为 $\overline{Y} =$ _____。

3．逻辑函数 $F(A,B,C) = \prod M(1,3,4,6,7)$，则 $F(A,B,C) = \sum m$ _____。

4．从奇偶校验角度来说，数码 1011011 是_____码，1001011 是_____码。

5.触发器是一种具有_____功能而且在触发脉冲作用下会翻转状态的电路。触发器具有两种可能的状态：即_____态和_____态。当触发脉冲过后，触发器状态仍维持不变，这就是_____能力。

6．如图数综测 D-1 所示电路，$Q^n = 0$，当 CP=1 时，$Q^{n+1} =$ _____，电路的状态方程 $Q^{n+1} =$ _____。

7．一个 4 位移位寄存器，经过_____个时钟脉冲 CP 后，4 位串行输入数码全部存入寄存器；再经过_____个时钟脉冲 CP 后可串行输出 4 位数码。

图数综测 D-1　填空题 6 图

8．DAC 电路的作用是将_____量转换成_____量。ADC 电路的作用是将_____量转换成_____量。

## 二、单项选择题（每小题2分，共计30分）

1．余 3 码 10111011 对应的 2421 码为（　　　）。

　　A．10001000　　　B．10111011　　　C．11101110　　　D．11101011

2．数字电路中电阻和电容组成的 RC 波形变换电路主要是应用它们的（　　　）特性。

　　A．滤波　　　　　B．耦合　　　　　C．充放电　　　　D．自激

3．逻辑表达式 $F = \overline{A}B + \overline{A}BCD(E+G)$，化简后为（　　　）。

　　A．$F = \overline{A}BCD(E+G)$　　　　　　　B．$F = \overline{A}BCD$

　　C．$F = \overline{A}B$　　　　　　　　　　　D．以上均不是

4．TTL 集成电路 74LS138 是 3 线-8 线译码器，译码器为输出低电平有效，若输入为 $A_2A_1A_0 = 101$ 时，输出 $\overline{Y}_7\overline{Y}_6\overline{Y}_5\overline{Y}_4\overline{Y}_3\overline{Y}_2\overline{Y}_1\overline{Y}_0$ 为（　　　）。

　　A．00100000　　　B．11011111　　　C．11110111　　　D．00000100

5．在图数综测 D-2 所示电路中，Y 的逻辑表达式是（　　　）。

　　A．Y=AB+C　　　B．Y=ABC　　　C．Y=(A+B)C　　　D．Y=A+B+C

6．如图数综测 D-3 所示为采用共阳极数码管的译码显示电路，若显示数码是 0，译码器输出端

—1—

## 四、综合题（共 30 分）

1. 已知逻辑函数 F(A,B,C,D)，其卡诺图的表示形式如图数综测 C-10 所示。

（1）写出其最简与或式；（3 分）

（2）写出其反函数的最小项表示式 $\overline{F} = \sum m(\quad)$；（2 分）

（3）用 8 选 1 数据选择器实现该函数。（5 分）

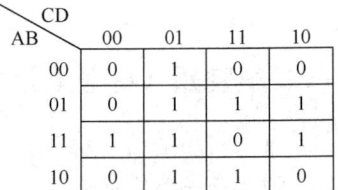

图数综测 C-10　综合题 1 图

2. 图数综测 C-11（a）所示是一个序列信号产生电路的框图，其输出 L 与时钟脉冲 CP 的波形如图数综测（b）所示。试用边沿 D 触发器和 8 选 1 数据选择器设计该时序电路，画出设计电路图。（10 分）

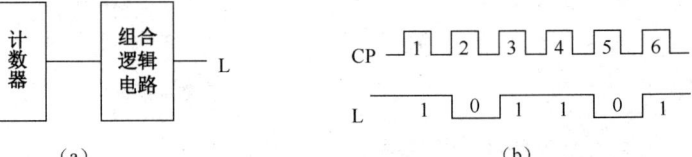

图数综测 C-11　综合题 2 图

3. 如图数综测 C-12 所示电路，已知 $R = 8k\Omega$，$R_F = 1k\Omega$，$U_R = -10V$，试求：

（1）在输入四位二进制数 $D_3D_2D_1D_0=1001$ 时，网络输出 $u_o=$？（5 分）

（2）若 $u_o=1.25V$，则可以判断输入的四位二进制数 $D_3D_2D_1D_0=$？（5 分）

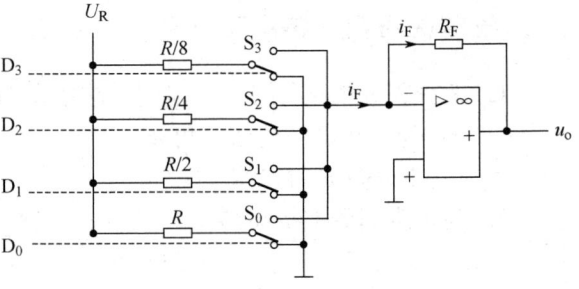

图数综测 C-12　综合题 3 图

# 数字电路综合测试（C）卷 （适用于高二阶段）

时量：90 分钟　　总分：100 分　　学生姓名：_____　　得分：_____

## 一、填空题（每空 1 分，共计 20 分）

1. 常用的 BCD 码有_____、_____等，常用的可靠性代码有_____、_____等。

2. 在图数综测 C-1 所示电路中，$Y_1$=_____；$Y_2$=_____；$Y_3$=_____。

图数综测 C-1　填空题 2 图

3. 编码器的功能是把输入信号转化成_____数码。一般编码器有 $M$ 个输入端，$N$ 个输出端。如果输入为低电平有效，则在任意时刻只有_____个输入端为 0，_____个输入端为 1。

4. 对于 JK 触发器，当 CP 脉冲有效期间，若 J=K=0 时，触发器状态_____；若 $J=\overline{K}$ 时，触发器_____或_____；若 J=K=1 时，触发器状态_____。

5. 寄存器分为_____寄存器和_____寄存器两种。

6. 顺序脉冲发生器一般是由_____和_____两部分组成的，以产生先后顺序循环的脉冲，实现机器协调工作。

7. 为了实现高的频率稳定度，常采用_____振荡器；单稳态触发器受到外触发时进入_____态。

## 二、单项选择题（每小题 2 分，共计 30 分）

1. 有关积分电路的应用，下列说法错误的是（　　）。
   A．能把矩形波变成三角波　　　　　　B．能从宽窄不同的脉冲序列中选出窄脉冲
   C．有缓冲延时作用　　　　　　　　　D．能把矩形波变成锯齿波

2. 与十进制数 1770.625 对应的八进制数是（　　）。
   A．3352.5　　　　B．3350.5　　　　C．3352.1161　　　　D．3350.1151

图数综测 C-2　单选题 3 图

2. 分析图数综测 B-9 所示时序电路的逻辑功能。

（1）写出激励函数和状态方程；（4分）

（2）画出状态转换真值表；（4分）

（3）说明是几进制计数器，有无自启动能力。（2分）

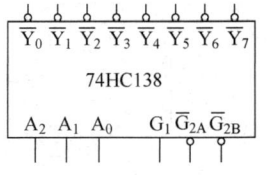

图数综测 B-9　计算题 2 图

# 四、综合题（共 30 分）

1. 试用 3 线-8 线译码器 74HC138 和与非门在图数综测 B-10 中实现如下多输出逻辑表达式：（10分）

多输出逻辑表达式为：$\begin{cases} Z_1 = A\overline{B} + C \\ Z_2 = \overline{AB} + \overline{AC} + AB\overline{C} \end{cases}$

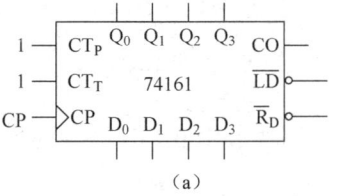

图数综测 B-10　综合题 1 图

2. 用 74LS161 构成十一进制计数器。（74LS161 逻辑功能：异步清 0，同步预置数）要求：

（1）在图数综测 B-11（a）中用"清零法"实现；（5分）

（2）在图数综测 B-11（b）中用"置零法"实现。（5分）

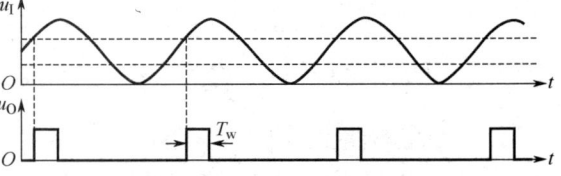

图数综测 B-11　综合题 2 图

3. 已知图数综测 B-12 中的 $u_1$ 和 $u_O$ 的波形，试设计电路实现之。（只画电路，不计算参数）（10分）

图数综测 B-12　综合题 3 图

# 数字电路综合测试（B）卷 （适用于高二阶段）

时量：90 分钟　　　总分：100 分　　　学生姓名：_____　　　得分：_____

## 一、填空题（每空 1 分，共计 20 分）

1. _____、_____ 和 _____ 是把符号位和数值位一起编码的表示方法，是计算机中数的表示方法；在计算机中，数据常以 _____ 的形式进行存储。

2. 化简逻辑表达式 $F = A\overline{B} + \overline{A}B + \overline{A}\,\overline{B} + AB =$ _____。

3. 写出图数综测 B-1（a）～（d）各逻辑图的逻辑表达式。

（a）_____；　　　　（b）_____

（c）_____；　　　　（d）_____。

图数综测 B-1　填空题 3 图

4. CMOS 集成电路输入端不允许 _____，多余的输入端应根据逻辑功能要求，接 _____ 或接 _____ 端。

5. 8 线-3 线优先编码器 74LS148 的优先编码顺序是 $\overline{I}_7$、$\overline{I}_6$、$\overline{I}_5$、…、$\overline{I}_0$，输出为 $\overline{Y}_2\ \overline{Y}_1\ \overline{Y}_0$，输入输出均为低电平有效。当输入 $\overline{I}_7\ \overline{I}_6\ \overline{I}_5\ \cdots\ \overline{I}_0$ 为 11010101 时，输出 $\overline{Y}_2\ \overline{Y}_1\ \overline{Y}_0$ 为 _____。

6. 逻辑表达式为 $F = BC + A\overline{C} + A\overline{B}$，它存在 _____ 型冒险。

7. 对于 JK 触发器，当 J=K=1 时，$Q^{n+1} =$ _____；在图数综测 B-2 所示的电路中，设触发器的初态为 0，则经过 100 个脉冲后触发器的状态是 _____。

8. 两片中规模集成电路十进制计数器串联后，最大计数的模为 _____。

图数综测 B-2　填空题 7 图

9. 计数器的用途十分广泛，可以用来 _____、_____，也可以用来测量脉冲频率、_____。

## 二、单项选择题（每小题 2 分，共计 30 分）

1. 模拟电路中的工作信号为（　　）。

    A. 随时间连续变化的电信号　　　　　B. 随时间不连续变化的电信号

    C. 持续时间短暂的脉冲信号　　　　　D. 直流信号

2. 在 19+33=52 等式中，每个数可能对应的进制是（　　）。

    A. 十进制、十六进制、八进制　　　　B. 十六进制、十进制、八进制

2. 如图数综测 A-8 所示电路，各触发器初态为 0。

（1）写出该时序电路中触发器的驱动方程、状态方程；（4 分）

（2）列出该电路在 4 个 CP 脉冲下的输出状态真值表；（4 分）

（3）设各触发器输出高电平为 3.6V，输出低电平为 0V，计算输出电压 $u_O$ 的范围。（2 分）

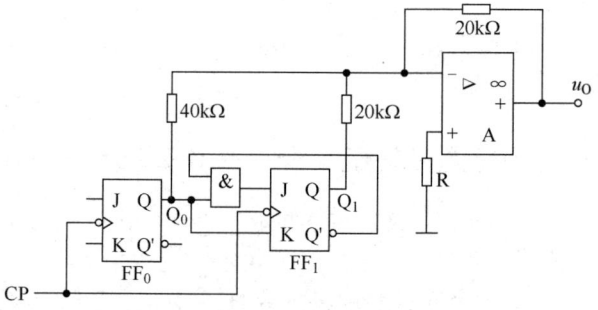

图数综测 A-8　综合题 2 图

3. 如图数综测 A-9（a）所示为由 CC40106 构成的电路，图数综测 A-9（b）为 CC40106 的电压传输特性曲线，图数综测 A-9（c）中的输入 $u_I$ 高电平脉宽和低电平脉宽均大于时间常数 RC。要求画出 $u_I$ 作用下的 $u_A$、$u_{O1}$ 和 $u_{O2}$ 波形。（10 分）

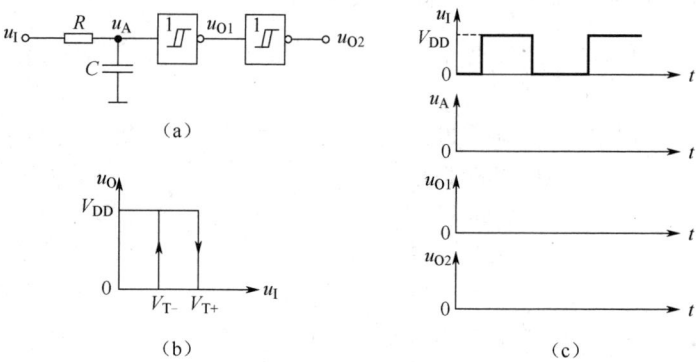

图数综测 A-9　综合题 3 图

# 数字电路综合测试（A）卷 （适用于高二阶段）

时量：90分钟　　总分：100分　　学生姓名：_____　　得分：_____

## 一、填空题（每空1分，共计20分）

1. 三极管截止的条件是_____；三极管饱和导通的条件是_____；三极管饱和导通时，$I_{BS}$ 应满足：_____。

2. $n$ 个变量的逻辑函数有_____个最小项，任意两个最小项的乘积为_____。

3. TTL 与非门电路输入端串接的电阻 $R_I \geq R_{ION}$（开门电阻）时；相当于输入接了_____，而 $R_I \leq R_{IOFF}$（关门电阻）时，相当于输入接了_____。

4. 数字电路按照是否有记忆功能通常可分为两类：_____、_____。

5. 将 BCD 码翻译成十个对应输出信号的电路有_____个输入端，_____个输出端。

6. 一个基本 RS 触发器在正常工作时，它的约束条件是 $\overline{R} + \overline{S} = 1$，则它不允许输入 $\overline{S} =$_____ 且 $\overline{R} =$_____ 的信号。

7. 寄存器常用功能有_____、_____和_____等。

8. 为了实现高的频率稳定度，常采用_____振荡器；单稳态触发器受到外触发时进入_____态。

9. 模数转换的量化方法有_____法和_____两种。

## 二、单项选择题（每小题2分，共计30分）

1. 将二进制数 1011110.0100101 转换为十六进制数是（　　）。
   A. 53.F5　　　　B. 7B.45　　　　C. 5E.4A　　　　D. C5.61

2. 将代码 $(10000011)_{8421}$ 转换为二进制数是（　　）。
   A. $(01000011)_2$　　　　　　　B. $(01010011)_2$
   C. $(10000011)_2$　　　　　　　D. $(000100110001)_2$

3. 满足图数综测 A-1 所示输入、输出关系的门电路是（　　）。
   A. $C = AB$　　　B. $C = A + B$　　　C. $C = \overline{AB}$　　　D. $C = \overline{A + B}$

4. 如图数综测 A-2 所示基本 RS 触发器，为使触发器处于置"0"状态，其 $S_D$、$R_D$ 为（　　）。
   A. $S_D R_D = 00$　　　B. $S_D R_D = 01$　　　C. $S_D R_D = 10$　　　D. $S_D R_D = 11$

5. 在图数综测 A-3 所示的电路中，当 A=1、B=0 时触发器的功能是（　　）。
   A. 计数　　　　B. 置 1　　　　C. 置 0　　　　D. 保持

图数综测 A-1　单选题 3 图　　　　图数综测 A-2　单选题 4 图　　　　图数综测 A-3　单选图 5 图

15. 可控硅的正向阻断是（    ）。
    A. 可控硅加正向 $U_{AK}$ 电压，控制极加反向电压
    B. 可控硅加反向 $U_{AK}$ 电压，控制极不加电压
    C. 可控硅加正向 $U_{AK}$ 电压，控制极不加电压
    D. 可控硅加反向 $U_{AK}$ 电压，控制极加正向电压

# 三、计算题（共 20 分）

1. 如图模综测 D-12 所示为由运算放大器组成的测量电压的电压表电路，已知输出端所接的电压表满量程为 5V，且 $R_F$=1MΩ。若要得到 0.5V、5V、50V 三种量程，试计算 $R_1$、$R_2$、$R_3$ 的阻值。（10 分）

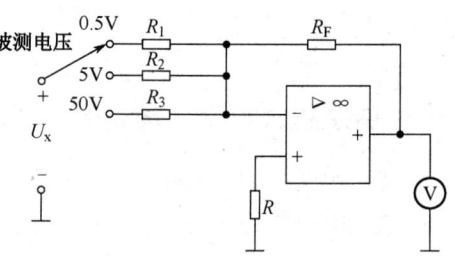

图模综测 D-12　计算题 1 图

2. 如图模综测 D-13 所示为一带前置推动级的甲乙类双电源互补对称功放电路，已知 $V_{CC}$=20V，$R_L$=8Ω，$VT_1$ 和 $VT_2$ 的 $|U_{CES}|$=1V。

（1）当 $VT_3$ 输出信号电压 $U_{o3}$=10V（有效值）时，计算电路的输出功率、管耗、直流电源供给的功率和效率？（6 分）

（2）计算该电路的最大不失真输出功率、效率和达到最大不失真输出时所需的 $U_{o3}$？（4 分）

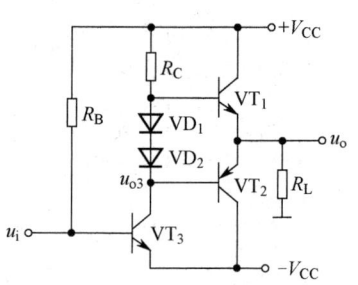

图模综测 D-13　计算题 2 图

# 四、综合题（共 20 分）

1. 设计一个由运算放大器组成的反相型施密特触发器，要求输出电压为 ±10V，上触发电平为 +5V，下触发电平为 -5V。

（1）画出电路图，并标注参数；（6 分）

（2）绘制电压传输特性曲线。（4 分）

2. 如图模综测 D-14 所示直流稳压电路，已知稳压管 $U_Z$=6V，$U_I$=24V，$R_3$=200Ω，负载电阻 $R_L$=40Ω。

（1）在图中画出运算放大器的同相输入端和反相输入端；（2 分）

（2）要求输出电压 $U_O$ 变化范围为 12～18V，则 $R_1$、$R_2$ 应选多大？（4 分）

（3）当输出电压 $U_O$ 为 15V 时，调整管管耗多大？（4 分）

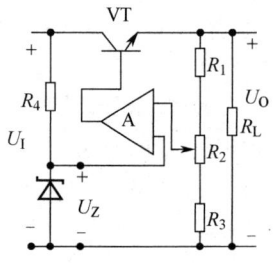

图模综测 D-14　综合题 2 图

# 模拟电路综合测试（D）卷 （适用于高二阶段）

时量：90 分钟　　总分：100 分　　学生姓名：＿＿＿＿＿＿　　得分：＿＿＿＿＿＿

## 一、填空题（每空 1 分，共计 30 分）

1．如图模综测 D-1 所示电路，$I$ 的大小为＿＿＿＿＿＿mA。（二极管为硅管，导通压降为 0.6V）

2．由一个集成功放 LM386 组成的功放测试电路如图模综测 D-2 所示，当把电位器 $R_P$ 的滑动头调到顶端位置时，用示波器在输出端可观察到不规则的输出波形，说明该功放存在＿＿＿＿＿＿现象，为消除该现象，可调整电路中＿＿＿＿＿＿的参数。

图模综测 D-1　填空题 1 图　　　　　　图模综测 D-2　填空题 2 图

3．已知一放大器的电压放大倍数为-200，对应的增益 $G_u=$＿＿＿＿＿＿dB，此时，放大器的连接方式为＿＿＿＿＿＿。

4．当放大电路要求恒压输入时，其输入电阻应远＿＿＿＿＿＿于信号源内阻；要求恒流输入时，输入电阻应远＿＿＿＿＿＿于信号源内阻。

5．根据不同要求选择合适的反馈组态：为了稳定静态工作点应引入＿＿＿＿＿＿负反馈；为了稳定输出电压应引入＿＿＿＿＿＿负反馈；为了稳定输出电流应引入＿＿＿＿＿＿负反馈。

6．＿＿＿＿＿＿比例运算电路的输入电流基本上等于流过反馈电阻的电流，而＿＿＿＿＿＿比例运算电路的输入电流几乎等于零。

7．电感三点式振荡器的发射极至集电极之间的阻抗 $Z_{ce}$ 性质应为＿＿＿＿＿＿，发射极至基极之间的阻抗 $Z_{be}$ 性质应为＿＿＿＿＿＿，基极至集电极之间的阻抗 $Z_{cb}$ 性质应为＿＿＿＿＿＿。

8．功率放大器的主要任务是＿＿＿＿＿＿＿＿＿，它的主要指标是＿＿＿＿＿＿、＿＿＿＿＿＿和＿＿＿＿＿＿。

9．功率放大器以工作点在交流负载线上的位置分类有＿＿＿＿＿＿、＿＿＿＿＿＿、＿＿＿＿＿＿；按耦合方式分类有＿＿＿＿＿＿、＿＿＿＿＿＿、＿＿＿＿＿＿。

10．在桥式整流、电容滤波、稳压管稳压直流电源电路中，变压器副边电压为 20V，则整流后（断开电容）的 $U_{O(AV)}=$＿＿＿＿＿＿，滤波后的 $U_{O(AV)}=$＿＿＿＿＿＿，二极管所承受的最大反向电压为＿＿＿＿＿＿。

11．CW7912 三端集成稳压器的输出电压为＿＿＿＿＿＿V；CW7824 三端集成稳压器的输出电压为＿＿＿＿＿＿V。

2. 如图模综测 C-10 所示电路，已知三极管为互补对称管，$U_{CES}=2V$，求：

（1）电路的电压放大倍数；（4分）

（2）最大不失真输出功率；（4分）

（3）单个三极管的最大管耗。（2分）

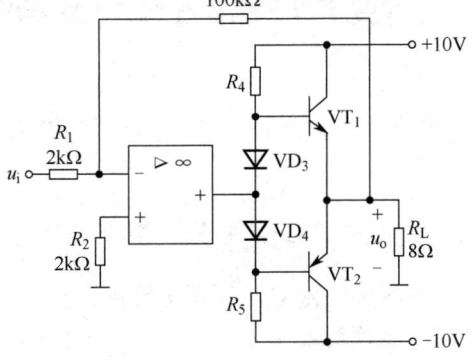

图模综测 C-10　计算题 2 图

# 四、综合题（共 20 分）

1. 利用"电压→电流"转换电路原理，可以制成高输入电阻的直流毫伏表，如图模综测 C-11 所示。它是用电流表 A 的读数指示被测电压 $U_S$ 的值。已知图中 $R=2k\Omega$，电流表的满量程为 1mA，电流表内阻 $R_m=7.5k\Omega$。

（1）电流表满量程时被测电压 $U_{Smax}$ 为多大？（4分）

（2）换用内阻 $R_m$ 较大的 1mA 电流表时，是否会影响流过电流表的电流值？（3分）

（3）此毫伏表在使用时，对被测电路的工作状态是否有影响？（3分）

图模综测 C-11　综合题 1 图

2. 试分析图模综测 C-12 所示的单相整流电路。

（1）如无滤波电容器，负载整流电压的平均值 $U_O$ 和变压器副边绕组 $U_2$ 之间的数值关系如何？如有滤波电容器，则又如何？（2分）

（2）如果整流二极管 $VD_2$、电容器 C 虚焊，$U_O$ 平均值是否是正常情况下的一半？如果变压器副边中心抽头虚焊，情况又如何？（2分）

（3）如果 $VD_2$ 因过载损坏，造成短路，还会出现什么问题？（2分）

（4）如果输出端短路，又将出现什么问题？（2分）

（5）如果把图中的 $VD_1$ 和 $VD_2$ 都反接，会出现什么现象？（2分）

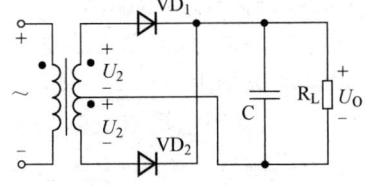

图模综测 C-12　综合题 2 图

# 模拟电路综合测试（C）卷 （适用于高二阶段）

时量: 90分钟　　总分: 100分　　学生姓名: _____　　得分: _____

## 一、填空题（每空1分，共计30分）

1. 图模综测 C-1 所示电路的二极管是理想器件，AO 两端的电压 $U_{AO}$ 为_____。

2. 图模综测 C-2 画出了某单管共发射极放大电路中三极管的输出特性和直流、交流负载线，由此可得出:（1）电源电压 $V_{CC}$=_____；静态集电极电流 $I_{CQ}$=_____，集电极电压 $U_{CEQ}$=_____；（2）集电极电阻 $R_C$=_____，负载电阻 $R_L$=_____；（3）放大电路最大不失真输出正弦电压有效值约为_____；（4）要使放大电路不失真，集电极正弦电流的振幅应小于_____。

图模综测 C-1　填空题 1 图　　　　图模综测 C-2　填空题 2 图

3. 共集电极放大电路又称为_____，它具有放大倍数_____，输入电阻_____，输出电阻_____的特点。

4. 工作在线性区的集成运算放大器，一般都引入_____，而工作在非线性区的集成运算放大器，无论是开环状态还是_____状态，其电压放大倍数都_____。

5. 集成运算放大器在输入电压为零的情况下，存在一定的输出电压，这种现象称为_____。

6. 产生正弦波振荡的起振条件是_____，幅度平衡条件是_____，相位平衡条件是_____。

7. 在 LC 并联谐振回路中，当 $\omega=\omega_0$，即谐振时，回路阻抗为最大，而且呈_____，此时相移 $\varphi=0$；当 $\omega>\omega_0$，回路呈_____；当 $\omega<\omega_0$，回路呈_____。

8. RC 移相式振荡电路的选频由_____实现，振荡频率为_____；石英晶体振荡电路的选频由_____实现，振荡频率为_____。

9. 某甲乙类双电源互补对称功率放大电路，电源电压为±12V，负载为 $8\Omega$，$U_{CE(sat)}\approx2V$，则最大不失真输出功率为_____W，管子的最大管耗为_____W。

10. 串联型直流稳压电路通常包括五个组成部分，即基准电压电路、_____、_____、保护电路和取样电路。

## 二、单项选择题（每小题 2 分，共计 30 分）

1. 如图模综测 C-3 所示电路，稳压管的稳定电压 $U_Z$=10V，稳压管的最大稳定电流 $I_{Zmax}$=20mA，输入直流电压 $U_I$=20V，限流电阻 $R$ 最小应选（    ）。

    A．0.1kΩ        B．0.5kΩ        C．0.15kΩ        D．无法确定

2. 如图模综测 C-4 所示电路，设 $VZ_1$ 的稳定电压为 6V，$VZ_2$ 的稳定电压为 12V，设稳压管的正向压降为 0.7V，则输出电压 $U_O$ 等于（    ）。

    A．18V        B．6.7V        C．30V        D．12.7V

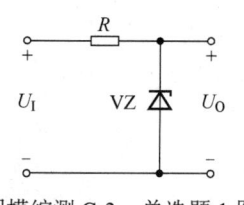

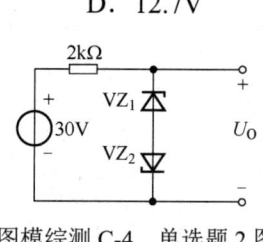

图模综测 C-3　单选题 1 图        图模综测 C-4　单选题 2 图

3. 有一共发射极单管交流电压放大电路，其电压放大倍数为 $A_u$，若输入电压 $u_i = U_{im}\sin(\omega t + \pi)\text{V}$，则集电极对地的电压的交流成分 $u_o$ 变为（    ）V。

    A．$u_o = A_u U_{im}\sin(\omega t + \pi)$        B．$u_o = A_u U_{im}\sin\omega t$

    C．$u_o = A_u U_{im}\sin(\omega t - \pi)$        D．$u_o = U_{im}\sin(\omega t + \pi)$

4. 所谓三极管工作在倒置状态，是指三极管（    ）。

    A．发射结正偏置，集电结反偏置        B．发射结正偏置，集电结正偏置

    C．发射结反偏置，集电结正偏置        D．发射结反偏置，集电结反偏置

5. 为了将输入电流转换成与之呈比例的输出电压，应引入深度（    ）负反馈。

    A．电压串联        B．电压并联        C．电流串联        D．电流并联

6. 在交流负反馈的四种组态中，要求与高内阻信号源适配且带负载能力强，应选择（    ）。

    A．电压串联负反馈        B．电压并联负反馈

    C．电流串联负反馈        D．电流并联负反馈

7. 在场效应管放大电路中，测得各极电位分别为漏极 $V_D$=6V，源极 $V_S$=3V，栅极 $V_G$=1V，则该场效应管属于（    ）。

    A．N 沟道增强型    B．N 沟道耗尽型    C．P 沟道耗尽型    D．P 沟道增强型

8. 一个正弦波振荡器的反馈系数 $F = \dfrac{1}{5}\angle 180°$，若该振荡器能够维持稳定振荡，则开环电压放大倍数 $A_u$ 必须等于（    ）。

    A．$\dfrac{1}{5}\angle 360°$        B．$\dfrac{1}{5}\angle 0°$        C．$5\angle 180°$        D．$5\angle 360°$

9. 在 RC 桥式正弦波振荡电路中，当满足相位起振条件时，则其中电压放大电路的放大倍数必须满足（    ）才能起振。

    A．$A_u$=1        B．$A_u$=3        C．$A_u$<3        D．$A_u$>3

10. 由于功放电路中三极管经常处于接近极限工作状态，故选择三极管时，要特别注意的参数是（    ）。

    A．$I_{CBO}$        B．$f_T$        C．$\beta$        D．$P_{CM}$、$I_{CM}$ 和 $U_{(BR)CEO}$

11. 晶闸管的控制角 $\alpha$ 和导通角 $\theta$ 之间的关系为（　　）。

  A．$\alpha + \theta = 2\pi$  B．$\alpha + \theta = \dfrac{\pi}{2}$  C．$\alpha + \theta = \pi$  D．$\alpha = \theta$

12. 在图模综测 C-5 所示电路中，已知 $U_{BE}=0.6V$，静态时，静态集电极电位 $V_{C1}$ 等于（　　）。

  A．9V    B．6V    C．−9V    D．−6V

13. 如图模综测 C-6 所示比例运算电路，该电路的输入电阻为（　　）。

  A．零    B．$R_1$    C．无穷大    D．无法确定

14. 如图模综测 C-7 所示电路，$R_1$、$R_2$ 支路引入的反馈为（　　）。

  A．正反馈      B．串联电压负反馈

  C．并联电压负反馈    D．串联电流负反馈

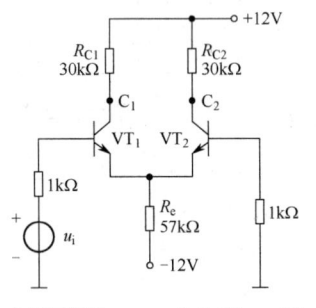

图模综测 C-5　单选题 12 图

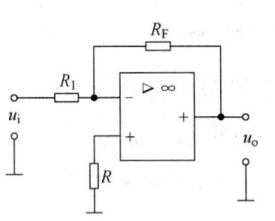

图模综测 C-6　单选题 13 图

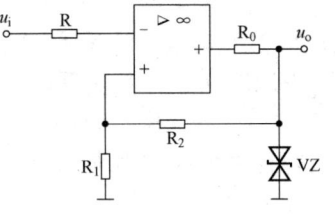

图模综测 C-7　单选题 14 图

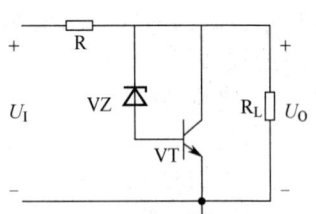

图模综测 C-8　单选题 15 图

15. 如图模综测 C-8 所示是一种并联型稳压电源，设稳压二极管的稳定电压为 6V，VT 为硅三极管，则输出电压 $U_O$ 为（　　）。

  A．0V    B．6V    C．6.7V    D．$U_I$

# 三、计算题（共 20 分）

1. 在图模综测 C-9 所示电路中，$A_1$、$A_2$、$A_3$ 均为理想运算放大器，$u_1$、$u_2$、$u_3$ 为已知电压，试求：

（1）$u_{O1}$；（3分）

（2）$u_{O2}$；（3分）

（3）$u_O$。（4分）

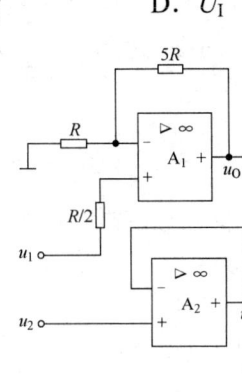

图模综测 C-9　计算题 1 图

## 二、单项选择题（每小题 2 分，共计 30 分）

1. 某三极管的极限参数 $U_{(BR)CEO}$=18V，$I_{CM}$=100mA，$P_{CM}$=125mW，分析下列静态工作点参数，处于正常范围的是（　　）。

    A．$I_{CQ}$=34mA    $U_{CEQ}$=4V        B．$I_{CQ}$=20mA    $U_{CEQ}$=8V

    C．$I_{CQ}$=10mA    $U_{CEQ}$=10V     D．$I_{CQ}$=5mA     $U_{CEQ}$=20V

2. 在图模综测 D-3 所示电路中 $VD_1$～$VD_3$ 为理想二极管，A、B、C 白炽灯泡功率都相同，其中最亮的灯是（　　）。

    A．B         B．C         C．A

3. 某绝缘栅场效应管的符号如图模综测 D-4 所示，则该绝缘栅场效应管应为（　　）。

    A．P 沟道增强型    B．N 沟道增强型    C．P 沟道耗尽型    D．N 沟道耗尽型

4. 如图模综测 D-5 所示为某负反馈放大电路框图，则电路的闭环电压放大倍数 $A_F = \left| \dfrac{X_o}{X_i} \right|$ 为（　　）。

    A．100        B．10        C．90        D．0.09

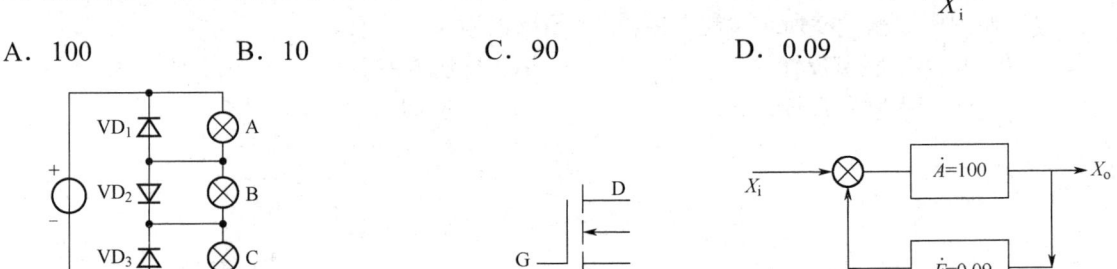

图模综测 D-3　单选题 2 图　　　　图模综测 D-4　单选题 3 图　　　　图模综测 D-5　单选题 4 图

5. 3DG6C 晶体管的极限参数为 $P_{CM}$=100mW，$I_{CM}$=16mA，$U_{(BR)CEO}$=20V，在下列几种情况里能正常工作的是（　　）。

    A．$u_{CE}$=8V，$i_C$=15mA        B．$u_{CE}$=20V，$i_C$=15mA

    C．$u_{CE}$=10V，$i_C$=8mA        D．$u_{CE}$=3V，$i_C$=25mA

6. 欲将电压信号转换成与之呈比例的电流信号，应在放大电路中引入深度（　　）负反馈。

    A．电压串联    B．电压并联    C．电流串联    D．电流并联

7. OCL 功率放大器实际上是由两个三极管交替工作的（　　）构成的。

    A．共发射极放大器         B．共集放大器

    C．共基放大器          D．开关电路

8. 已知变压器副边电压为 $u_2 = \sqrt{2}U_2 \sin \omega t$ V，负载电阻为 $R_L$，则半波整流电路流过二极管的平均电流为（　　）。

    A．$0.45\dfrac{U_2}{R_L}$    B．$0.9\dfrac{U_2}{R_L}$    C．$\dfrac{U_2}{2R_L}$    D．$\dfrac{\sqrt{2}U_2}{2R_L}$

9. 如图模综测 D-6 所示，复合管中电阻 R 的作用是（　　）。

    A．静态偏置电阻，提供偏压        B．负反馈电阻，稳定电流放大系数

    C．分流电阻，减小穿透电流        D．降压电阻，降低偏压

10. 如图模综测 D-7 所示电路，欲使后级 c 点向前级引入负反馈，则应（　　）。

    A．c 端和 b 端连接         B．c 端和 d 端连接

    C．c 端和 a 端连接

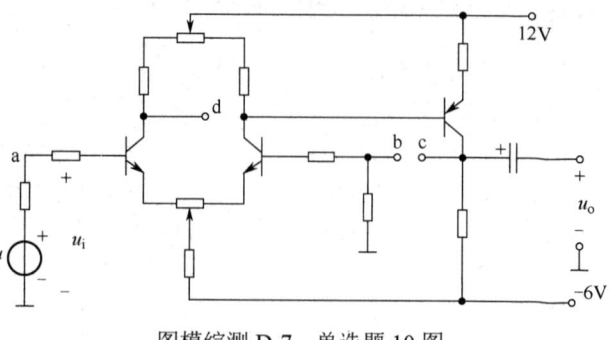

图模综测 D-6　单选题 9 图　　　　　　图模综测 D-7　单选题 10 图

11．如图模综测 D-8 所示为同相输入的运算放大器电路，该电路的输入电阻为（　　）。

A．零　　　　　　　B．$R$　　　　　　C．无穷大　　　　　D．无法确定

12．如图模综测 D-9 所示电路，$R_{F2}$ 引入的反馈为（　　）。

A．电压串联负反馈　　　　　　　　B．电压并联负反馈

C．电流串联负反馈　　　　　　　　D．正反馈

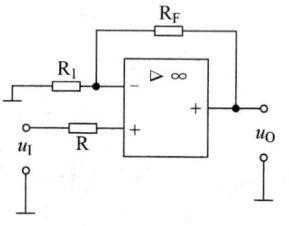
　　　　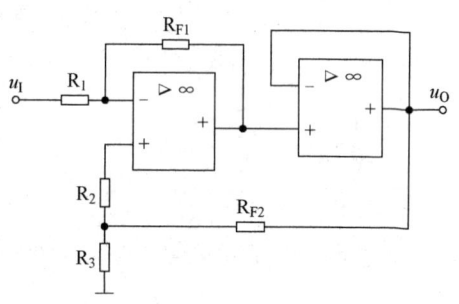

图模综测 D-8　单选题 11 图　　　　　　图模综测 D-9　单选题 12 图

13．如图模综测 D-10 所示电路，以下说法正确的是（　　）。

A．该电路不满足相位平衡条件所以不能起振

B．该电路不满足振幅平衡条件所以不能起振

C．能起振，且是变压器耦合式的正弦波振荡器

D．能起振，并且是电感三点式的正弦波振荡器

14．如图模综测 D-11 所示是一个正弦波振荡器的原理图，它属于（　　）振荡器。

A．互感耦合　　　B．电容三点式　　　C．电感三点式　　　D．改进型电容三点式

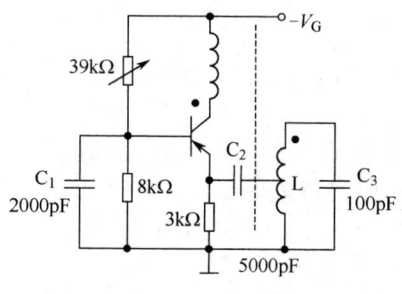
　　　　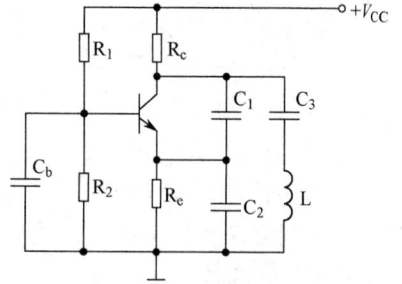

图模综测 D-10　单选题 13 图　　　　　　图模综测 D-11　单选题 14 图

6. 在图数综测 A-4 所示电路中能实现 $F = \overline{AB}$ 的是（　　　）。

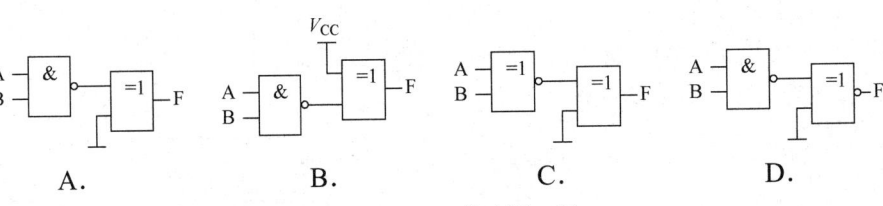

A.　　　　　　B.　　　　　　C.　　　　　　D.

图数综测 A-4　单选题 6 图

7. 组合电路的竞争-冒险是指（　　　）。

　A．输入信号有干扰时，在输出端产生了干扰脉冲

　B．输入信号改变状态时，输出端可能出现的错误信号

　C．输入信号不变时，输出端可能出现的错误信号

　D．输入信号不变时，在输出端产生了干扰脉冲

8. 数据分配器和（　　　）有着相同的基本电路结构形式。

　A．加法器　　　　B．编码器　　　　C．数据选择器　　　　D．译码器

9. 组合逻辑电路是由（　　　）构成的。

　A．门电路　　　　B．触发器　　　　C．门电路和触发器　　D．计数器

10. 用 4 选 1 数据选择器实现函数 $Y = A_1\overline{A_0} + \overline{A_1}A_0$，应使（　　　）。

　A．$D_0=D_3=0$，$D_1=D_2=1$　　　　　　B．$D_0=D_2=1$，$D_1=D_3=0$

　C．$D_0=D_1=0$，$D_2=D_3=1$　　　　　　D．$D_0=D_1=1$，$D_2=D_3=0$

11. 集成十进制计数器 74LS160，初态为 1001，经过 16 个 CP 脉冲作用后的状态为（　　　）。

　A．1001　　　　B．1111　　　　C．0101　　　　D．0000

12. 用二进制异步计数器从 0 做加法，计到十进制数 178，则最少需要（　　　）个触发器。

　A．6　　　　　　B．7　　　　　　C．8　　　　　　D．10

13. 两个下降沿触发的 T 触发器，初态为 1，T 端悬空，第一个输出 $Q_1$ 作为第二个的 CP，73 个时钟脉冲后，$Q_1Q_2$ 状态为（　　　）。

　A．00　　　　　B．01　　　　　C．10　　　　　D．11

14. 用来鉴别脉冲信号幅度时，应采用（　　　）。

　　A．单稳态触发器　B．双稳态触发器　　C．多谐振荡器　　　D．施密特触发器

15. 八位 D/A 转换器的分辨率是（　　　）。

　　A．0.0015　　　　B．0.0078　　　　C．0.0098　　　　D．0.0039

## 三、计算题（共 20 分）

1. 在图数综测 A-5 所示电路中：

（1）$F_1$、$F_2$、$F_3$ 的逻辑表达式；（6）

（2）并化简为最简的与或表达式。（4 分）

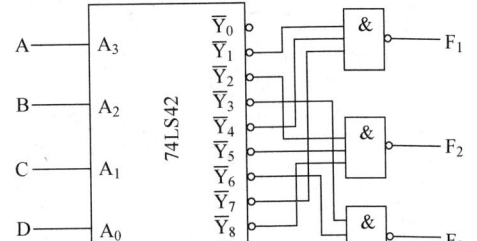

图数综测 A-5　计算题 1 图

2．已知图数综测 A-6 所示电路中时钟脉冲 CP 的频率为 1MHz。设触发器初状态均为 0，试求：

（1）写出各触发器的激励函数、次态方程和输出方程；（4分）

（2）试分析电路的逻辑功能，画出 $Q_1$、$Q_2$、$Q_3$ 的波形图；（4分）

（3）输出端 Z 波形的频率是多少？（2分）

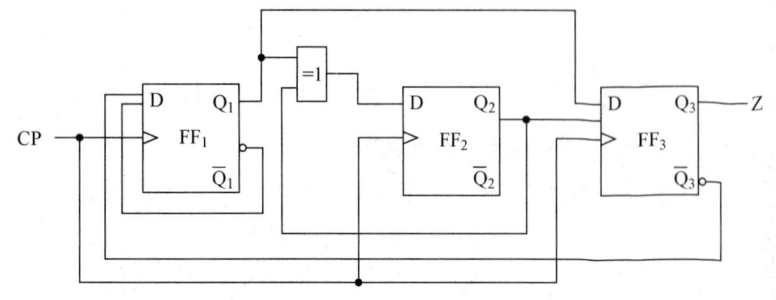

图数综测 A-6　计算题 2 图

# 四、综合题（共 30 分）

1．用一个 8 选 1 数据选择器 74LS151 和非门在图数综测 A-7 中实现组合逻辑 Y。（10分）

$$Y = E + (A + B + \overline{C})(\overline{A} + C + BF)(\overline{B} + \overline{C} + \overline{A}\,\overline{D})(A + C + \overline{B}\,\overline{F})$$

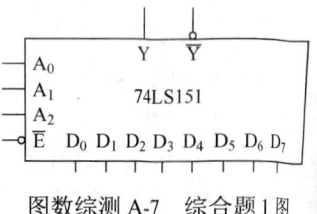

图数综测 A-7　综合题 1 图

C．十六进制、八进制、十进制　　　　　　D．十进制、八进制、十六进制

3．若干个具有三态输出的电路输出端接到一点工作时，必须保证（　　）。

　　A．任何时候最多只能有一个电路处于第三态，其余应处于工作态

　　B．任何时候最多只能有一个电路处于工作态，其余应处于第三态

　　C．任何时候至少要有两个或三个以上电路处于工作态

　　D．以上说法都不正确

4．比较两位二进制数 $A=A_1A_0$ 和 $B=B_1B_0$，当 A>B 时输出 F=1，则 F 的逻辑表达式是（　　）。

　　A．$F = A_1\overline{B_1}$ 　　　　　　　　　　　　B．$F = A_1\overline{A_0} + B_1 + \overline{B_0}$

　　C．$F = A_1\overline{B_1} + \overline{A_1 \oplus B_1}A_0\overline{B_0}$ 　　D．$F = A_1\overline{B_1} + A_0 + \overline{B_0}$

5．用 3 线-8 线译码器 74LS138 和辅助门电路实现逻辑表达式 $Y=A_2+\overline{A_2}A_1$，应（　　）。

　　A．用与非门，$Y=\overline{\overline{Y_0}\,\overline{Y_1}\,\overline{Y_4}\,\overline{Y_5}\,\overline{Y_6}\,\overline{Y_7}}$ 　　B．用与门，$Y=\overline{Y_0Y_1Y_4Y_5Y_6Y_7}$

　　C．用或门，$Y=\overline{Y_2}+\overline{Y_3}$ 　　D．用或门，$Y=\overline{Y_0}+\overline{Y_1}+\overline{Y_4}+\overline{Y_5}+\overline{Y_6}+\overline{Y_7}$

6．对于两个四位二进制数 $A(A_3A_2A_1A_0)$、$B(B_3B_2B_1B_0)$，下面说法正确的是（　　）。

　　A．如果 $A_3>B_3$，则 A>B 　　　　　　B．如果 $A_3<B_3$，则 A>B

　　C．如果 $A_0>B_0$，则 A>B 　　　　　　D．如果 $A_0<B_0$，则 A>B

7．已知某触发器的时钟 CP，异步置 0 端为 $R_D$，异步置 1 端为 $S_D$，控制输入端 $V_i$ 和输出 Q 的波形如图数综测 B-3 所示，根据波形可判断这个触发器是（　　）。

　　A．上升沿 D 触发器 　　　　　　　　　B．下降沿 D 触发器

　　C．下降沿 T 触发器 　　　　　　　　　D．上升沿 T 触发器

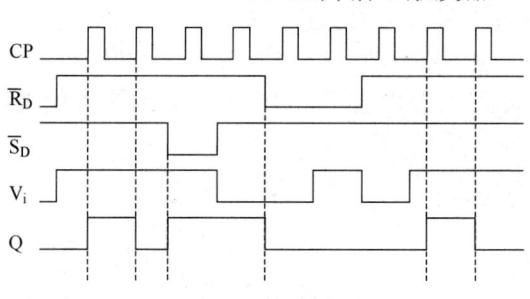

图数综测 B-3　单选题 7 图

8．如图数综测 B-4 所示为由开关组成的逻辑电路，设开关 A、B 分别有"0"和"1"两个状态，则电灯 HL 亮的逻辑表达式为（　　）。

　　A．$F = A\overline{B} + AB$　　B．$F = A\overline{B} + \overline{A}B$　　C．$F = \overline{A}\,\overline{B} + AB$　　D．$F = \overline{A}B + AB$

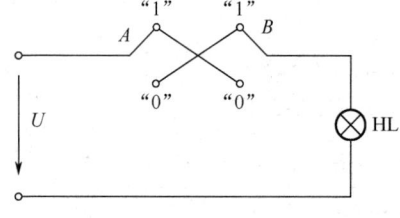

图数综测 B-4　单选题 8 图

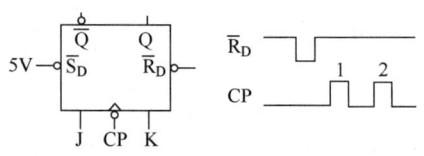

图数综测 B-5　单选题 9 图

9．如图数综测 B-5 所示，第一个 CP 脉冲作用后，触发器 Q 端为（　　）。

  A．0　　　　　　B．1　　　　　　C．+5V　　　　　　D．−5V

10．如图数综测 B-6 所示为由四位二进制计数器 74LS161 构成的任意进制计数器电路，计数器的有效状态数为（　　）。

  A．16　　　　　　B．8　　　　　　C．10　　　　　　D．12

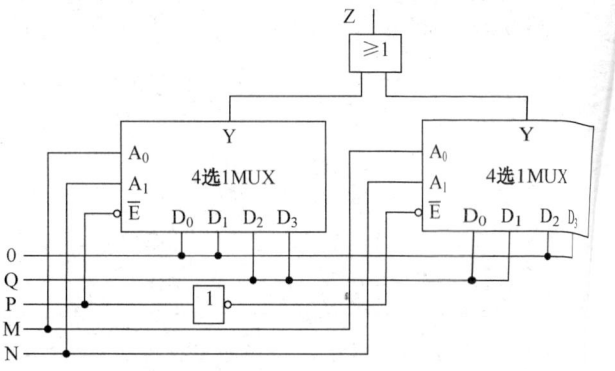

图数综测 B-6　单选题 10 图　　　　　　图数综测 B-7　单选题 11 图

11．在图数综测 B-7 所示电路中，设原状态 $Q_2Q_1=00$，经过一个 CP 脉冲后，$Q_2Q_1$ 状态应为（　　）。

  A．00　　　　　　B．01　　　　　　C．10　　　　　　D．11

12．4 个触发器组成的环形计数器最多有（　　）个有效状态。

  A．4　　　　　　B．6　　　　　　C．8　　　　　　D．16

13．74LS194 第 2 脚为 DSR，即该脚功能为（　　）。

  A．时钟输入端　　　　　　　　　　B．清零端

  C．右移数据输入端　　　　　　　　D．左移数据输入端

14．输入为 2kHz 矩形脉冲信号时，欲得到 500Hz 矩形脉冲信号输出，应采用（　　）。

  A．多谐振荡器　　B．施密特触发器　　C．单稳态触发器　　D．二进制计数器

15．一个八位 D/A 转换器的最小电压增量为 0.01V，当输入代码为 10010001 时，输出电压为（　　）V。

  A．1.28　　　　　　B．1.54　　　　　　C．1.45　　　　　　D．1.56

## 三、计算题（共 20 分）

1．如图数综测 B-8 所示为由二个 4 选 1 数据选择器组成的逻辑电路，试写出输出 Z 与输入 M、N、P、Q 之间的逻辑表达式。（10 分）

图数综测 B-8　计算题 1 图

3．在图数综测 C-2 所示电路中，能实现 $F = \overline{A}$ 的电路是（　　　）。

4．如图数综测 C-3 所示逻辑电路，输入 A＝"1"，B＝"1"，C＝"0"，则输出 F 为（　　　）；输入 A＝"0"，B＝"1"，C＝"1"，则输出 F 为（　　　）。

A．高阻状态　　　　B．0　　　　　　　　C．1　　　　　　　　D．不能确定

5．7447 是驱动共阳数码管（如图数综测 C-4）的显示译码器，输出低电平有效。当输入 $A_3A_2A_1A_0$ 为 0110 时，输出 $Y_aY_bY_cY_dY_eY_fY_g$ 为（　　　）。

A．1001100　　　B．1100000　　　C．1001010　　　D．0110101

6．如图数综测 C-5 所示异步计数器，若触发器当前状态 $Q_3Q_2Q_1$ 为 011，则在时钟作用下，计数器的下一状态为（　　　）。

A．100　　　　B．110　　　　C．010　　　　D．000

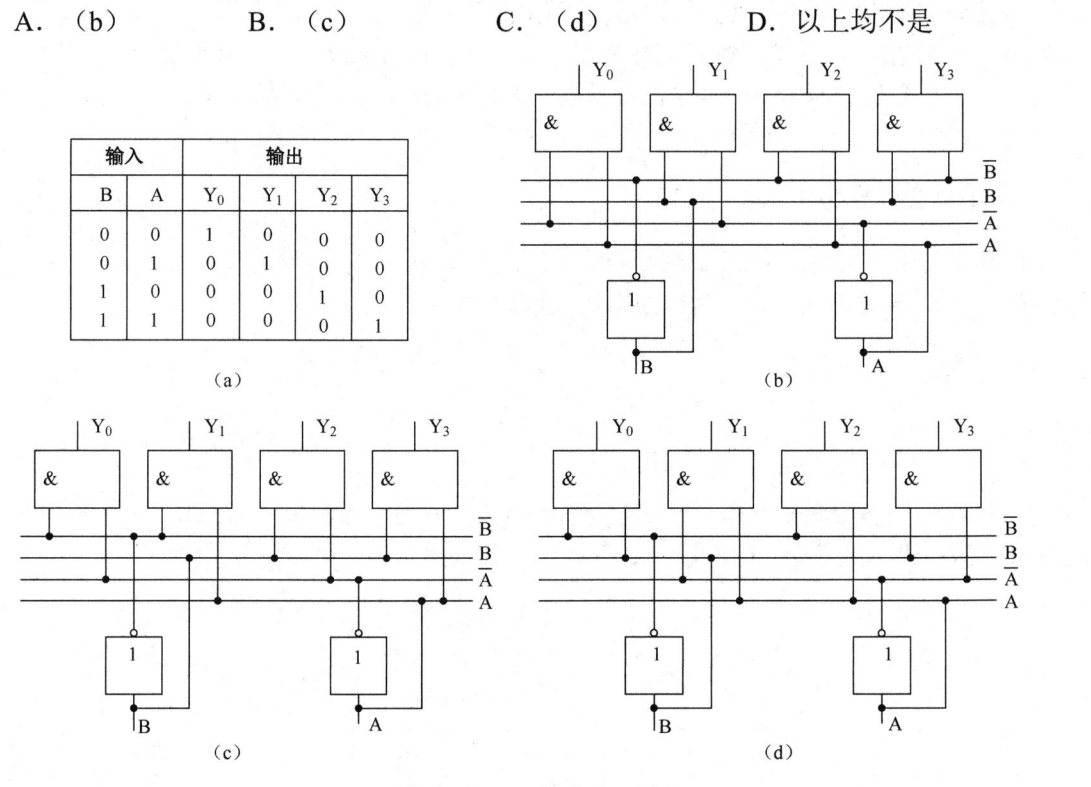

图数综测 C-3　单选题 4 图　　　　图数综测 C-4　单选题 5 图　　　　图数综测 C-5　单选题 6 图

7．已知二位二进制译码器的状态表如图数综测 C-6（a），用与门实现译码的电路为（　　　）。

A．（b）　　　　　B．（c）　　　　　C．（d）　　　　　D．以上均不是

| 输入 | | 输出 | | | |
|---|---|---|---|---|---|
| B | A | $Y_0$ | $Y_1$ | $Y_2$ | $Y_3$ |
| 0 | 0 | 1 | 0 | 0 | 0 |
| 0 | 1 | 0 | 1 | 0 | 0 |
| 1 | 0 | 0 | 0 | 1 | 0 |
| 1 | 1 | 0 | 0 | 0 | 1 |

（a）

（b）

（c）

（d）

图数综测 C-6　单选题 7 图

8. 对于 8421BCD 码优先编码器，下面说法正确的是（　　）。

    A．有 10 根输入线，4 根输出线
    B．有 16 根输入线，4 根输出线

    C．有 4 根输入线，16 根输出线
    D．有 4 根输入线，10 根输出线

9. 在图数综测 C-7 所示电路中不具有计数功能的是（　　）。

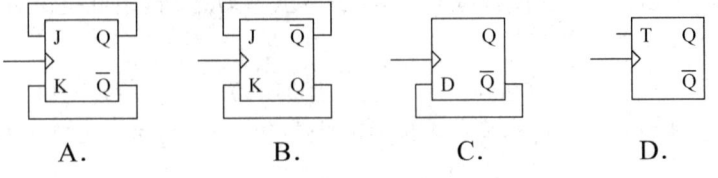

如图数综测 C-7　单选题 9 图

10. 要求 JK 触发器状态由 0→1，其激励输入端 JK 应为（　　）。

    A．JK=0×
    B．JK=1×
    C．JK=×0
    D．JK=×1

11. 一个 512 位移位寄存器用作延时线，如果时钟频率为 4MHz，则数据通过该延时线的时间为（　　）。

    A．256μs
    B．125μs
    C．127.75μs
    D．128μs

12. 下列的触发器中，不能构成移位寄存器的是（　　）。

    A．SR 触发器
    B．JK 触发器
    C．D 触发器
    D．T 和 T′触发器

13. 555 时基电路的电源电压为 15V，6 脚电压为 12V，2 脚电压为 8V，此时 555 的输出为（　　）。

    A．0
    B．1
    C．0 变为 1
    D．1 变为 0

14. 由 555 定时器构成的单稳态触发器，其输出脉冲宽度取决于（　　）。

    A．电源电压
    B．触发信号幅度
    C．触发信号宽度
    D．外接 R、C 的数值

15. 一片容量为 1024 字节×4 位的存储器，表示有（　　）个存储单元。

    A．1024
    B．4
    C．4096
    D．8

## 三、计算题（共 20 分）

1. 已知维持阻塞结构 D 触发器输入端的电压波形如图数综测 C-8 所示，试画出 Q、$\overline{Q}$ 端对应的电压波形。（10 分）

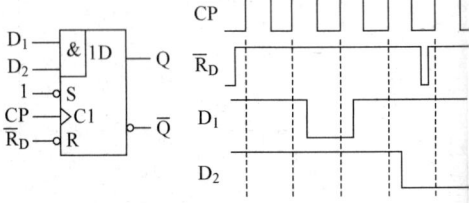

图数综测 C-8　计算题 1 图

2. 试画出如图数综测 C-9 所示时序电路在一系列 CP 信号作用下，$Q_0$、$Q_1$、$Q_2$ 的输出电压波形。设触发器的初始状态为 Q=0。（10 分）

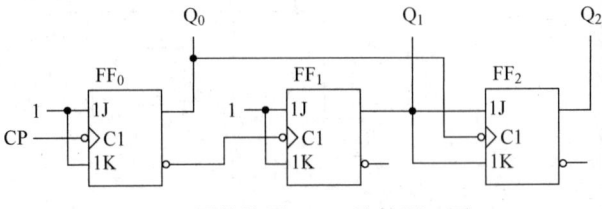

图数综测 C-9　计算题 2 图

应为（    ）。

    A．a=b=c=d=e=f=g=0                B．a=b=c=d=e=f=0，g=1

    C．a=b=c=d=e=f=1，g=0              D．a=b=c=d=e=f=g=1

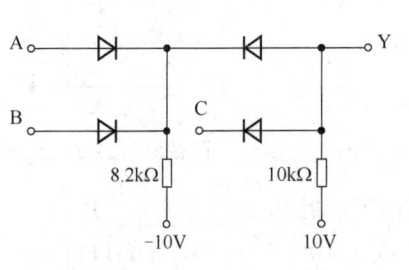

图数综测 D-2　单选题 5 图　　　　　　图数综测 D-3　单选题 6 图

7．4 选 1 数据选择器的数据输出 Y 与数据输入 $X_i$ 和地址码 $A_i$ 之间的逻辑表达式为 Y=（    ）。

    A．$\overline{A}_1\overline{A}_0X_0 + \overline{A}_1A_0X_1 + A_1\overline{A}_0X_2 + A_1A_0X_3$

    B．$\overline{A}_1\overline{A}_0X_0$

    C．$\overline{A}_1A_0X_1$

    D．$A_1A_0X_3$

8．"空翻"是指（    ）。

    A．在脉冲信号 CP=1 时，输出的状态随输入信号的多次翻转

    B．输出的状态取决于输入信号

    C．输出的状态取决于时钟和控制输入信号

    D．总是使输出改变状态

9．下列器件中，具有串行-并行数据转换功能的是（    ）。

    A．BCD 译码器                  B．数据比较器

    C．移位寄存器                  D．计数器

10．如图数综测 D-4 所示电路，若输入 CP 脉冲的频率为 1MHz，则输出 Q 的频率为（    ）。

    A．500kHz     B．200kHz     C．100kHz     D．50kHz

11．如图数综测 D-5 所示电路，74LS191 具有异步置数的逻辑功能的加减计数器，其功能表如下表所示。已知电路的当前状态 $Q_3Q_2Q_1Q_0$ 为 1100，请问在时钟作用下，电路的下一状态 $Q_3Q_2Q_1Q_0$ 为（    ）。

    A．1101        B．0000        C．1100        D．1011

| $\overline{LD}$ | $\overline{CT}$ | $\overline{U}/D$ | CP | $D_0$ | $D_1$ | $D_2$ | $D_3$ | $Q_0$ | $Q_1$ | $Q_2$ | $Q_3$ |
|---|---|---|---|---|---|---|---|---|---|---|---|
| 0 | × | × | × | $d_0$ | $d_1$ | $d_2$ | $d_3$ | $d_0$ | $d_1$ | $d_2$ | $d_3$ |
| 1 | 0 | 0 | ↑ | × | × | × | × | 加法计数 ||||
| 1 | 0 | 1 | ↑ | × | × | × | × | 减法计数 ||||
| 1 | 1 | × | × | × | × | × | × | 保持 ||||
| 74LS191 功能表 |||||||||||||

12．如图数综测 D-6 所示为由 555 定时器构成的电路，该电路的名称是（    ）。

    A．单稳态触发器     B．施密特触发器     C．多谐振荡器     D．SR 触发器

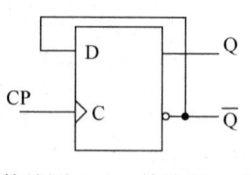

图数综测 D-4　单选题 10 图

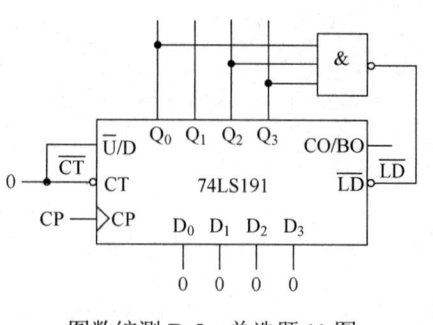

图数综测 D-5　单选题 11 图

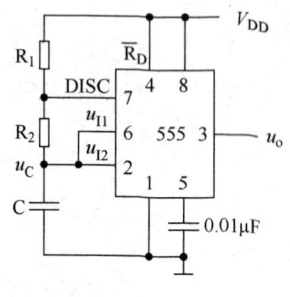

图数综测 D-6　单选题 12 图

13. 4 位移位寄存器，现态 $Q_0Q_1Q_2Q_3$ 为 1100，经左移 1 位后其次态为（　　）。

　　A. 0011 或 1011　　B. 1000 或 1001　　C. 1011 或 1110　　D. 0011 或 1111

14. 下列电路中没有稳定输出状态的是（　　）。

　　A. 施密特触发器　　　　　　　　　B. D 触发器

　　C. 多谐振荡器　　　　　　　　　　D. 用 7555 构成的单稳态电路

15. 一个具有 $n$ 根地址输入线和 $k$ 条输出线的 ROM 存储容量是（　　）。

　　A. $n \times k$　　　　　B. $n^2 \times k$　　　　　C. $2^n \times k$　　　　　D. $n \times 2^k$

## 三、计算题（共 20 分）

1. 如图数综测 D-7 所示为由 D 触发器和与门组成的移相电路，在时钟脉冲作用下，其输出端 A、B 输出 2 个频率相同，相位差为 90° 的脉冲信号。

（1）写出 Q 端和 A、B 的输出函数；（4 分）

（2）试画出 Q、$\overline{Q}$、A、B 端的时序波形图。（6 分）

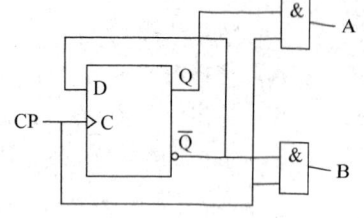

图数综测 D-7　计算题 1 图

2. 分析图数综测 D-8 所示电路：

（1）指出图中由 555 定时器所组成电路的名称；（2 分）

（2）已知 $R_1=R_2=2\text{k}\Omega$，$C=0.01\mu\text{F}$，计算 $u_o$ 信号的频率及占空比；（4 分）

（3）画出 $u_C$ 和 $u_o$ 对应波形并标出相应坐标。（4 分）

图数综测 D-8　计算题 2 图

# 模拟电路综合测试（**B**）卷 （适用于高二阶段）

## 一、填空题

1. 1.4V
2. 交越　0V
3. 截止　$R_c$　$R_b$　饱和　$R_b$　$R_c$　增大 $V_{CC}$　对输入信号进行适当衰减
4. 共集
5. 直流负反馈　交流负反馈　交流正反馈　交流负反馈　交流负反馈
6. 交流　电流　并联　电压　串联
7. $A_{ud}=\infty$　$K_{CMR}=\infty$　$R_i=\infty$　$R_o=0$　$BW=\infty$
8. 线性　非线性
9. 增大

## 二、单项选择题

| 题号 | 1 | 2 | 3 | 4 | 5 | 6 | 7 | 8 | 9 | 10 | 11 | 12 | 13 | 14 | 15 |
|------|---|---|---|---|---|---|---|---|---|----|----|----|----|----|----|
| 答案 | C | C | B | C | A | D | B | A | B | B | D | C | C | B | C |

## 三、计算题

1. 解：（1）$U_F=49mV$；（2）$U_o=490mV$；（3）$|A_u|=490$，$|A_{uf}|=9.8$。
2. 解：（1）$P_{om}\approx24.5W$，$P_E\approx35.67W$，$\eta=\dfrac{P_{om}}{P_E}\times100\%\approx68.7\%$；（2）输入电压的有效值 $U_i\approx9.9V$。

## 四、综合题

1. 解：（1）传输特性（略）；（2）分两种情况：①$U_R=-6V$ 时，$u_i>4V$，$u_o=-5V$，$u_i<4V$，$u_o=0.7V$；②$U_R=6V$ 时，$u_i>-4V$，$u_o=-5V$；$u_i<-4V$，$u_o=0.7V$。
2. 答：（1）①脚，信号输入端；②脚，反馈输入端；③脚，负电源输入端；④脚，输出端；⑤脚，正电源输入端。（2）$P_{om}=9W$；（3）可能会产生自激，音质效果变差。

# 模拟电路综合测试（**C**）卷 （适用于高二阶段）

## 一、填空题

1. -4V
2. 6V　1mA　3V　3kΩ　3kΩ　1.06V　1mA
3. 射极输出器　约等于1　大　小
4. 深度负反馈　正反馈　趋于无穷大
5. 静态失调

6. $AF > 1$    $AF = 1$    $\varphi_A + \varphi_F = \pm 2n\pi$ $(n = 0,1,2,3\cdots)$

7. 纯电阻性　容性　感性

8. 三节 RC 移相网络    $f_0 = \dfrac{1}{2\pi\sqrt{6}RC}$    石英晶体　石英晶体的固有谐振频率

9. 6.25　1.25

10. 比较放大电路　调整环节电路

## 二、单项选择题

| 题号 | 1 | 2 | 3 | 4 | 5 | 6 | 7 | 8 | 9 | 10 | 11 | 12 | 13 | 14 | 15 |
|------|---|---|---|---|---|---|---|---|---|----|----|----|----|----|----|
| 答案 | B | B | B | C | B | B | B | C | D | D | C | A | B | A | C |

## 三、计算题

1. 解：（1）$u_{O1} = 6u_1$；（2）$u_{O2} = u_2$；（3）$u_O = 1.5u_3 - 6u_1 - u_2$。

2. 解：（1）$A_{uf} = -50$；（2）$P_{om} = 4W$；（3）$P_{VT} = 0.8W$。

## 四、综合题

1. 解：（1）$U_{Smax} = 2V$；（2）不会影响；（3）无影响。

2. 答：（1）无电容器，$U_o = 0.9U_2$；有电容器，$U_o = 1.2U_2$；（2）不是正常情况下的一半，仅为 $0.45U_2$，若中间抽头虚焊，$U_o = 0V$；（3）$VD_2$ 短路会造成无输出，同时，$VD_1$ 烧毁甚至变压器烧毁；（4）烧毁整流二极管，甚至烧毁变压器；（5）输出电压极性反转，电容器 C 可能因反接以致漏电流过大而炸裂。

# 模拟电路综合测试（D）卷 （适用于高二阶段）

## 一、填空题

1. 2.85

2. 自激　$R_2$ 或 $C_3$

3. 46　共发射极

4. 大　小

5. 直流　电压　电流

6. 反相　同相

7. 感性　感性　电阻性

8. 输出尽可能大的功率　最大输出功率　效率　管耗

9. 甲类　乙类　甲乙类　变压器耦合　无输出变压器 OTL，OCL　BTL

10. 18V　24V　28.28V

11. -12　24

# 数字电路综合测试（B）卷 （适用于高二阶段）

## 一、填空题

1. 原码 反码 补码 补码

2. 0

3. （a）$Y = \overline{\overline{AB} \cdot \overline{CD}}$ （b）$Y = \overline{\overline{(A+B)C}}$

（c）$Y = \overline{\overline{(A+B)C}}$ （d）$Y = \overline{\overline{AB} + C}$

4. 悬空 地 电源

5. 010

6. 0

7. $\overline{Q}^n$ 1

8. 100

9. 定时 计数 周期

## 二、单项选择题

| 题号 | 1 | 2 | 3 | 4 | 5 | 6 | 7 | 8 | 9 | 10 | 11 | 12 | 13 | 14 | 15 |
|------|---|---|---|---|---|---|---|---|---|----|----|----|----|----|----|
| 答案 | A | C | B | C | A | A | D | B | B | C | C | A | C | D | C |

## 三、计算题

1. 解：$Z = (NMQ + N\overline{M}Q)\overline{P} + (\overline{N}\,\overline{M}Q + \overline{N}MQ)P$

$= NMQ\overline{P} + N\overline{M}Q\overline{P} + \overline{N}\,\overline{M}QP + \overline{N}MQP = NQ\overline{P} + \overline{N}QP$

2. 解：（1）激励函数和状态方程：

$Q_1^{n+1} = D_1 = \overline{Q}_3^n\overline{Q}_1^n$，$CP\uparrow$触发有效；$Q_2^{n+1} = D_2 = \overline{Q}_2^n$，$\overline{Q}_1^n\uparrow$触发有效；

$Q_3^{n+1} = D_3 = Q_2^nQ_1^n$，$CP\uparrow$触发有效；

（2）状态转换真值表：

| $Q_3^nQ_2^nQ_1^n$ | $Q_3^{n+1}Q_2^{n+1}Q_1^{n+1}$ | $Q_3^nQ_2^nQ_1^n$ | $Q_3^{n+1}Q_2^{n+1}Q_1^{n+1}$ |
|---|---|---|---|
| 0 0 0 | 0 0 1 | 1 0 0 | 0 0 0 |
| 0 0 1 | 0 1 0 | 1 0 1 | 0 1 0 |
| 0 1 0 | 0 1 1 | 1 1 0 | 0 1 0 |
| 0 1 1 | 1 0 0 | 1 1 1 | 1 0 0 |

（3）逻辑功能：具有自启动功能的模五异步加法计数器。

## 四、综合题

1. 解：
$$Z_1 = A\overline{B}C + A\overline{B}\overline{C} + ABC + \overline{A}B\overline{C} + \overline{A}\overline{B}C = \sum m(1,3,4,5,7)$$
$$Z_2 = \overline{A}\overline{B}\overline{C} + \overline{A}\overline{B}C + \overline{A}B\overline{C} + AB\overline{C} = \sum m(0,1,3,6)$$

电路如图所示。

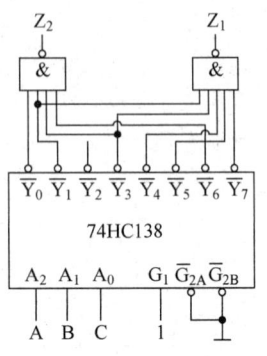

2. 解：（1）清零法　　　　　　　　　　　（2）置零法

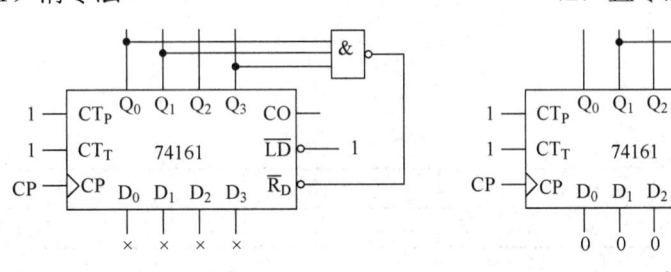

（a）　　　　　　　　　　　　　　（b）

3. 解：设计以两片 555 为核心，分别构成双稳态和单稳态电路。$u_I$ 送入双稳态，双稳态输出经微分电路后接单稳态输入，单稳态输出端可得 $u_O$。（图略）

# 数字电路综合测试（C）卷 （适用于高二阶段）

## 一、填空题

1. 8421BCD　5421BCD　格雷码　奇偶校验码
2. AB　$\overline{A\overline{B} + \overline{A}B}$　$AB \oplus 0$
3. 二进制　1　$M-1$
4. 保持　置0　置1　翻转
5. 数码　移位
6. 计数器　数据选择器
7. 石英晶体　暂稳

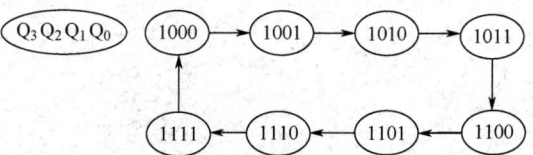

（2）X=1 时，电路为五进制加法计数器，状态转换图为：

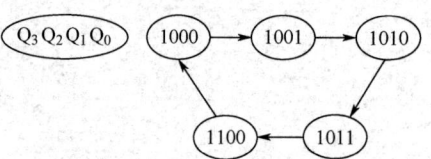

3．解：（1）因为 $N_2 = \dfrac{u_i}{U_{REF}} \cdot N = \dfrac{u_i}{U_{REF}} \cdot 2^n = \dfrac{u_i}{U_{REF}} \cdot 2^n$

所以，当输入电压为 4.48 V 时，

$N_2 = \dfrac{4.48}{10} \times 2^8 = 0.448 \times 256 \approx 114.7 \approx 115$ （采用四舍五入法）

转换成二进制数为 01110011。

当输入电压为 7.81V 时，

$N_2 = \dfrac{7.81}{10} \times 2^8 = 0.781 \times 256 \approx 199.9 \approx 200$ （采用四舍五入法）

转换成二进制数为 11001000。

（2）分辨的最小电压为：

$U_{LSB} = 10 \times \dfrac{1}{2^8} = 10 \times \dfrac{1}{256} = 39$ （mV）。

新编中等职业学校电子类专业基础课程通用系列教材

| 书名 | 教材/教辅 | 培养方向 |
| --- | --- | --- |
| 电工技术基础 | 教材 | 职业高考 |
| 电工技术基础学习辅导 | 教辅 | 职业高考 |
| 电工技术基础学习检测 | 教辅 | 职业高考 |
| 模拟电路技术基础 | 教材 | 职业高考 |
| 数字电路技术基础 | 教材 | 职业高考 |
| **电子技术基础学习检测** | 教辅 | 职业高考 |
| 电子技术基础习题集 | 教辅 | 职业高考 |
| 全新职业高考招生考试电子电工类综合全真模拟试题 | 教辅 | 职业高考 |
| 电力拖动与 PLC 控制技术 | 教辅 | 职业高考 |
| 电工技术基础与技能 | 教材 | 技能与中高职衔接 |
| 模拟电子技术基础与技能 | 教材 | 技能与中高职衔接 |
| 脉冲数字电路 | 教材 | 技能与中高职衔接 |


ISBN 978-7-121-38695-4

9 787121 386954

定价：58.00元

（含试卷）

责任编辑：蒲　玥
封面设计：彩丰文化